高等学校经典畅销教材

金属热处理工艺学

（第5版）

夏立芳　编

HEAT TREATMENT TECHNOLOGY OF METALS

哈爾濱工業大學出版社

内 容 简 介

本书经审定为工科高等学校金属材料与热处理专业教材，内容包括金属加热、退火、正火、淬火、回火、表面淬火、固溶处理、调幅分解处理、时效处理、化学热处理及热处理工艺设计等有关金属热处理的工艺原理。

本书结合金属热处理及化学热处理近年来的成就，着重在工艺原理上进行了阐述，并对热处理及化学热处理的发展趋势在理论上进行了分析；介绍了真空热处理，可控气氛热处理，形变热处理，激光、电子束表面淬火，真空渗碳，等离子化学热处理及复合热处理等新工艺；最后阐述了热处理工艺与设计及其他加工工艺间的关系，并结合实例介绍了热处理工艺设计的基本方法及最优化工艺设计的概念。

本书也可供从事金属材料及热处理研究和生产的广大科技人员参考。

图书在版编目(CIP)数据

金属热处理工艺学/夏立芳编. —5 版. —哈尔滨：哈尔滨工业大学出版社，2012.3（2024.8 重印）

ISBN 978-7-5603-0954-5

Ⅰ.①金… Ⅱ.①夏… Ⅲ.①热处理-高等学校-教材 Ⅳ.①TG15

中国版本图书馆 CIP 数据核字(2012)第 022479 号

责任编辑　许雅莹
封面设计　卞秉利
出版发行　哈尔滨工业大学出版社
社　　址　哈尔滨市南岗区复华四道街 10 号　邮编 150006
传　　真　0451-86414749
网　　址　http://hitpress.hit.edu.cn
印　　刷　哈尔滨市工大节能印刷厂
开　　本　787mm×1092mm　1/16　印张 12.5　字数 312 千字
版　　次　2012 年 3 月第 5 版　2024 年 8 月第 18 次印刷
书　　号　ISBN 978-7-5603-0954-5
定　　价　28.00 元

第5版前言

本书自1985年作为我国工科高等学校金属材料与热处理专业“金属热处理工艺学”课程的通用教材出版以来，2007年作了一次修订，主要补充了热处理工艺过程数值模拟及智能控制原理，适当地介绍了节能、环保热处理，以适应当时的需要。

但是原来教材主要讲述钢的热处理，有色金属、高强度合金及功能合金的热处理问题顾及较少，例如固溶处理、时效处理、调幅分解等。近年来，随着科学技术的迅速发展，有色金属、高强度合金及功能合金的使用越来越多，显然，应该补充这方面的内容。从“金属热处理工艺学”内容的完整性来说，也有必要补充这方面的内容。这次修订，增加了第5章，即合金的固溶处理、调幅分解处理和时效处理，其他均保持不变，以满足现在教学、科研和生产各方面的需要。

由于编者学识有限，不当之处，请广大读者不吝指正。

编　者

2012年2月

第1版前言

本教材是根据一九八三年机械工业部金属材料与热处理专业教材分编委员会修订的《热处理工艺学》教学大纲编写的，并经一九八四年十月在武汉召开的分编委扩大会议审定为工科高等学校金属材料与热处理专业热处理工艺学课程的通用教材。

本课程是金属热处理原理的后续课程，也是从一般相变原理到解决具体热处理工艺之间的桥梁。本书着重阐述金属热处理工艺对其组织与性能的影响及有关的工艺原理，最终以技术与经济统一的观点，讲述热处理工艺设计的基本原则。全书共分六章，第一章为热处理的共性问题，主要阐述金属加热的传热过程及在加热过程中表面与介质所发生的物理化学作用；第二、三章为一般热处理，主要阐述退火、正火、淬火和回火；第四章为表面淬火；第五章为化学热处理；最后一章为热处理工艺设计。本书系在哈尔滨工业大学原教材《金属热处理工艺学》基础上根据新大纲要求编写的，在内容上主要作了如下修改：(1)根据新大纲规定的学时数，精炼了内容，削减了篇幅，适合于讲授40～45学时；(2)加强对热处理基本工艺理论的阐述，尽可能以热处理工艺本身规律来讲述问题，把原来"钢的热处理新技术"一章内容，分散到有关章节中，这样既便于讲述，也便于学生掌握，且可达到削枝强干的作用。当有些问题可能在讲述几种工艺时同时出现，我们尽可能把它们合并在一种工艺中讲透，而在讲述其他工艺时捎带而过；(3)根据近代热处理生产逐渐实现电脑控制的趋势，加强了对热处理工艺过程的数学分析及计算方法。

本书也可供从事金属材料、热处理工艺研究和生产的广大科技人员参考。

本书由重庆大学李春信同志主审，对此深表谢意。

由于编著者水平所限，本书不当之处在所难免，敬希广大读者批评指正。

编　者

一九八五年六月

目　　录

第 0 章

绪　论

通过加热、保温和冷却的方法使金属和合金内部组织结构发生变化,以获得工件使用性能所要求的组织结构,这种技术称为热处理工艺。研究热处理工艺规律和工艺原理的学科称为热处理工艺学。

学习和研究这门学科,首先要了解它的发展过程。

0.1　金属热处理工艺学的发展过程

金属热处理工艺学和其他自然科学相同,是随着生产力的发展而发展的,同时和其他科学技术的发展紧密相关。热处理工艺是古代冶金技术发展的结果,是作为冶金技术的一部分,逐渐发展而形成一门学科的。

在我国历史上,热处理工艺出现于铁器时代。当铸铁一出现,就出现了如何提高其韧性的问题。铸铁的柔化处理就是根据这一要求最早出现的热处理工艺,它包括石墨化退火及脱碳退火[1]。这种处理方法出现于春秋时期(公元前 770 ~ 公元前 470 年),至西汉已发展比较成熟。例如 1974 年在洛阳出土的战国早期的几件铁器,经分析,发现其中一件铁锛、一件铁铲都是生铁铸成的,其表面脱碳,稍向内为相当于黑心可锻铸铁的组织。

我国古代的炼钢是采用铸铁脱碳退火及反复锻打方法进行的,即所谓“百炼成钢”。随着炼钢技术的发展,热处理技术也得到发展。1974 年河北省易县燕下都出土了一批战国中、晚期钢铁兵器,据分析,其中的两把剑和一把戟都经过淬火处理,金相组织中有马氏体存在[2],这说明在战国中、晚期,我国已发明了淬火技术,在这些兵器中也发现曾进行过正火处理及淬火钢的回火处理。至西汉,我国的热处理技术已发展到相当水平,不仅能进行一般热处理,而且还能进行局部热处理。当时,化学热处理主要是渗碳和碳氮共渗两个方面,例如出土的西汉中期刘胜(中山靖王)的佩剑和错金书刀内层碳的质量分数最低处为 0.05%,而表面碳的质量分数却高达 0.6% 以上,有一定的碳浓度梯度,说明那时已有渗碳技术。

从汉代开始,我国的热处理技术已有文字记载,内容包括一般淬火技术、淬火介质及渗碳工艺等,几乎涉及热处理技术的各个方面。例如《史记 · 天官书》中载有:“火与水合为焠”,《汉书 · 王褒传》中载有:“巧冶铸干将之璞,清水淬其锋”,其中“焠”、“淬”同义,均为淬火的意思。在《晋书》中所载“大夏龙雀”是被称为“名冠神都”和“威服九区”的利器,与西汉中期的刀剑相比,其组织均匀,含碳适中(均为 0.6% ~0.7%),经淬火,刀口锋利，表面经氧化处理，抗腐蚀性能良好。在淬火介质方面，三国(222～265)的蒲元和南北朝的綦母怀文都作过较大贡献。据《蒲元别传》所载，蒲元在今陕西郿县一带的斜谷为诸葛亮制剑三千把，他说"汉中的水钝弱，不任淬；蜀水爽烈"，于是派人到成都取水，淬之果然锋利。削装铁珠的竹筒"应手虚落，若雉生雏，称绝当世，因曰神刀"。《北史·艺术烈传》中记载了綦母怀文用牲畜之尿或脂(油)作淬火介质的史实；在《新唐书》卷222中谈到了用马血淬火；元朝《格致粗谈》中记有用地溲(可能是石油)淬火；清朝《续广博物志》第八卷谈到用一种硝黄、盐卤、人尿合成淬火剂，这些都说明我国在使用淬火介质方面已经积累了丰富的经验。在化学热处理方面也有记载。明代宋应星在《天工开物》卷十中谈到一种制针的渗碳工艺，渗碳在釜中进行，有消除应力过程，采用"松木"、"火矢"、"豆豉"作渗碳剂，用试验针指示渗碳程度等，记载相当详细，已是成熟的工艺。明《便民图纂》卷十五制造类，清陈克怒《篆刻针度》卷七"炼刀法"等分别介绍了几种膏剂渗碳法。此外还使用一些含氮渗剂，实际上是进行了碳氮共渗。

从上面出土文物的考证及一些文字的记载可以清楚地看出，我国热处理工艺历史悠久，其技艺曾发展到非常高超的程度，这是当时其他国家所不及的，作为中国的热处理工作者应当引以为荣。但是长期的封建统治，阻碍着我国科学技术的发展，也阻碍着热处理技术的发展，在以后相当长的一段时间内，我国的热处理技术的发展处于停滞状态，有的技术甚至失传。直到20世纪50年代，由于社会主义制度解放了生产力，热处理技术在我国才又重新迅速发展起来。今天热处理技术已遍及各个生产部门，形成了一支庞大的专业队伍，并有相应的各级学术研究团体，每年均有热处理专业的研究生、大学生和中专毕业生参加工作。广大的热处理工作者正为祖国的现代化作出重大贡献。

在国外，历史上出现热处理技术较我国晚；但是在产业革命以后，资本主义发展时期，热处理技术却得到迅速发展，特别是光学显微镜的出现，使借助显微镜来观察钢和铸铁的组织成为可能。例如19世纪中期，英国的索拜(H. C. Sorby)和德国的马登斯(A. Martens)等采用抛光、腐蚀等方法，并用光学显微镜成功地显示钢的显微组织，大大推动了热处理技术的发展[3]。与此同时，俄国的切尔诺夫(Д. К. Чернов)发现了钢的组织影响它本身的性质，并发现了钢在加热和冷却过程中存在着组织变化的临界点，为钢的热处理技术奠定了理论基础[4]。不久，英国的奥斯汀(O. Robert Austen)和法国的奥斯摩特(F. Osmord)应用相律建立了Fe-C平衡图，使得钢的热处理有了依据。1930年贝茵(E. C. Bain)研究了过冷奥氏体的等温变化，建立了钢的过冷奥氏体等温转变曲线，创立了等温淬火工艺，为以后制订各种热处理工艺提供了科学依据[5]。至此，热处理才真正形成了一门较完整的科学。

此后随着其他科学技术的发展，热处理技术也得到迅速的发展。从热处理技术的发展过程中我们看到有如下特点：

(1)实验手段和技术的不断完善，对金属中的组织转变规律及组织与性能之间的关系得以不断加深了解，从而发展了不少新的热处理工艺。例如，电子显微技术的发展，使我们不仅可以看到一般组织，而且可以看到组织内部微细结构，如马氏体内的亚结构等；从而了解到更细微的问题，发展了新的热处理工艺，如板条马氏体的应用、高温淬火、复相热处理等。

(2)由于在基础理论方面不断取得成就，才能从本质上来认识金属组织与性能之间的关系，从而能动地发展热处理工艺。例如断裂物理和位错理论的成就，对发展金属的强韧化热处理工艺起着指导作用。而位错理论目前不仅是强度理论的基础,也是相变理论的基础。

(3)工业机械化、自动化的成就及表面化学的研究,发展了各种表面防护热处理及表面强化热处理。例如保护气氛热处理、真空热处理及渗碳、渗氮等可控化学热处理。

(4)电子计算机、自动控制技术的发展,以及热处理工艺过程的数学模式和数值模拟的研究,使热处理工艺过程得以用计算机自适应控制和智能控制。

(5)其他新能源、新技术的开发,使热处理工艺发展成为许多复合的工艺。如高频及超高频热处理、激光束热处理、电子束热处理、形变热处理、等离子体基化学热处理等。

到目前为止,我们可以把热处理工艺分成如下4大类:

(1)普通热处理。即退火、正火、淬火和回火,以及固溶处理和时效处理等。这类热处理根据其处理过程中是否采取防护及所采取的防护方法,又分为无保护热处理、保护气氛热处理及真空热处理等。

(2)化学热处理。目前根据钢在处理过程中所具有的组织状态而分为奥氏体化学热处理及铁素体化学热处理。

(3)表面热处理。指仅在工件表面一定深度范围内进行热处理的一类处理工艺,如各种表面淬火方法。

(4)复合热处理。

当前金属及合金热处理发展的总趋势如下[6~8]:

(1)在金属及合金的总产量中,经热处理的部分所占比例不断增加。

(2)成品、半成品零件热处理比率进一步增加。

(3)降低热处理能耗及热处理成本。

(4)减少排污,发展绿色热处理。

(5)发展数字化的热处理智能技术。

为了适应新世纪科学技术和工业发展的需要,热处理技术水平也需相应提升。因此美国能源部提出的有关热处理工业2020年远景报告中提出了以下目标:①保证热处理质量、热处理质量分散度为零;②热处理畸变为零;③热处理能源利用率达到80%;④热处理对环境的影响为零;⑤工艺时间减少50%,成本降低75%。为了达到这些目标,对热处理生产过程实现全面精确控制,并广泛采用热处理计算机模拟技术[9]。

0.2 学习金属热处理工艺学的目的、任务及要求

金属热处理工艺学是金属材料及热处理专业的一门必修课。其任务是通过学习来掌握各种基本的热处理工艺原理及热处理工艺对金属合金组织与性能的影响规律,熟悉主要的热处理工艺,了解我国发展热处理技术的方向、任务和当代热处理工艺科学的最新成就,为分析、制订热处理工艺和探索发展新的工艺打下基础。金属热处理工艺学是从一般相变原理到解决具体热处理工艺技术之间的桥梁。

学完金属热处理工艺学后,应达到下列要求:

(1)掌握金属及合金热处理的基本工艺:退火、正火、淬火、回火、固溶处理、时效处理、感应热处理、化学热处理的原理。

(2)熟悉提高机械零件、工具等产品质量和寿命所应采取的各种热处理方法及其强

化规律和适用范围。

(3)熟悉金属及合金热处理后的各种主要的组织形态及性能。

(4)了解当代化学热处理及表面热处理新技术发展的领域及趋势,熟悉真空热处理、可控气氛热处理、激光束、电子束、离子束及等离子体热处理和复合热处理等新技术的原理及特点。

0.3 学习金属热处理工艺学的方法

根据金属热处理工艺学的特点,学习时应注意如下几点:

(1)要抓住热处理工艺的普遍规律。金属热处理工艺学牵涉面广,内容又比较繁杂,但是不论哪一种热处理工艺,它们的基本规律都是加热—保温—冷却问题,决定热处理工艺性质的也主要是这三个问题。例如不同热处理工艺,可能它们之间的加热方式、加热介质、加热温度区域不同,但是不论哪一种热处理工艺都要考虑加热问题,对保温和冷却也类似。因此,在学习各种热处理工艺时,如能从这三个基本问题出发,来研究它们的异同点,则问题就变得简单明了。

(2)要抓住每种热处理工艺的特殊规律或特点。每种热处理工艺都是由其特殊规律所决定的,例如退火与淬火的基本差别是得到的组织状态不同。由此,它们的加热、保温和冷却就有其特殊要求和许多特殊问题,将它们进行对比,抓住其特点,则可清楚地熟悉各种热处理工艺。

(3)要注意实现某种热处理工艺的技术问题。这是一种工艺能否应用于生产,有否生命力的关键。有些工艺,虽然从小试样上可以得到很好的结果,但往往由于某些技术问题没有解决,就不能在生产上应用。因此在学习或发展某种热处理工艺时必须注意到这一问题,这样才能学得灵活,掌握得牢固。

(4)要注意与其他加工工艺之间的关系。例如工艺路线、处理前后的组织状态及后续工艺等。

参考文献

[1] 北京钢铁学院“中国古代冶金”编写组. 中国古代冶金[M]. 北京:文物出版社,1978.

[2] 何堂坤. 金属热处理,1981,3.

[3] SZPUNÄR E, BURAKOWSKI T. HTM,1980,35(2).

[4] КОНТРОВИЧИ Е. Термическая обработка стали и чугуна[M]. МАШГИЗ,1951.

[5] GROSSMAN M A. Principles of Heat Treatment[M]. ASM,1955.

[6] 徐祖耀. 材料热处理学报,2003,24(1).

[7] 潘健生,张伟民,陈乃录,等. 金属热处理,2004,29(1).

[8] 樊东黎. 金属热处理,2007,32(4).

[9] 陈再良,阎承沛. 先进热处理制造技术[M]. 北京:机械工业出版社,2002.

第 1 章

金属的加热

金属制品在热处理加热时,其热量的来源可以从邻近的发热体以一定的方式进行热交换而获得,如一般加热炉加热;也可以工件自身作为发热体,把别种形式的能量转变为热能而使工件加热,如直接通电加热、感应加热、离子轰击加热等。工件加热时是在一定的环境中进行,因而除了与周围环境进行热交换外,还将发生其他物理化学过程。本章将介绍钢在热处理时的加热过程、加热时工件表面与周围介质的作用、加热缺陷及其防止。

1.1 金属加热的物理过程及其影响因素

金属工件在加热炉内加热时,由炉内热源传给工件表面,工件表面得到热量并向工件内部传播。由炉内热源把热量传给工件表面的过程,可以借辐射、对流及传导等方式来实现;工件表面获得热量以后向内部的传递过程,则靠热传导方式。下面分别介绍这些问题。

1.1.1 加热介质与工件表面的传热过程,影响传热系数 α 的因素

1. 对流传热

对流传热时,热量的传递靠发热体与工件之间流体的流动进行。流体质点在发热体表面靠热传导获得热量,然后流动至工件表面时把其热量又借热传导给工件表面(当然,相互对流的粒子相遇时也要发生热交换)。因此,对流传热和流体的转移密切相关。

实验证明,对流传热时单位时间内加热介质传递给工件表面的热量有如下关系

$$Q_c = \alpha_c F(t_{介} - t_{工}) \tag{1.1}$$

式中 Q_c—— 单位时间内通过热交换面对流传热给工件的热量,J/h;

$t_{介}$ —— 介质温度,℃;

$t_{工}$ —— 工件表面温度,℃;

α_c—— 对流传热系数,$J/(m^2 \cdot h \cdot ℃)$;

F—— 热交换面积(工件与流体接触面积),m^2。

从对流传热的物理过程可以看出,影响传热系数 α_c 的因素很复杂,包括如下因素。

(1) 流体运动的情况

作为传递热量的流体,其运动状态可分为静止和强迫流动两种状态。静止状态的液体或气体在加热过程中由于近热源与远离热源(工件附近)处的温度不同,其密度也不同,因而发生自然对流,其热量的传递就靠此种对流进行,因此其传热系数 α_c 较小。例如在气体炉中加热,其传热系数 $\alpha_c = (6.12 \sim 10.8) \times 10^4\ J/(m^2 \cdot h \cdot ℃)$;长度和直径相等

的圆柱在盐浴中加热时，$\alpha_c = 296 \times 10^4$ J/(m^2·h·℃)[1]。

强迫流动是指用外加动力强制流体运动，如气体炉用风扇强制气体循环等。由于此时流体运动速度快，因此传热系数较大。强迫流动时，如果流体沿着工件表面一层层有规则地流动，这种流动称为层流，它使流体质点与工件表面热交换后不能及时离开，影响传热。当流体不规则地流过工件表面时，使流体质点能在热交换后较快地离开工件表面，因而有利于传热。流体的不规则运动，称为紊流。可见紊流的传热系数大于层流的传热系数。当以空气作为加热介质并沿着单个的圆柱方向流动时，其对流传热系数为[1]

$$\alpha_c = (4.64 + 3.49 \times 10^{-3}\Delta T) - \frac{\omega^{0.61}}{D^{0.39}} \times 3\,600 \tag{1.2}$$

式中　D—— 圆柱体直径，m；

ΔT—— 空气和圆柱体的温差，℃；

ω—— 空气流动速度，m/s。

(2) 流体的物理性质

流体的导热系数 λ、比热容 c 及密度 γ 越大，传热系数 α_c 越大；黏度系数越大，越不易流动，传热系数则越小。

(3) 工件表面形状及其在炉内放置位置

工件表面形状及其在炉内放置位置(或方式)不同，传热系数也不同。工件形状和放置位置对流体流动越有利，则传热系数越大。

2. 辐射传热

任何物体，只要其温度大于绝对零度，就能从表面放出辐射能。辐射能的载运体是电磁波。在波长为$(0.4 \sim 40) \times 10^{-6}$m 范围内的辐射能被物体吸收后变为热能，波长在此范围内的电磁波称为热射线。热射线的传播过程称为热辐射。物体在单位时间内由单位表面积辐射的能量为

$$E = c\left(\frac{T}{100}\right)^4 \tag{1.3}$$

式中　E—— 物体在单位时间内由单位表面积辐射的能量，J/(m^2·h)；

T—— 物体的绝对温度，K；

c—— 辐射系数，J/(m^2·h·K^4)。

c 值为20.52 kJ/(m^2·h·K^4)的物体称为绝对黑体，常以 c_0 表示。在相同温度下，一切物体的辐射能以黑体为最大，即 $c < c_0$。

$$\frac{c}{c_0} = \varepsilon \tag{1.4}$$

ε 称为黑度系数，简称黑度，它说明一物体的辐射能力接近黑体的程度。黑度的数值取决于物体的物理性质、表面情况，它和温度的关系可以近似地认为是直线关系。

工件放在炉内加热时，一方面它要接受从发热体、炉壁等辐射来的能量(热量)，但一般金属材料均非绝对黑体，因此对辐射来的能量不可能全部吸收，而有部分热量要反射出去；另一方面，如前所述，其本身也要辐射出去一部分热量。因而用来加热工件的热量应由发热体、炉壁等辐射来的热量，减去反射的热量及自身辐射的热量。在辐射传热时工件表面所吸收的热量为

$$Q = A_n c_0 \left[\left(\frac{T_1}{100}\right)^4 - \left(\frac{T_2}{100}\right)^4\right] F \tag{1.5}$$

式中　A_n——相当吸收率，与工件表面黑度、发热体表面黑度、工件相对于发热体的位置及炉内介质等有关；

T_1——发热体（或炉壁）的绝对温度，K；

T_2——工件表面的绝对温度，K；

F——工件吸收热量 Q_r 的表面积，m^2。

当发热体与工件之间存在有挡板等遮热物时，将使辐射换热量减少。例如，两平行板间发生辐射传热时，若中间放置另一块平板，计算表明，其辐射传热量将减少一半，这种作用称为遮热作用。

当发热体与工件之间存在气体介质时，则这些气体将吸收辐射能。有些气体吸收辐射能的数量极少，可以近似地认为它们不吸收辐射能，例如单原子气体 H_2、O_2、N_2 等；但是另外一些气体，如 CO_2、H_2O 等都能吸收较多的能量。气体吸收射线的波长具有选择性，即对有些波长范围内的射线不吸收，而对另一些波长范围内的射线有吸收作用。当射线经过气体时，其能量在进程中逐渐被吸收，剩余的能量则透过气体。气体层的厚度越大，压力越大，吸收能力也越大。所有气体对射线的反射率都等于零。气体本身也辐射能量，其辐射能力也与绝对温度的四次方成比例。

3. 传导传热

传导传热是这样一种传热过程，其热量的传递不依靠传热物质的定向宏观移动，而仅靠传热物质质点间的相互碰撞。传热物质质点在原位作热振动时，由于它们之间的互相碰撞，促使具有较高能量的质点把部分能量（热量）传递给能量较低的质点。温度是表征物体内能高低的一种状态参数，因此，热传导过程是温度较高（即热力学能较高）的物质向温度较低（热力学能较低）的物质传递热量的过程。热传导过程的强弱以单位时间内通过单位等温面的热量即热流量密度 q 表示

$$q = -\lambda \frac{dT}{dx} \tag{1.6}$$

式中　q——热流量密度，$J/(m^2 \cdot h)$；

λ——热导率，$J/(m \cdot h \cdot ℃)$；

$\frac{dT}{dx}$——温度梯度。

负号表示热流量方向和温度梯度方向相反。

4. 综合传热

在实际工件加热过程中，上述3种传热方式往往同时存在，所不同的仅仅是有的场合以这种传热方式为主，另一种场合以另一种传热方式为主。同时考虑上述3种传热方式的称为综合传热，其传热效果可以认为是3种传热的单独传热结果之和，即

$$Q = Q_c + Q_r + Q_{cd} \tag{1.7}$$

式中 Q_c、Q_r 和 Q_{cd} 分别表示对流传热、辐射传热、传导传热的热量。

由于这3种传热过程很难截然分开，所以在工件加热时往往综合考虑，并以下式表示

$$Q = \alpha(t_{介} - t_{工}) \tag{1.8}$$

式中　α——综合传热系数，$J/(m^2 \cdot h \cdot ℃)$。

且

$$\alpha = \alpha_c + \alpha_r + \alpha_{rd} \tag{1.9}$$

显然
$$\alpha_r = \frac{A_n c_0 \left[\left(\frac{T_{介}}{100} \right)^4 - \left(\frac{T_{工}}{100} \right)^4 \right]}{T_{介} - T_{工}} \tag{1.10}$$

1.1.2　工件内部的热传导过程

工件表面获得热量以后，表面温度升高，表面与内部的温度存在着温度梯度，因此发生热传导过程。如前所述，其传热强度可以用比热流量表示，即

$$q = -\lambda \frac{dt}{dx}$$

此处热导率 λ 应为被加热工件材料的热导率。

热导率 λ 是材料的热物理参数，它说明材料具有单位温度梯度时所允许通过的流量密度。

热导率的数值，对钢来说和它的化学成分、组织状态及加热温度有关。图 1.1 为钢中合金元素含量对热导率的影响。由图 1.1 可以看出，钢中合金元素（包括含碳量）不同程度地降低钢的热导率[1]。热导率随着钢中各组织组成物，按奥氏体、淬火马氏体、回火马氏体、珠光体的顺序增大。热导率与温度的关系近似地呈线性关系[2]，即

$$\lambda = \lambda_0 (1 + bt) \tag{1.11}$$

式中　λ—— 温度为 t ℃ 时的热导率；

λ_0—— 温度为 0 ℃ 时的热导率；

b—— 热传导温度系数，与钢的化学成分及组织状态有关，1/℃。

图 1.2 为不同钢的热导率与温度的关系。由图可见，在低温时合金元素强烈地降低热导率，随着温度的提高，其影响减弱。高于 900 ℃ 时，合金元素的影响已看不出来，因为此时已处于奥氏体状态，奥氏体的热导率最小。纯铁和碳钢的热导率随着温度的升高而降低。

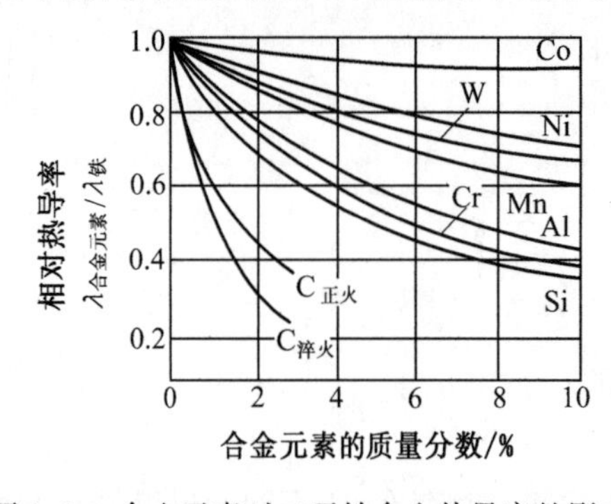

图 1.1　合金元素对二元铁合金热导率的影响

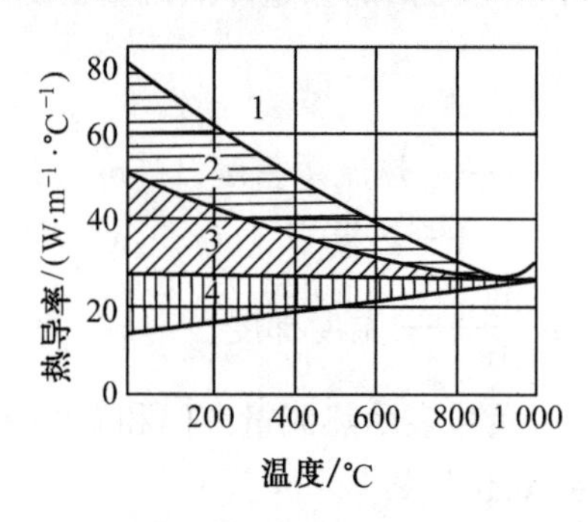

图 1.2　不同钢的热导率与温度的关系
1— 纯铁；2— 碳钢；3— 合金钢；
4— 高合金钢

1.1.3　热处理加热时间的确定

热处理加热时间包括两部分，一是工件达到热处理规范所要求温度的时间（整体热处理应为工件心部达到要求温度的时间）；另一部分是完成组织转变及其他热处理目的所要求的组织结构状态变化所需要的时间。可以采用计算方法或经验方法确定加热时间，但最常用的是经验方法。因为在热处理时影响加热的因素较多，计算时这些因素还是

需要通过实验来确定。

使工件心部达到所要求温度的理论计算主要是求工件内加热不同时刻的温度场问题,即

$$t = f(x, y, z, \tau) \tag{1.12}$$

式中　x, y, z—— 所求点的位置;

τ—— 加热时间;

t—— 加热 τ 时刻后点(x, y, z) 的温度。

由于工件内部热传导结果,对半径为 R 的圆柱体工件(对其他形状的工件也类似) 内某一点的温度变化可推导得出如下表达式

$$\frac{\mathrm{d}t}{\mathrm{d}\tau} = \frac{1}{\rho c \mathrm{d}A} \cdot \frac{\partial}{\partial r}\left(\lambda \mathrm{d}A \frac{\mathrm{d}t}{\mathrm{d}\tau}\right) + \frac{Q_E}{\rho c} \tag{1.13}$$

式中　ρ—— 材料密度;

c—— 比热容;

Q_E—— 加热过程中工件本身发生的热量或损失的热量。

式(1.13) 也可写成

$$\frac{\mathrm{d}t}{\mathrm{d}\tau} = a\Delta T + \frac{Q_E}{\rho c} \tag{1.14}$$

式中　$a = \frac{\lambda}{\rho c}$ —— 导温系数;

Δ—— 拉普拉斯算子。

因此温度场的计算就是在不同初始条件下和边界条件下求该导温方程的特解问题。

初始条件,即开始加热时的边界条件,一般都看做温度是均匀分布的,其值为室温,即

$$\tau = 0, x = x, t = t_0$$

边界条件,即 $\tau > 0$ 时的边界状态,应根据具体条件而定。

设工件表面与加热介质间的传热为综合传热(复杂传热),其热量为

$$Q = a(t_{介} - t_{工(表面)})$$

传给工件表面后沿着一定方向进行传导传热,设从表面流入的比热流量为 $-\lambda \left.\frac{\mathrm{d}t}{\mathrm{d}r}\right|_R$,则有

$$a(t_{介} - t_{工}) = -\lambda \left.\frac{\mathrm{d}t}{\mathrm{d}r}\right|_R$$

整理得

$$\frac{\lambda}{a}\left.\frac{\mathrm{d}t}{\mathrm{d}r}\right|_R + t_R = t_{介} \tag{1.15}$$

按此初始、边界条件解方程式(1.14),即可得温度场表达式(1.12)[3,4]。

1.1.4　影响热处理工件加热的因素

影响热处理工件加热的因素有如下几种。

1. 加热方式的影响

一般热处理加热方式根据热处理目的不同有随炉加热、预热加热、到温入炉加热和高温入炉加热等数种。

随炉加热,即工件装入炉中后,随着炉子升温而加热,直至所需加热温度。

预热加热,即工件先在已升温至较低温度的炉子中加热,到温后再转移至预定工件加

热温度的炉中加热至工件达到所要求的温度。预热炉可选用一个,也可选用温度不同的两个炉子。先在温度较低的炉内预热,待工件达到该预热炉温度后再转移至较高温度的预热炉预热,到温后再移至工件最终要求温度的加热炉内加热至要求温度。

到温入炉加热,又称热炉装料加热,即先把炉子升到工件要求的加热温度,然后再把工件装入炉内进行加热。

高温入炉加热,即工件装入较工件要求加热温度高的炉内进行加热,直至工件达到要求温度。

以上4种加热方式,主要表现在加热速度不同。根据综合传热公式(1.8),加热介质与被加热工件表面温度差($t_{介}-t_{工}$)越小,单位表面积上在单位时间内传给工件表面的热量越少,因而加热速度越慢。如果把工件的随炉加热过程看做是由无数个热炉装料加热方式叠加而成;把每一次预热加热看做热炉装料加热,而全部预热加热过程由不同温度区域的热炉装料加热叠加而成,则不难发现,这4种加热方式由于($t_{介}-t_{工}$)值不同,它们的加热速度按随炉加热 → 预热加热 → 到温入炉加热 → 高温入炉加热的方向依次增大。

2. 加热介质及工件放置方式的影响(影响 α 的因素)

(1) 加热介质的影响

热处理加热时,常用的加热介质有空气、惰性气体(氮气、氩气)、氨热分解气体、$CO-H_2-N_2-H_2O-CO_2$ 混合气体、N_2-CO-H_2 混合气体、熔融盐类液体、熔融金属液体等。流态化炉(也称为流动粒子炉)已在生产上逐渐推广应用,因为它的加热介质常为石墨粒子或砂粒(如石英砂等),因此可以把它视为固体介质。真空加热也在热处理加热中越来越广泛地被应用,其本质是在稀薄的空气介质中加热。

① 流态化炉中加热的特点。采用石墨粒子作为流态化物质时,石墨粒子即作为电阻发热体,又作为加热介质(当用石英砂时,只作加热介质用)。因为内热式流态化炉(类似于内热式盐炉)中,石墨粒子放在两电极之间,石墨是导体,故两电极通过石墨导电。当流态化炉工作时,一定压力和流量的气流由炉底通入炉内,吹动石墨粒子作上、下翻滚,犹如加热液体沸腾,两极间石墨粒子之间时而接触,时而分离,产生一定电阻,电流流过时从而发热,与此同时,通过对流、直接接触及辐射将热量传给工件。据试验测定,在空心氧化铝球流动粒子炉中,800 ℃ 时热导率与球的直径有关,当球的直径为 0.417 ~ 0.208 mm 时,传热系数 $\alpha = 354 \sim 430\ W/(m^2 \cdot ℃)$[5]。

② 在液态介质(熔盐或金属)中加热的特点。工件在液体介质中加热时,以热传导为主,兼有辐射传热及对流传热,属于综合传热。当以综合传热公式表示时,其传热系数则与液体的导热系数、比热容、密度有很大关系。例如在相同加热温度下,铅浴的传热系数比盐浴大一倍以上。有人测定 KCl($w_{KCl}=50\%$) + NaCl($w_{NaCl}=50\%$) 盐浴在 900 ℃ 时的传热系数为 2 261 kJ/($m^2 \cdot h \cdot ℃$)。

③ 在气体介质中加热的特点。在气体介质中加热也属于综合传热。在高温区以辐射传热为主,而在低于 600 ℃ 的循环气体炉中则以对流传热为主,在中间温度区域(例如中温淬火加热)二者均有一定作用,故在可控气氛加热时安装气流循环风扇,不仅对炉内气氛成分均匀有很重要作用,而且对加速传热也有一定作用。表 1.1 为钢材在不同温度不同介质中加热时的传热系数计算值 α_f(炉温与工件最终加热温度差为 10 ℃)及不同气流速度下经验传热系数 α_c 值[6]。由于用可控气氛光亮加热时工件表面光洁,黑度较小,故传热系数小。

表 1.1　传热系数 α_f 和 α_c

炉温 /℃	钢材 α_f/(kJ·m^{-2}·h^{-1}·℃$^{-1}$)		气流速度 /(m·min^{-1})	α_c/(kJ·m^{-2}·h^{-1}·℃$^{-1}$)
	空气介质	光亮加热	自然对流	42
300	75.4	46	2	63 ~ 75
500	184.3	105	5	92 ~ 121
700	368.6	209	10	147 ~ 167
900	615.5	355.9	15	251 ~ 335

④ 真空加热的特点。真空加热时为辐射传热。由于表面光洁，黑度更小，因而传热系数 α_f 较光亮加热时更小。

（2）工件在炉内排布方式的影响

工件在炉内排布方式直接影响热量传递的通道，例如辐射传热中的挡热现象及对流传热中影响气流运动情况等。图 1.3 为工件在炉内不同排布方式的加热时间修正值[7]。

炉内排布方式	修正系数	炉内排布方式	修正系数
	1.0		1.0
	1.0		1.4
	2.0		4.0
s　0.5s	1.4	s　0.5s	2.2
s　2s	1.3	s　s	2.0
	1.7	s　2s	1.8

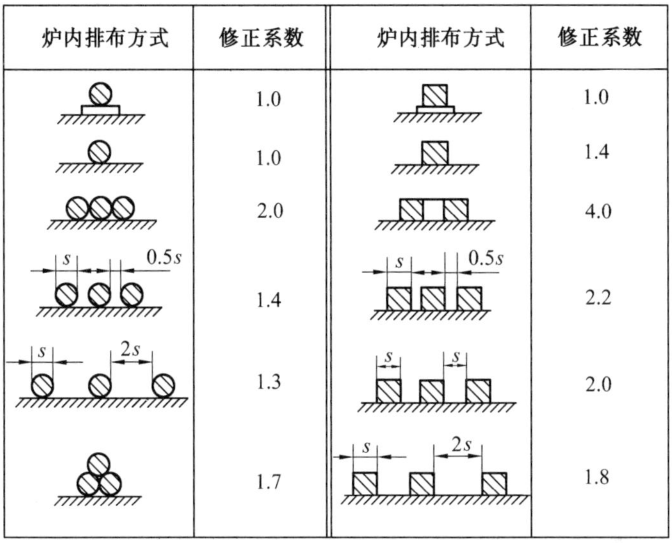

图 1.3　工件在炉内不同排布方式的加热时间修正值[7]

（3）工件本身的影响

工件本身的几何形状、工件表面积与其体积之比以及工件材料的物理性质（C、λ、γ 等）直接影响工件内部的热量传递及温度场。表 1.2 为不同形状和尺寸的工件加热计算时的特征尺寸及形状系数。该表表明不同形状和尺寸的同种材料制成的工件，当其特征尺寸 s 与形状系数 k 的乘积相等时，则以同种方式加热时，其加热时间也相等，如图 1.4 所示。

表 1.2　不同形状和尺寸的工件加热计算时的特征尺寸及形状系数

工件形状	特征尺寸 s	形状系数 k
球	球径	0.7
立方体	边长	0.7
圆柱	直径	1.0
菱形	边长	1.0
环	环宽度	1.5
	环厚度	1.5
板	厚度	1.5
管材	壁厚	开口通管 2.0；长管 4.0；闭口管 4.0

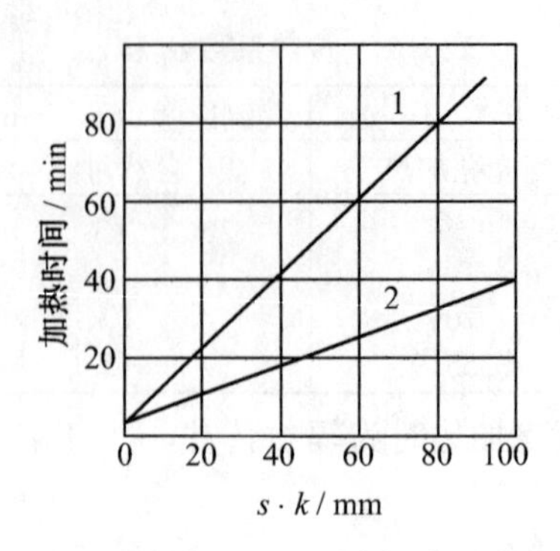

图 1.4 加热时间与工件特征尺寸和形状系数的关系

1— 在箱式炉中加热;2— 在盐浴炉中加热

当求得了一种形状和尺寸的工件加热时间时,利用此关系可求得另一种尺寸和形状的加热时间。

1.2 金属和合金在不同介质中加热时常见的物理化学现象及加热介质的选择

金属及合金热处理时,可以在不同介质中加热,例如在空气介质中加热、在保护气氛中加热、真空加热、浴炉加热、流态化炉中加热等。在加热过程中金属表面必定要和周围介质发生作用,例如化学反应,典型的如氧化、脱碳等,还可能发生物理作用,如脱气、合金元素的蒸发等。这些物理、化学作用可直接影响被处理工件的表面状态,从而影响工件的使用性能。

1.2.1 金属在加热时的氧化反应及氧化过程

工件在热处理加热时,难免和 O_2、H_2O 及 CO_2 等氧化性气体发生作用,而使表面氧化,并在表面形成氧化皮。这种氧化皮是不希望存在的,它不仅使工件表面变色,失去光泽,而且使机械性能,如弯曲疲劳强度等变坏。为此必须防止氧化现象的发生。

对铁来说,根据加热温度不同,常见的氧化反应有所不同,如加热温度小于 570 ℃ 时

$$3Fe + 2O_2 \longrightarrow Fe_3O_4 \tag{1.16}$$

$$\frac{3}{4}Fe + H_2O \rightleftharpoons \frac{1}{4}Fe_3O_4 + H_2 \tag{1.17}$$

$$\frac{3}{4}Fe + CO_2 \rightleftharpoons \frac{1}{4}Fe_3O_4 + CO \tag{1.18}$$

在加热温度大于等于 570 ℃ 时

$$Fe + \frac{1}{2}O_2 \rightleftharpoons FeO \tag{1.19}$$

$$Fe + H_2O \rightleftharpoons FeO + H_2 \tag{1.20}$$

$$Fe + CO_2 \rightleftharpoons FeO + CO \tag{1.21}$$

根据质量作用定律,不同温度化学反应进行的方向取决于该温度下的平衡常数 K_p 及参与反应物质的浓度或分压。反应式(1.19) 相当于空气介质中加热的情况,其中平衡常数 K_p 应为

$$K_p = \frac{\alpha_{FeO}}{\alpha_{Fe} \cdot p_{O_2}^{\frac{1}{2}}} \tag{1.22}$$

式中 α_{FeO}、α_{Fe} 分别表示 FeO 及 Fe 的活度，若取纯态为标准态，取其活度为1，即 $\alpha_{FeO} = \alpha_{Fe} = 1$，则有

$$K_p = \frac{1}{p_{O_2}^{\frac{1}{2}}} \tag{1.23}$$

p_{O_2} 为反应式(1.19)达到平衡时氧的分压，此分压一般被称为该氧化物的分解压。当 Fe 在高于570 ℃的温度加热时，若气氛中氧的分压大于此分解压，则铁将被氧化，反之则分解。对其他金属也可类似处理。平衡常数 K_p 值可用热力学的等压方程求得。一定温度有一定的 K_p 值，从而也有一定的分解压。图1.5为一些常见金属氧化物的分解压与温度的关系[8]。由图可见，一般金属氧化物的分解压均随温度的升高而增大。由于不同金属氧化物的分解压不同，在某种情况下，如果两种金属在同一种炉气中加热时，有可能一种金属被氧化（如氧化物分解压较低的金属其炉气氧分压 p_{O_2} 大于分解压），而另一种金属不发生氧化（如氧化物分解压较高的金属，其分解压大于炉气氧分压 p_{O_2}），典型的例子是钢加热时的内氧化问题。由图1.5可以看出，Si、Mo 等合金元素比铁易于氧化。若炉气成分对铁来说尚处于还原区，而对 Si、Mo 来说已处于氧化区时，则加热过程中，铁虽然没有被氧化，但其中处于 O_2 的扩散通道上的合金元素 Si、Mo 却会被氧化。内氧化就是氧沿晶界或其他通道向内扩散，与晶界附近的 Si、Mo 等元素结合成氧化物的现象。

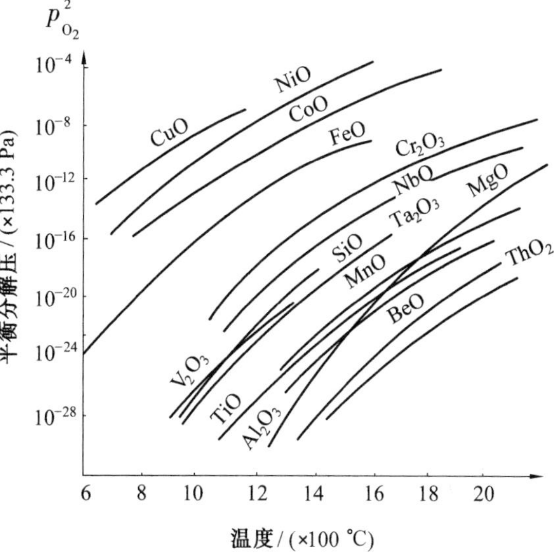

图1.5　金属氧化物分解压与温度的关系

当 Fe 在 H_2O 和 H_2 或 CO_2 和 CO 介质中加热时，其反应式应为式(1.17)和式(1.20)或式(1.18)和式(1.21)，对应的平衡常数可用等压方程求得。

对反应式(1.17)，有

$$\lg K_{p_1} = \frac{1\,455}{T} - 1.259 \tag{1.24}$$

对反应式(1.18)，有

$$\lg K_{p_2} = \frac{234.7}{T} + 0.286 \tag{1.25}$$

对反应式(1.20)，有

$$\lg K_{p_3} = \frac{724}{T} - 0.391 \tag{1.26}$$

对反应式(1.21)，有

$$\lg K_{p_4} = \frac{-966.7}{T} + 1.155 \tag{1.27}$$

按这些 K_p 值与温度的关系可制成图 1.6。根据热力学最小自由能原理可以推知，对反应式(1.17) 和式(1.20) 来说，只有当 $\frac{p'_{H_2}}{p'_{H_2O}} < K_{p_1}$ 或 K_{p_3} 时铁被氧化，当 $\frac{p'_{H_2}}{p'_{H_2O}} > K_{p_1}$ 或 K_{p_3} 时还原；对反应式(1.18) 和式(1.21) 来说，也只有当 $\frac{p'_{CO}}{p'_{CO_2}} < K_{p_2}$ 或 K_{p_4} 时才发生氧化，反之还原。根据上述关系，在图 1.6 中我们可以看到，当铁在 $H_2O - H_2$ 气中加热时，平衡常数 K_p 曲线把图分成两个区，曲线右上区为还原区，左下区为氧化区。铁只有当气氛中 H_2O 和 H_2 的分压相当于氧化区值时被氧化，而在右上区时则还原。同时还可以看出该种气氛对铁的氧化能力随着温度的升高而降低。对在 $CO_2 - CO$ 气氛中加热时，也可作类似分析，但该种气氛对铁的氧化能力随着加热温度的提高而提高。

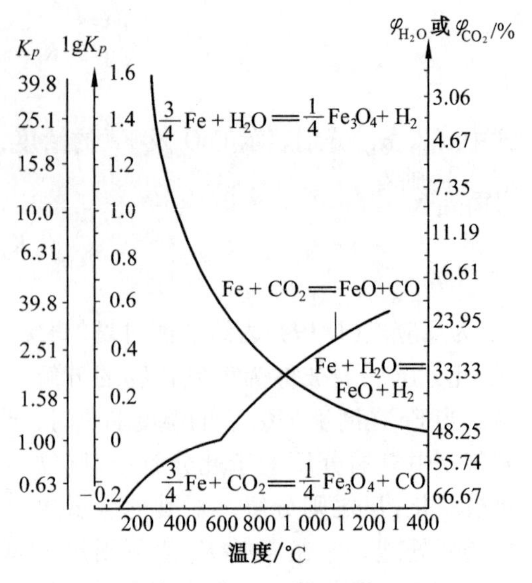

图 1.6　K_p 与温度的关系

当炉气中同时存在 H_2、H_2O、CO_2 和 CO 时，铁在其中加热是否被氧化，同样应该根据热力学条件来进行判断。根据体系自由能变化的等温方程，可以推得当 $t > 570$ ℃ 时无氧化加热条件为

$$\frac{p'_{H_2} \cdot p'_{CO}}{p'_{H_2O} \cdot p'_{CO_2}} \geqslant K_{p_3} \cdot K_{p_4} \tag{1.28}$$

式中　p'_{H_2}、p'_{CO}、p'_{H_2O} 和 p'_{CO_2}——炉气中 H_2、CO、H_2O 和 CO_2 的分压。

在图 1.6 中，如果把两条平衡曲线相交所割分的区域分开来看，上区为两种反应还原的重叠区，故当两种反应同时存在时，仍为还原区。下区为两种反应氧化的重叠区，故仍为氧化区。而左区和右区，则正好为一种反应的氧化区与另一种反应的还原区重叠，此时应根据式(1.28) 进行判断。

钢的氧化虽属化学反应，但在钢的表面上一旦形成氧化膜后，氧化的速度便主要取决于氧和铁原子通过氧化膜的扩散速度。图 1.7 为钢的氧化速度与加热温度的关系。随着加热温度的提高，原子扩散速度增大，钢的氧化速度增大。在 570 ℃ 以下时，钢件表面形成的主要是致密的 Fe_3O_4，氧化速度比较慢；但在 570 ℃ 以上时所形成的氧化膜以 FeO 为主，其结构疏松，氧和铁原子易于通过 FeO 而进行迎面扩散，氧化速度急剧增加。

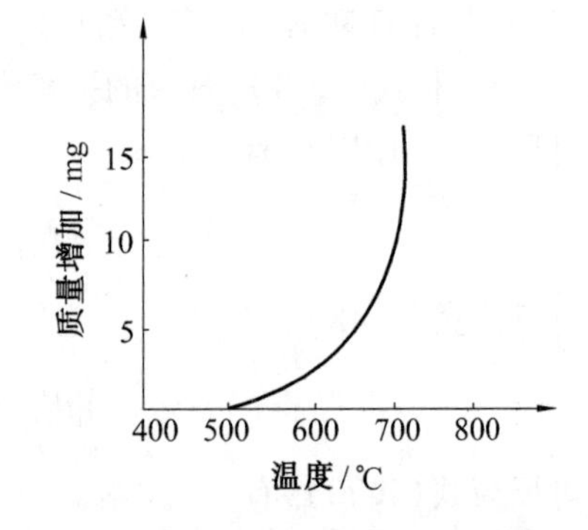

图 1.7　钢的氧化速度与加热温度的关系

1.2.2　钢加热时的脱碳及脱碳过程

1. 钢加热时的脱碳、增碳平衡

钢在加热时不仅表面发生氧化,形成氧化铁,而且钢中的碳也会和气氛作用,使钢的表面失去一部分碳,含碳量降低,这种现象称为脱碳。常见的脱碳反应有以下几种

$$CO_2 + C_{\gamma-Fe中} \rightleftharpoons 2CO \tag{1.29}$$

$$H_2O + C_{\gamma-Fe中} \rightleftharpoons CO + H_2 \tag{1.30}$$

$$2H_2 + C_{\gamma-Fe中} \rightleftharpoons CH_4 \tag{1.31}$$

这几种反应都是可逆反应,当反应向右进行时,钢在加热过程中发生脱碳;而当反应条件使反应向左进行时,将发生增碳作用。与前述铁的氧化一样,可以根据热力学条件求出反应温度下的反应平衡常数,再与炉气成分的分压比及平衡常数比较,就可判断其是脱碳还是增碳。例如对反应式(1.29),若$\frac{[p'_{CO}]^2}{p'_{CO_2} \cdot \alpha_c} < K_p$,则在该条件下的$CO_2 - CO$气体中加热时将发生脱碳,反之则增碳。只有当$\frac{[p'_{CO}]^2}{p'_{CO_2} \cdot \alpha_c} = K_p$时不增碳也不脱碳,此处$\alpha_c$为在该温度下碳在钢的奥氏体中的活度。关于活度的概念已在物理化学介绍过,α_c值大小与奥氏体中含碳量有关,含碳量较高者,α_c值较大。当碳以石墨形式出现时,则$\alpha_c = 1$。在不同加热温度,对不同含碳量的奥氏体有不同的碳的活度α_c,因而当上述脱碳、增碳反应达到平衡时,对不同钢中的含碳量可以计算出平衡曲线。图1.8[6]为碳钢在$CO - CO_2$混合气中加热时的平衡曲线。图中不同曲线表示不同含碳量钢的奥氏体平衡曲线,*SE*线以左析出渗碳体,*SG*线以下则析出铁素体,故*ESG*线与铁碳状态图中*ESG*线相当。*ES*线的延长虚线表示与固态碳(石墨)平衡曲线。既然图中奥氏体区的不同曲线代表与钢中一定奥氏体含碳量平衡的曲线,则可以根据该图判断加热时是否脱碳或增碳。取图中$w_C = 0.4\%$曲线为例,若加热温度与炉气成分均位于此曲线上,则既不脱碳也不增碳;若位于曲线左上方则表面将增碳;若位于曲线右下方,则表面将脱碳。

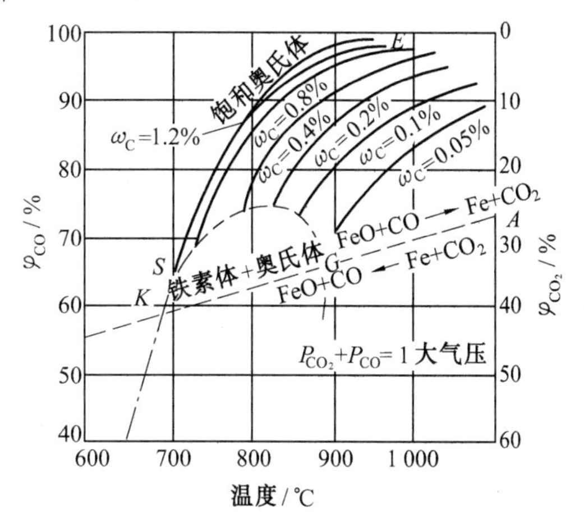

图1.8　碳钢在$CO - CO_2$混合气中加热平衡图[6]

2. 炉气的碳势及其测定

为了定量地表示炉气对钢表面增碳或脱碳的能力,引出了碳势的概念。碳势即纯铁在一定温度下于加热炉气中加热时达到既不增碳也不脱碳并与炉气保持平衡时表面的含碳量。它表示炉气对纯铁饱和碳的能力,炉气碳势越高,饱和碳的能力越强。因为它是纯铁与炉气平衡时表面含碳量,所以有人认为正确名称应为碳平衡,不应为碳势。

碳势从理论上可根据热力学进行计算,也可根据计算做出类似于图1.8的图表。

但是这些理论计算和实验数据总有一定误差,有时甚至误差很大,其原因如下:

(1) 对碳钢来说,平衡常数的精确度有问题;对合金钢来说,其影响更为复杂。

(2) 理论计算是在假设体系处于平衡状态下进行的,而在一般工业炉中,真正平衡状

态并不存在。因为炉气通过炉内有一定速度,气氛与钢件间不会达到平衡,气体之间的反应进行并不完全,故把排出气体取样分析的数值用于平衡的计算上,本身就不会正确。

基于上述缺点,目前,一方面从理论上研究不平衡体系的计算方法,另一方面则是在工作炉中直接测定碳势曲线,即实际碳势曲线。

实际碳势曲线是在固定炉型及具体工作条件下,直接测定不同温度时炉气成分及与之平衡的钢的含碳量而得。钢的含碳量一般取厚度小于0.20 mm 的箔片,在加热温度停留0.5 ~ 1 h 使箔片被碳穿透扩散,并与气氛平衡,之后迅速冷却,最后进行化学分析而得。

获得了实际碳势曲线以后,则可根据碳势曲线,通过测定炉气成分来确定炉气碳势。

在一些特定情况下,确定炉气的碳势不一定需要测定炉气中所有组分的含量,而只需测定其中一种组分的含量,即可确定炉气碳势。例如吸热式气氛就可通过测定炉气中 CO_2 含量或 H_2O 含量来测定炉气碳势。

在吸热式气氛中,影响碳势的主要气体成分是 CO、H_2、CO_2、H_2O 及 CH_4。进行增碳或脱碳的反应式为式(1.29)、(1.30)、(1.31),已在前面介绍。但以一定原料气制成的吸热式气氛(其特点后面将要介绍),其 CO 和 H_2 含量恒定,而其余3种成分之间又有如下关系

$$CO + H_2O \rightleftharpoons CO_2 + H_2 \tag{1.32}$$

$$CO_2 + CH_4 \rightleftharpoons 2CO + 2H_2 \tag{1.33}$$

式(1.32)为通常所说的水煤气反应。由此式可以看出,在 CO 和 H_2 成分恒定情况下,H_2O 与 CO_2 之间,只要其中一个含量确定,则另一个含量也确定。此外由式(1.33)可知,H_2O 与 CH_4 之间又有相互依赖关系。因此,这三种气体之一的含量确定后,气体成分即可确定,从而碳势也随之确定。由此我们可以通过测定 CO_2、H_2O 或 CH_4 含量来测定炉气碳势。图1.9为吸热式气体的碳势与气体 CO_2 含量的关系。

测定炉气中 CO_2 含量的常用仪器是红外线 CO_2 分析仪。该种仪器系利用多原子气体对红外线的选择吸收作用(例如 CO_2 仅吸收波长4.26 μm 的射线,CH_4 仅吸收3.4 μm 和7.7 μm 波长的红外线,对其余波长射线不吸收),以及选择吸收红外线的能量又和该种气体的浓度及气层厚度有关这一性质来测定气氛中 CO_2 含量,从而测定碳势。显然,该种仪器也可测量 CH_4 的含量。

炉气中 H_2O 的含量,常用露点来表示。露点是指气氛中水蒸气开始凝结成雾的温度,即在一个大气压力下,气氛中水蒸气达到饱和状态时的温度。气氛中含 H_2O 量越高,露点越高,而碳势就越低。图1.10为吸热式气体的碳势与一定温度下露点的关系。炉气中露点,用露点仪测量。

有些炉气(例如氮基气氛)中 CO 含量很小,H_2O 和 CO_2 相应的也极低,此时用 CO_2 或 H_2O 含量的方法来测定炉气碳势很困难。对这种炉气目前用氧探头来进行测量,这是因为炉气中尚存在反应

$$2CO + O_2 \rightleftharpoons 2CO_2 \tag{1.34}$$

及

$$2H_2 + O_2 \rightleftharpoons 2H_2O \tag{1.35}$$

故炉气中氧含量与 CO、H_2、CO_2 及 H_2O 含量有关,从而也可以用测量炉气中氧的分压来测量炉气的碳势。

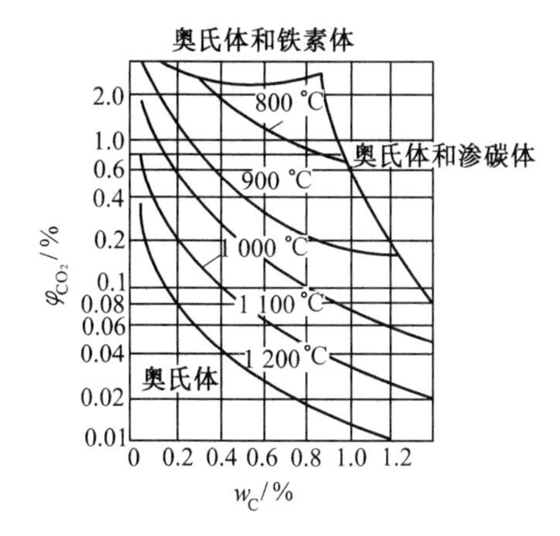

图1.9　吸热式气体的碳势与气体 CO_2 含量的关系

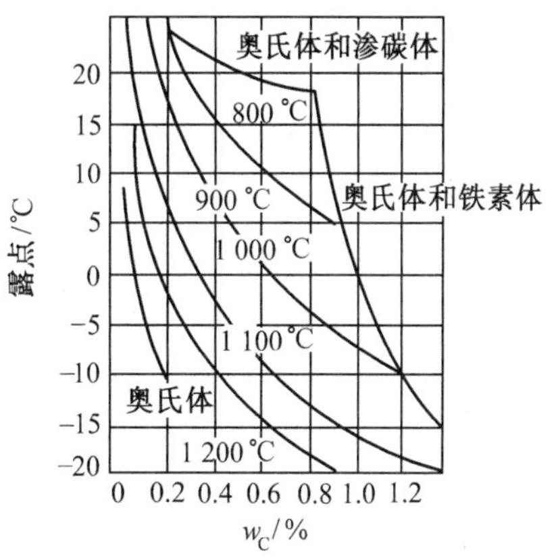

图1.10　吸热式气氛的碳势与一定温度下露点的关系

氧探头是利用氧化锆的氧离子导电性来测量炉气中氧含量(氧分压),从而测量炉气碳势的。如图1.11所示,氧化锆作为固体电介质,制成为一端封闭的管,将铂电极固定于管的内、外两侧,管内通入参比气,管外为炉气,当两侧气氛氧浓度不同时,在氧分压高的一侧的电极上,氧得到电子成为氧离子,氧离子在氧化锆电介质中移动到达另一个电极放出电子还原为氧,在两极间产生电动势,即构成浓差电池。在参比气(一般用空气)氧浓度一定情况下,则氧探头输出的电势直接反映了炉气氧含量的多少,从而测得了炉气碳势。图1.12为在不同温度下炉气碳势与氧探头输出电压的关系。

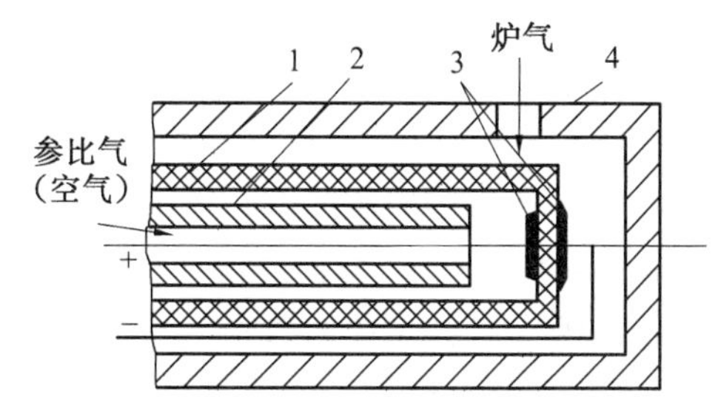

图1.11　氧探头结构示意图

1—氧化锆;2—内套管;3—铂;4—外套管

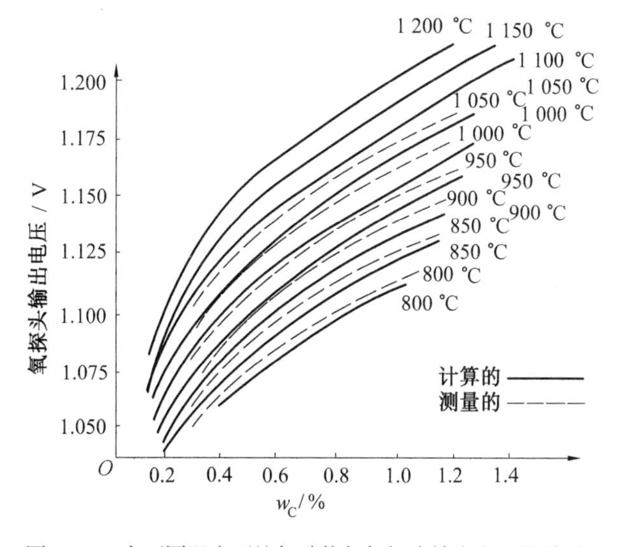

图1.12　在不同温度下炉气碳势与氧探头输出电压的关系

用氧探头测量炉气碳势时,与红外仪测 CO_2 含量不同,不必从炉气中取样,而是直接将氧探头插入炉内,测量方便,反应快,但使用寿命较短。

3. 钢加热时的脱碳过程及脱碳层的组织特点

由于钢加热时,若炉气碳势低于钢中含碳量,则钢的表面将发生脱碳。脱碳包括两个过程,第一钢件表面的碳与炉气发生化学反应(脱碳反应),形成含碳气体逸出表面,使表面碳浓度降低;第二由于表面碳浓度的降低,工件表面与内部发生浓度差,从而发生内部的碳向表面扩散的过程。关于碳的扩散过程,将在第5章中叙述。

根据炉气的碳势、加热温度及钢中含碳量的不同,碳钢脱碳层有两种类型的组织:一种为半脱碳层,一种为全脱碳层。

设有碳的质量分数为 $a\%$ 的碳钢,在温度 t_1 加热,炉气碳势为 $b\%$C,且 $b < a$,但大于该温度奥氏体与铁素体平衡含碳量(即与Fe－C状态图上 SG 线交于点 C),则成分为 a 的碳钢在此条件下加热时表面要脱碳,表面含碳逐渐由开始加热 $\tau_0 = 0$ 时的 a 逐渐下降至 τ_n 时的表面含碳量 b,此时表面含碳量与炉气平衡,不再降低。在加热时间小于 τ_n 之前,随着表面含碳量的降低,出现了碳的浓度梯度,内部的碳往外扩散,脱碳层逐渐加深;在大于 τ_n 之后,虽然表面含碳量不再降低,但是脱碳过程仍继续进行,脱碳深度继续加深。工件自表面至心部的碳浓度分布曲线如图1.13所示,含碳量自表面至心部逐渐增加,直至钢的原始含碳量。在此加热温度下,a、b 两点均位于奥氏体区,故自表面至心部均为奥氏体区,但奥氏体中碳浓度由心部至表面逐渐降低。这种钢件缓冷至室温,其金相组织可以根据Fe－C状态图进行分析。设 a、b 在状态图中的位置如图1.13所示,则脱碳层组织自表面至中心,由铁素体加珠光体组织逐渐过渡到珠光体,再至相当于钢含碳量 a 的退火组织。这种脱碳层称为半脱碳层。

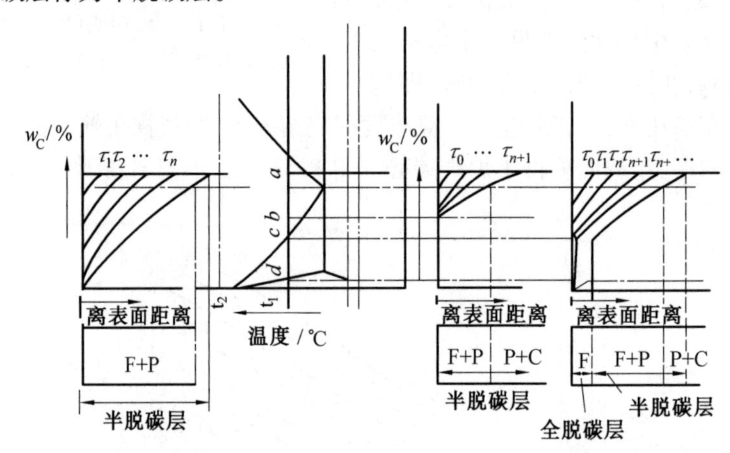

图1.13　碳钢在不同碳势的炉气中加热时脱碳层碳浓度分布

若该种钢在炉气碳势远低于 c 点的情况下加热,当表面碳浓度降至 c 点时,如果表面碳浓度继续降低,则在此加热温度下将进入 $\alpha + \gamma$ 两相区。但根据相律,要使脱碳的扩散过程能继续进行,脱碳层要有一定的碳浓度梯度,若这样就不可能出现双相区。故脱碳的结果表面将出现单一的铁素体相,脱碳层碳浓度分布曲线发生突变,由 c 点突降至 d 点。延长加热时间,总脱碳层深度加深,表面单一铁素体区也加宽。缓冷后,在原出现铁素体区,除了有极微量的三次渗碳体析出外,金相组织没有变化,而内部毗邻铁素体的原奥氏体区则形成相当于上述半脱碳层的组织。在脱碳层区碳浓度分布曲线有突变(见图1.13右侧),而脱碳层金相组织表面为单一的铁素体区,向里为铁素体加珠光体逐渐过渡到相当于钢原始含碳量缓冷组织的这种脱碳层称为全脱碳层。

加热温度也同样影响脱碳层的组织特点。如果加热温度高于Fe－C状态图中点G的温度，例如t_2，在此温度下，无论气氛碳势如何低，脱碳过程中从表面至中心始终处于奥氏体状态，因此脱碳结果不会发生碳浓度的突变，也不会出现单独存在的单一铁素体区，如图1.13左侧所示。

在强烈氧化性气体中加热时，表面脱碳与表面氧化往往同时发生，例如在$CO－CO_2$气体中加热，当气体成分与加热温度位于图1.8的KGA线下方时就是如此。其氧化、脱碳层结构为表面氧化铁皮，其下为全脱碳层，再其下为过渡区，如图1.14所示。

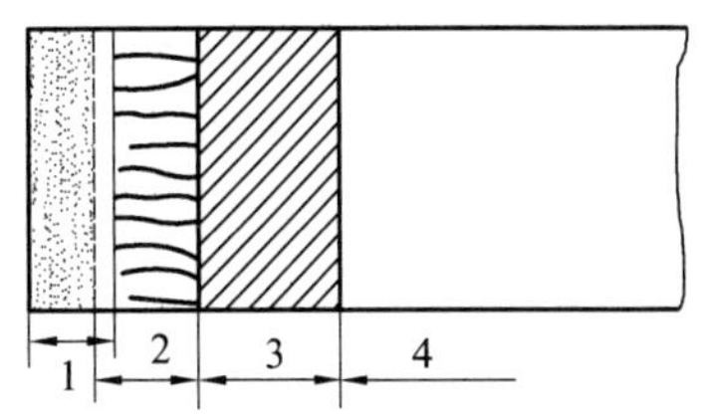

图1.14　氧化、脱碳层结构

1—氧化铁皮；2—全脱碳层；3—过渡区；　4—基体

在一般情况下，表面脱碳现象比氧化现象更易发生，特别是对含碳量较高的钢。例如当炉气成分和加热温度位于图1.8的$KSGA$线的上方时，Fe的氧化现象不会发生，但可能脱碳。

1.2.3　加热介质的选择[9~10]

钢铁等金属材料，在热处理加热时的氧化脱碳，使金属烧损，性能降低，造成浪费。因此，如何实现少、无氧化加热，进行光亮热处理（即工件热处理后，不因氧化等原因使工件表面颜色变暗，光洁度降低，而仍保持热处理前原来工件表面光亮状态），是热处理工作者所研究的重要问题之一。

显然，要在热处理加热时不发生氧化、脱碳现象，基本原则就是避免工件表面与加热介质发生化学作用。据前所述，应降低氧化性气体在炉气中的分压，使反应朝还原方向进行。

1. 真空加热

真空加热即为在低于一个大气压（一般为$1.33 \sim 1.33 \times 10^{-2}$Pa）的稀薄空气中加热，因此其基本反应为式（1.16）和式（1.19），能否发生氧化反应取决于该加热温度下该氧化物的分解压和炉气氧的分压，已如前述。但由图1.5看出，一般金属氧化物的分解压很小，例如铁，在727 ℃时氧化铁的分解压力为$p_{O_2} = 1.01 \times 10^{-16}$Pa。空气中氧占21%，当空气为$1.01 \times 10^5$Pa时，氧的分压为$2.12 \times 10^4$Pa，故727 ℃时氧化铁的分解压相当于真空度$1.33 \times 10^{-16}$Pa时稀薄空气中氧的分压，这比一般真空加热时所采用的真空度要高得多。显然，从分解压力的角度考虑，真空加热只能减轻氧化现象，但不能避免氧化。但这仅是从热力学角度得出的结论，若从化学动力学角度考虑，在该条件下，氧化反应进行得很慢，几乎很难觉察，因此真空加热可避免氧化、脱碳，达到光亮热处理的目的。

2. 保护气氛

在工件加热时保持其表面不氧化、脱碳的气氛称为保护气氛。常见保护气氛及其使用特性如下。

（1）吸热式气氛

用天然气、丙烷气、城市煤气及其他有机物质为原料，以一定的比例与空气混合，在装有镍触媒的高温（930～1 050 ℃）炉内进行不完全燃烧而得的一种混合气体。因为其化学反应所产生的热量很少，不足以维持正常反应，需要外部供给热量，因而称为吸热式气氛。如用丙烷气作为原料气，以空气：丙烷＝7.2的比例所制得的吸热式气体成分为$\varphi_{CO_2}=0.3\%$；$\varphi_{O_2}=0\%$；$\varphi_{H_2O}=0.6\%$；$\varphi_{CH_4}=0.4\%$；$\varphi_{CO}=24\%$；$\varphi_{H_2}=33.4\%$；N_2余量[8]。

其特点是含有大量的CO和H_2,是一种还原性气氛,具有一定的碳势。当原料气成分稳定时,CO和H_2的含量基本恒定,这为碳势测量提供了方便。

吸热式气体普遍用于气体渗碳和碳氮共渗,但这种气氛的碳势较低,此时应添加富化气。

吸热式气氛广泛地用于各类碳钢、低合金钢的保护气氛淬火加热,也可用于高速钢及合金工具钢。因该种气氛含有大量CO,而CO能使Cr、Mn、Si等元素氧化,所以对高铬钢和不锈钢等不宜采用。

吸热式气体在低温范围(400 ~ 700 ℃)内会大量析出碳黑,所以不能作回火加热的保护气。另外,该种气氛中含有大量H_2,对某些钢件热处理后易产生氢脆现象。

在低温范围内,吸热式气氛与空气混合后有爆炸的可能,应采用安全措施。

(2) 放热式气体

当原料气与较充足的空气混合,仅靠其本身的不完全燃烧所放出的热量就能维持其反应时,所制成的气体称为放热式气体。用天然气制备的放热式气体成分见表1.3。浓型用较低的空气、原料气混合比(6 ~ 7),淡型用较高的空气与原料气混合比(7 ~ 9.5)。由表1.3可见,气氛的碳势较低,只能用作防护氧化,不能防止脱碳。浓型放热式气氛适用于低碳钢光亮退火及中碳钢短时加热或允许少量脱碳的工件光亮淬火。当工件表面光亮程度要求不高时,可用作钢件的回火保护气氛。淡型放热式气氛主要用于铜和铜合金的光亮热处理,也可用于高速切削工具的表面氧化处理。

表1.3 用天然气制备的放热式气体成分

气 体	气体的体积分数/%				
	N_2	CO	CO_2	H_2	CH_4
浓 型	71.5	10.5	5.0	12.5	0.5
淡 型	86.8	1.5	10.5	1.2	—

3. 氨热分解气

把液氨汽化后并通入有触媒的反应罐使氨气在高温下发生分解,从而获得氨热分解气。反应温度越高,反应进行得越快,分解得越完全。在氨完全分解条件下,分解气的成分为H_2($\varphi_{H_2} = 75\%$)和N_2($\varphi_{N_2} = 25\%$),其中N_2为中性气体,故该种气体的性质和氢气一样,适合于含铬较高的合金钢、不锈钢的光亮退火和光亮淬火。

氢对钢有脱碳倾向性,随着温度的升高而减弱。另外,氢促使高碳钢和高强度钢出现氢脆现象。

由于氨分解气中有大量的氢,当与空气混合时可能发生爆炸,故应采取预防措施。

4. 氮基保护气氛

这是一种以氮气为主要成分的保护气氛。因为氮气是一种中性气氛,其本身对钢或其他金属既不会氧化,也不会使钢脱碳。但是氮气中若存在少量的氧气,例如0.001%的氧气,就会使钢氧化。因此,虽然氮气来源丰富,空气中有4/5是氮气,又是工业制氧站的副产品,但要得到这样高的纯氮需要特殊处理。因此,把它作为保护气体还是近年来发展起来的。目前制取氮气的方法有两种,一种是空气通过分子筛等吸收,除去其中的氧而得;另一种是用空气分离器,例如用制氧机把空气压缩成液体,然后分馏、净化而得。

一般用作保护气的有下列3种氮基气氛。

(1)氮-氢(N_2-H_2)混合气体

混合气中的氢含量应根据被处理的金属及合金的氧化-还原曲线(即H_2O与H_2的分压比)来确定。由于这种气氛不含CO和CO_2,故在400~700 ℃温度范围内这种气氛不会析出碳黑,可用作回火气氛,也可用作铜合金、不锈钢、电工钢、低碳钢的保护气氛。当氢的质量分数在4%以下时,既可避免爆炸的危险,又可避免高强度钢的氢脆现象。

(2)氮-天然气(N_2-CH_4)混合气

即在氮气中加入少量甲烷(CH_4),甲烷加入量应根据炉型及用途而定。一般用作碳钢及低合金钢的保护气,也可用于渗碳及碳氮共渗。

(3)氮-甲醇(N_2-CH_3OH)混合气

甲醇价廉而便于运输,在许多热处理工艺所用的温度下均能裂解。在氮气中只要加入少量甲醇即可作无氧化保护气氛。一般用作中碳及低碳钢光亮淬火的保护气氛,也可用作渗碳及碳氮共渗的载气。

由于氮基气氛的制取不需要消耗大量天然气或丙烷气等燃料气,且在热处理工艺中用燃料气少,因此可以节约气源和能源。此外,氮基气氛具有无氧化、可燃性小及无爆炸危险等特点,各主要工业国都在热处理工艺中广泛研究和推广应用该类气体。

5.液滴式保护气氛

这是用甲醇、乙醇和丙酮等有机物分解而成的气体。目前常用制备方法有两种:一种是在特定的反应罐内热解,然后导入热处理加热炉内;一种是直接滴入热处理炉内进行分解,因此,后者又称为滴注法。该种方法设备简单,投资少,适宜于周期式作业炉。

液滴式气氛所用原料种类很多,基本分为两类:一类碳势较低,常用作载气或稀释气体,通常用甲醇热解或乙醇加水分解而得;一类碳势较高,常用作渗碳气或富化气,通常用乙醇或丙酮等加热分解而得。使用时常联合使用这两类液体,用调整这两类液体的滴量或事先按一定百分比将两者混合的办法来调整碳势。反应式如下

$$CH_3OH \longrightarrow CO+2H_2-Q \tag{1.36}$$

或

$$C_2H_5OH+H_2O \longrightarrow 2CO+4H_2-Q \tag{1.37}$$

这类气体的大致成分是$\frac{1}{3}$CO及$\frac{2}{3}H_2$,此外还有少量的H_2O、CO_2和CH_4。

丙酮和乙醇的分解反应为

$$CH_3COCH_3 \longrightarrow 2[C]+CO+3H_2 \tag{1.38}$$

$$C_2H_5OH \longrightarrow [C]+CO+3H_2 \tag{1.39}$$

可见其基本成分和吸热式气氛相仿,其应用范围也和吸热式气氛相类同。

6.其他加热介质

热处理加热时尚可采用其他介质,例如沸腾床(流态化炉)加热、盐炉或其他液态介质加热、包装加热和保护涂料加热等。这些加热介质中除了沸腾床加热可借改变流态化气体成分来保证加热过程中不发生氧化脱碳外,其他基本上都是采用中性物质,使工件与氧化介质隔离,避免氧化及脱碳反应的发生。

习　题

1. 影响加热速度的因素有哪些？为什么？

2. 回火炉中装置风扇的目的是什么？气体渗碳炉中装置风扇的目的是什么？

3. 现有 T8 钢工件在极强的氧化气氛中分别于 950 ℃和 830 ℃长时间加热，试述加热后表层缓冷的组织结构，为什么？

参考文献

[1] ECKSTEIN H J. Technologie der Wärmebehandlung Von Stahl[M]. VEB Deutscher Verlag für Grundstoffindustrie, Leipzig, 1976.

[2] 李夫舍茨. 金属与合金的物理性能[M]. 北京：冶金工业出版社，1959.

[3] TAUTZ H. Wärmeleitung und temperturausgleich[M]. Berlin: Akademieverlag, 1971.

[4] CARSLAW H S, et al. Conduction of Heat in Solid[M]. Oxford: Clarendon Press, 1959.

[5] 王同章，黄子郁. 江苏工学院学报，1985，1.

[6] 西北工业大学. 可控气氛原理及热处理炉设计[M]. 北京：人民教育出版社，1978.

[7] ORDINANZ W. Werkstatt und Betrieb, 1962, 95(5).

[8] 山中久彦. 真空热处理[M]. 北京：机械工业出版社，1975.

[9] 热处理手册编委会. 热处理手册：第 1 卷[M]. 3 版. 北京：机械工业出版社，2001.

[10] 刘代宝. 可控气氛热处理[M]. 北京：机械工业出版社，1974.

第 2 章

退火和正火

仅为了消除铸件、锻件及焊接件的工艺缺陷需
工成型性能、切削加工性能、热处理工艺性
能，一般都要进行退火或正火处理。因此，退火或正火工艺是否选择得当，工艺是否正确，都是关系到低消耗、高质量地生产机器零件或其他机械产品的重要问题。

本章主要讲述退火和正火的基本含义，它的特点及其工艺原理，退火、正火工艺的正确选择应用及质量控制等问题。

2.1　退火、正火的定义、目的和分类

将组织偏离平衡状态的金属或合金加热到适当的温度，保持一定时间，然后缓慢冷却以达到接近平衡状态组织的热处理工艺称为退火[1]。退火的目的在于均匀化学成分、改善机械性能及工艺性能、消除或减少内应力，并为零件最终热处理准备合适的内部组织。

钢件退火工艺种类很多，按加热温度可分为两大类[2]：一类是在临界温度（Ac_1 或 Ac_3）以上的退火，又称相变重结晶退火，包括完全退火、不完全退火、扩散退火和球化退火等；另一类是在临界温度以下的退火，包括软化退火、再结晶退火及去应力退火等。这两类退火与Fe-C状态图的关系如图 2.1 所示。按冷却方式退火工艺可分为连续冷却退火及等温退火等。

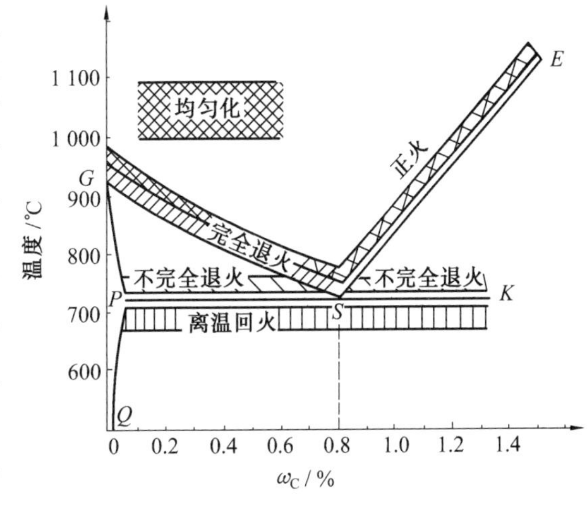

图 2.1　各类退火工艺加热温度示意图

铸铁件的退火工艺包括各种石墨化退火及去应力退火等。

有色金属工件的退火主要有铸态的扩散退火、变形合金的再结晶退火及去应力退火等。

正火是将钢材或钢件加热到 Ac_3（或 Ac_{cm}）以上适当温度，保温适当时间后在空气中冷却，得到珠光体类组织的热处理工艺[2]。

正火的目的是获得一定的硬度、细化晶粒,并获得比较均匀的组织和性能。

2.2 常用退火工艺方法

2.2.1 扩散退火

将金属铸锭、铸件或锻坯,在略低于固相线的温度下长期加热,消除或减少化学成分偏析及显微组织(枝晶)的不均匀性,以达到均匀化目的的热处理工艺称为扩散退火,又称均匀化退火。

铸件凝固时要发生偏析,造成成分和组织的不均匀性。如果是铸锭,这种不均匀性则在轧制成钢材时,将沿着轧制方向拉长而呈方向性,最常见的如带状组织。图 2.2 为低碳钢中所出现的带状组织,其特点为有的区域铁素体多,有的区域珠光体多,该二区域并排地沿着轧制方向排列。产生带状组织的原因是由于铸锭中锰等影响过冷奥氏体稳定性合金元素的偏析。

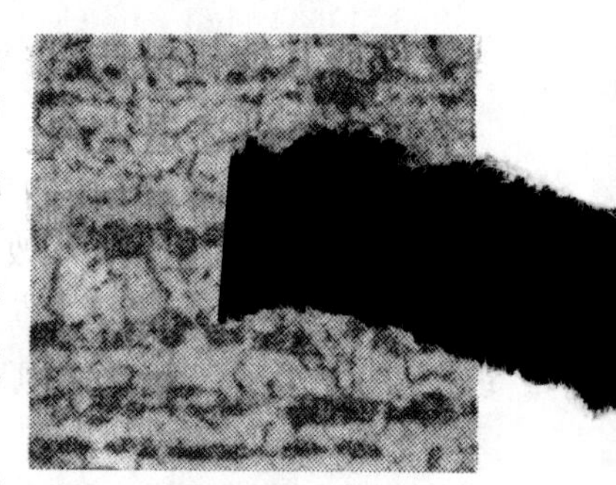

图 2.2 低碳钢中的带状组织(ω_C=0.12%,×200)

由于这种成分和结构的不均匀性,需要长程扩散才能消除,因而过程进行得很慢,消耗大量的能量,且生产效率低,只有在必要时才使用。因此扩散退火多用于优质合金钢及偏析现象较为严重的合金。扩散退火在铸锭开坯或锻造后进行比较有效,因为此时铸态组织已被破坏,元素扩散的障碍大为减少。

钢件扩散退火加热温度通常选择在 Ac_3 或 Ac_{cm} 以上 150～300 ℃[3],视钢种和偏析程度而异。温度过高影响加热炉寿命,并使钢件烧损过多,碳钢一般为 1 100～1 200 ℃,合金钢一般为 1 200～1 300 ℃。加热速度常控制在 100～200 ℃/h。扩散退火的保温时间,理论上可以根据原始组织成分不均匀性的程度,假设其浓度分布模型用扩散方程的特解来进行计算。但其浓度分布的测定需要很长的周期,实际上很少采用理论计算,而采用经验公式进行估算。估算方法是:保温时间一般按截面厚度每 25 mm 保温 30～60 min,或按每毫米厚度保温 1.5～2.5 min 来计算。若装炉量较大,可按下式计算

$$\tau=8.5+Q/4 \tag{2.1}$$

式中 τ——时间,h;

Q——装炉量,t。

一般保温时间不超过 15 h,否则氧化损失过重。冷却速度一般为 50 ℃/h,高合金钢则为20～30 ℃/h。通常降温到 600 ℃以下,即可出炉空冷。高合金钢及高淬透性钢种最好在 350 ℃左右出炉,以免产生应力及使硬度偏高。

由于扩散退火在高温下进行,且过程时间很长,因而退火后将使奥氏体晶粒十分粗大。为了细化晶粒,应在扩散退火后,补充一次完全退火。对铸锭来说,尚需压力加工,而压力加工可以细碎晶粒,故此时可不必在扩散退火后再补充一次完全退火。

应该指出,用扩散退火解决钢材成分和组织结构的不均匀性是有限度的。例如对结晶过程中形成的化合物及夹杂物来说,扩散退火就无能为力,此时只能用反复锻打的办法才能改善。

铜合金的扩散退火温度为700~950 ℃,铝合金的扩散退火温度为400~500 ℃[4]。

2.2.2 完全退火

将钢件或钢材加热到Ac_3点以上,使之完全奥氏体化,然后缓慢冷却,获得接近于平衡组织的热处理工艺称为完全退火。

完全退火的目的是细化晶粒、降低硬度、改善切削性能以及消除内应力。因此,完全退火的温度不宜过高,一般在Ac_3点以上20~30 ℃,适用于碳的质量分数为0.30%~0.60%的中碳钢。

低碳钢若采用通常的完全退火,则其硬度太低,切削性能不好。若为改善切削性能,可采用高温退火,即在比上述完全退火更高的温度下(960~1 100 ℃)加热,获得4~6级的粗晶粒,以提高切削性能。

退火保温时间不仅取决于工件透烧(即心部也达到加热所要求的温度)所需的时间,而且还取决于完成组织转变所需要的时间。因为完全退火时加热温度超过Ac_3不多,所以相变进行得很慢,特别是粗大铁素体或碳化物的溶解和奥氏体成分的均匀过程,均需要较长时间。对常用结构钢、弹簧钢及热作模具钢钢锭,完全退火的加热速度为100~200 ℃/h;保温时间按下式计算

$$\tau=8.5+Q/4 \tag{2.2}$$

对亚共析钢锻轧钢材,通过完全退火,主要消除锻后组织及硬度的不均匀性,改善切削加工性能和为后续热处理做准备,其保温时间可稍短于钢锭的退火,一般可按下式计算

$$\tau=(3\sim4)+(0.4\sim0.5)Q$$

退火后的冷却速度应缓慢,以保证奥氏体在Ar_1点以下不大的过冷度情况下进行珠光体转变,以免硬度过高。一般碳钢冷却速度应小于200 ℃/h;低合金钢的冷却速度应降至100 ℃/h;高合金钢的冷却速度应更小,一般为50 ℃/h。出炉温度为600 ℃以下。

2.2.3 不完全退火

将钢件加热至Ac_1和Ac_3(或Ac_{cm})之间,经保温并缓慢冷却,以获得接近平衡的组织,这种热处理工艺称为不完全退火。

在亚共析钢中,只有在退火前的组织状态已基本上达到要求,但由于珠光体的片间距较小,硬度偏高、内应力也较大,并希望对此能有所改善时才进行不完全退火。这种退火实际上只是使珠光体部分再进行一次重结晶,基本上不改变先共析铁素体原来的形态及分布。退火后珠光体的片间距有所增大,硬度有所降低,内应力也有所降低。

由于不完全退火所采取的温度较完全退火低,过程时间也较短,因而是比较便宜的一种工艺。如果不必通过完全重结晶去改变铁素体与珠光体的分布及晶粒度(如出现魏氏组织等),则总是采用不完全退火来代替完全退火。

过共析钢的不完全退火,实质上是球化退火的一种。

2.2.4 球化退火

使钢中的碳化物球状化,或获得"球状珠光体"的退火工艺称为球化退火。

1. 球化退火的目的

球化退火的目的有以下几点。①降低硬度,改善切削性能。实验证明,碳的质量分数

大于0.5%的钢球状珠光体的切削性能优于片状珠光体，含碳量越高，差别越大，故对一般含碳量较高的钢均采用球化退火。但碳的质量分数低于0.5%的钢，由于含碳量低，球状组织太软，切削性能反而变坏，故很少采用球化退火。②获得均匀组织，改善热处理工艺性能。在工具钢中，为了减少淬火加热时的过热敏感性、变形、裂纹的倾向性，要求淬火前的原始组织为球状珠光体。③经淬火、回火后获得良好的综合机械性能。试验证明，工具钢原始组织为球状珠光体的，经淬火、回火后的机械性能与原始组织为片状珠光体的相比较，在强度、硬度相同条件下，塑性、韧性较高。对轴承钢，碳化物分布越均匀，球化越完全，接触疲劳强度越高，使用寿命越长。图2.3为原始组织对淬火回火后GCr15钢的接触疲劳强度的影响[5]。由图可见，均匀粒状珠光体，不论在何种条件下，疲劳寿命均较长，而且对淬火温度的敏感性也较小。

2. 球化退火工艺

目前采用的数种球化退火工艺方案如图2.4所示，现在来分别介绍这些方案。

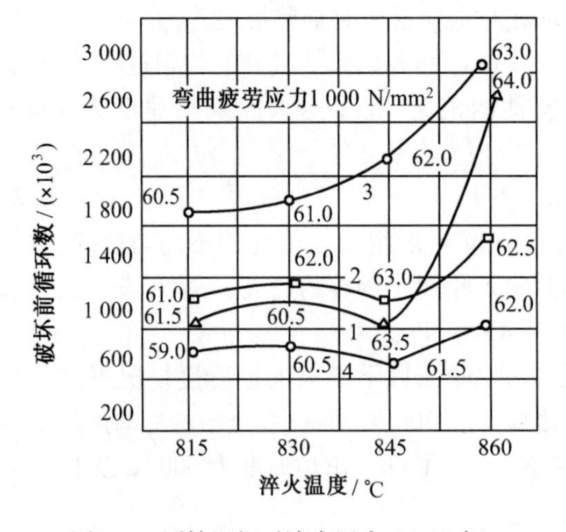

图2.3　原始组织对淬火回火GCr15钢疲劳强度的影响

1—细片状珠光体；2—点状珠光体；
3—均匀粒状珠光体；4—不均匀粒状珠光体

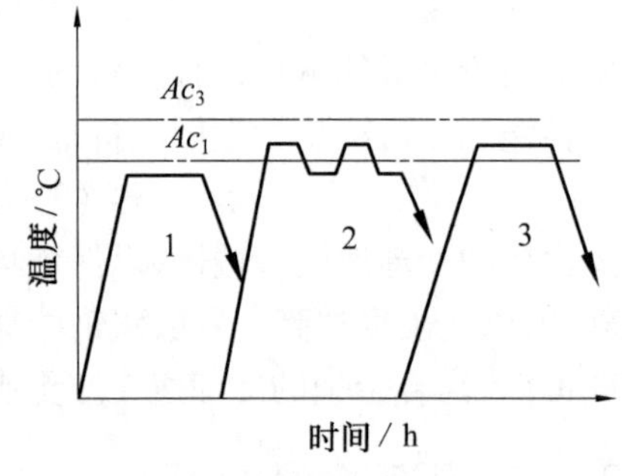

图2.4　碳化物球化的几种退火工艺方案

(1)方案1

低于Ac_1点温度的球化退火。该种工艺方法是把退火钢材加热到略低于Ac_1的温度，经长时间保温，使碳化物由片状变成球状的方法。

该种方法的热力学依据是在其他条件相同情况下，片状组织单位体积所占有的表面积大于球状，因而片状的表面能大于球状，总自由能也是如此，所以片状组织能自发地变成球状。

片状渗碳体通过溶断，形成不规则的颗粒状碳化物，以及通过碳在α-Fe中的扩散，细小碳化物颗粒中的碳被长大的颗粒吸收并逐渐球化这样两个阶段所完成。渗碳体片的溶断过程首先发生于渗碳体中的位错、缺陷及亚晶界处，因为在这些地方出现棱角，表面曲率半径小，故与之平衡的α-Fe中的碳浓度较高，而在渗碳体平面处α-Fe中碳浓度较低，在α-Fe中产生浓度差而发生碳的扩散。由于碳的扩散，使渗碳体在表面曲率半径小处(缺陷处)的α-Fe中碳浓度降低，为了维持平衡导致渗碳体的溶解，而在平面处α-Fe

中的碳浓度升高，为了维持平衡，自 α-Fe 中析出渗碳体。这就是渗碳体片溶断和球化的过程，这个问题在热处理原理中已经详细叙述。不难推知，渗碳体片越薄，缺陷越多，碳的扩散越容易，则渗碳体片的溶断、粉碎及球化过程越容易。所以退火前原始片状珠光体片越薄，预先的塑性变形量越大，退火温度越接近 Ac_1，则球化过程越快。

在有些工具钢中，碳化物球化应该包括一次（液析）碳化物、二次碳化物（先共析碳化物）及共析碳化物这三方面的球化。一次碳化物颗粒尺寸较大，常沿轧制方向分布，它的球化主要靠合理的锻造工艺，例如通过反复镦拔（很大的总锻造比）和适当的扩散退火来达到，所以一般球化退火主要是先共析碳化物和共析碳化物的球化。事实上过共析钢的先共析渗碳体如以网状存在，用低于 Ac_1 点以下温度的退火很难球化，即使没有网状渗碳体存在，仅是珠光体中的渗碳体的球化，其球化过程也需要很长时间。因此，这种工艺目前已很少被采用。

（2）方案2

往复球化退火。这是一种周期退火，目的是加速球化过程。如上所述，对一般片状珠光体，用低于 Ac_1 点温度的球化退火很难使碳化物球化。而这种方法是把钢先加热到略高于 Ac_1 点的温度，例如对碳钢和低合金钢可于 730 ~ 740 ℃加热保温一段时间；接着又冷却至略低于 Ar_1，例如在 680 ℃的温度保温一段时间，接着又重新加热到 730 ~ 740 ℃；而后又冷却至 680 ℃，如此重复多次，最后空冷至室温，获得球状珠光体。

在把钢加热至 Ac_1 点以上温度过程中，使先共析网状碳化物溶断、凝聚。而珠光体虽在加热到高于 Ac_1 点以上时应转变成奥氏体，但由于加热温度仅稍高于 Ac_1，珠光体中渗碳体溶解需要较长时间，往往只能使渗碳体片溶断，残留着渗碳体颗粒。有的即使溶解，但在渗碳体片溶断处还保留着高浓度碳聚集区，当冷至稍低于 Ar_1 点的温度保温，进行珠光体转变时，将以这些残存渗碳体或碳富集区作为渗碳体的结晶中心，渗碳体在此析出长大。因为这些微小区域弥散分布，碳的扩散距离比形成片状珠光体的短，虽然其应变能要大于片状珠光体，但其总自由能却较低，因而形成球状珠光体。反复加热，除了进一步溶断先共析渗碳体网外，同时也加速球化过程，因此这种方法要比方案 1 快。

对粗大工件或在装炉量很多情况下，这样的往复加热冷却很难实现，因而该种方法只适用于小型工具。

（3）方案3

一次球化退火法。此种退火工艺是目前生产上最常用的球化退火工艺，实际上这是一种不完全退火，球化机理与方案 2 相同。但由于其仅是一次加热，因而要求退火前的原始组织为细片状珠光体，不允许有渗碳体网存在。这样，在加热稍高于 Ac_1 的温度时，使奥氏体中只残存有尚未来得及溶解的渗碳体粒子或碳的富集区。在以后冷至低于 Ar_1 的温度过程中，以这些渗碳体粒子或碳的富集区作为珠光体转变时的结晶核心，形成球状珠光体。因此，为了获得上述原始组织，一般在退火前要进行一次正火处理。

方案 3 的加热温度对碳化物的球化影响很大。加热温度越高，奥氏体越容易出现片状珠光体，而且不容易球化。图 2.5 为碳钢一次球化退火加热温度范围，有点的区域即为推荐采用球化退火的加热温度[6]。

在加热温度的保温时间，对球化退火有与加热温度类似的影响。延长保温时间，使奥氏体中碳浓度趋于均匀，故会使片状珠光体出现，但其影响要比温度的作用弱得多。一般球化退火保温时间为 4 h 左右。

按方案3加热后，在Ar_1点附近的冷却速度也很重要。图2.6为冷却速度对GCr15钢球化退火球化效果的影响。由图可见，随着冷却速度增大，碳化物直径减少。冷却速度过大，珠光体转变温度过低，会出现片状组织，故一般球化退火的冷却速度控制在20 ℃/h左右。为了缩短球化退火总的过程时间，可采用在700 ℃附近的等温退火的工艺，等温时间为5～10 h。合金元素较多的钢，奥氏体稳定性较大，宜采用较长等温时间。

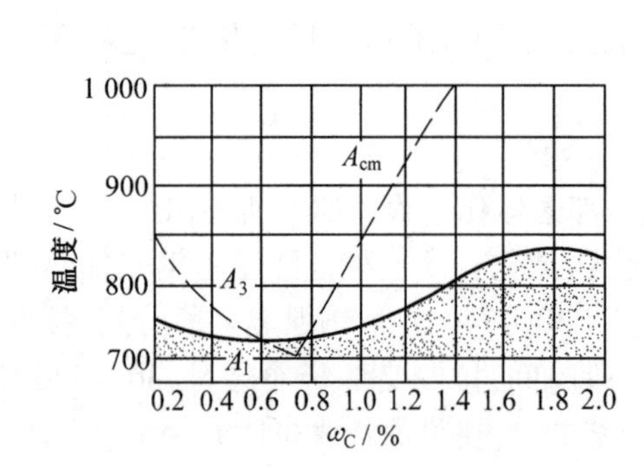

图2.5　碳钢一次球化退火加热温度范围[6]

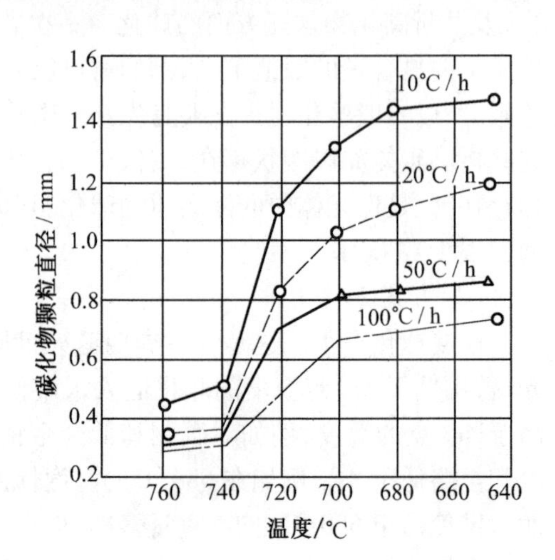

图2.6　冷却速度对GCr15钢球化退火的影响（780 ℃，保温5 h，以图示冷速冷至图示温度）

此外，对于像GCr15的低合金钢，还可采用加热至高于Ac_{cm}点的温度固溶处理，使碳化物全部溶入奥氏体，然后快冷（油冷或沸水冷却）得马氏体组织，此后在740 ℃加热，得到碳化物质点细密的球化组织，但应注意淬火开裂。

近年来，利用形变以加速球化过程的工艺得到了发展。例如普通碳钢的线材或棒材，在200～400 ℃温度进行塑性变形，然后在Ac_1点以下的温度退火可以促进球化过程。又如把上述固溶处理与毛坯锻造结合起来，即在毛坯锻造后立即淬火，然后再进行退火加热即可得到球化组织。此种工艺不仅可细化晶粒，而且还减少了固溶处理再次加热的工序。

2.2.5　再结晶退火和消除应力退火

经过冷变形后的金属加热到再结晶温度以上，保持适当时间，使形变晶粒重新转变为均匀的等轴晶粒，以消除形变强化和残余应力的热处理工艺，称为再结晶退火。再结晶退火的目的是消除冷作硬化，提高延展性（塑性），改善切削性能及压延成型性能。

图2.7为经冷变形金属在随后的加热过程中随着温度的升高，组织和性能变化示意图。

再结晶退火在高于再结晶温度下进行。再结晶温度随着合金成分及冷塑性变形量而有所变化。为产生再结晶所需的最小变形量称为临界变形量。钢的临界变形量为6%～10%。再结晶温度随变形量增加而降低，到一定值时不再变化。纯金属的再结晶温度：铁为450 ℃，铜为270 ℃，铝为100 ℃。一般钢材再结晶退火温度为650～700 ℃，铜合金为600～700 ℃，铝合金为350～400 ℃。

为了去除由于形变加工、锻造、焊接等所引起的及铸件内存在的残余应力（但不引起组织的变化)而进行的退火,称为去应力退火。由于材料成分、加工方法、内应力大小及分布的不同,以及去除程度的不同,去应力退火的加热温度范围很宽,应根据具体情况决定。例如低碳结构钢热锻后,如硬度不高,适于切削加工,可不进行正火,而在500 ℃左右进行去应力退火;中碳结构钢为避免调质时的淬火变形,需在切削加工或最终热处理前进行500~650 ℃的去应力退火;对切削加工量大,刀头复杂而要求严格的刀具、模具等,在粗加工及半精加工之间,淬火之前,常进行600~700 ℃、2~4 h的去应力退火;对经过索氏体化处理的弹簧钢丝,在盘制成弹簧后,虽不经淬火回火处理,但应进行去应力退火,以防止制成成品后因应力状态改变而产生变形,常用温度一般为250~350 ℃,此时还可产生时效作用,使强度有所提高。

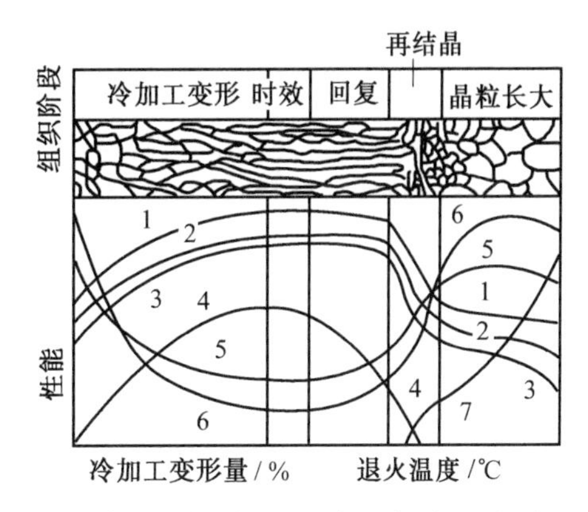

图2.7 冷加工变形量和退火温度对金属组织和性能影响示意图

1—硬度;2—抗拉强度;3—屈服强度;4—内应力;5—延伸率;6—断面收缩率;7—再结晶晶粒大小

铸件由于铸造应力的存在,可能发生几何形状不稳定,甚至开裂;尤其在机械加工后,由于应力平衡的破坏,常会造成变形超差,使工件报废,因此各类铸件在机械加工前应进行消除应力处理。铸铁件去应力退火温度不应太高,否则造成珠光体的石墨化。有关铸铁件的热处理问题可参阅文献[7]、[8]。

去应力退火后,均应缓慢冷却,以免产生新的应力。

2.3 钢的正火

正火是工业上常用的热处理工艺之一。正火既可作为预备热处理工艺,为下续热处理工艺提供适宜的组织状态,例如为过共析钢的球化退火提供细片状珠光体,消除网状碳化物等;也可作为最终热处理工艺,提供合适的机械性能,例如碳素结构钢零件的正火处理等。此外,正火处理也常用来消除某些处理缺陷,例如,消除粗大铁素体块和魏氏组织等。

一般正火加热温度为Ac_1+(30~50 ℃)。因为正火时一般采用热炉装料,加热过程中工件内温差较大,为了缩短工件在高温时的停留时间,而心部又能达到要求的加热温度,所以采用稍高于完全退火的温度。

一般正火保温时间以工件透烧(即心部达到要求的加热温度)为准。

正火时应考虑如下问题。

(1)低碳钢正火的目的之一是为了提高切削性能。但是对有些碳的质量分数低于0.20%的钢,即使按通常正火温度正火后,自由铁素体量仍过多,硬度过低,切削性能仍较差。为了适当提高硬度,应提高加热温度(可比Ac_3高100 ℃),以增大过冷奥氏体的稳定性,而且应该增大冷却速度,以获得较细的珠光体和分散度较大的铁素体。

(2)中碳钢的正火应该根据钢的成分及工件尺寸来确定冷却方式。含碳量较高,含有合金元素,可采用较缓慢冷却速度,如在静止空气中或成堆堆放冷却,反之则采用较快冷却速度。

(3)过共析钢正火,一般是为了消除网状碳化物,故加热时必须保证碳化物全部溶入奥氏体中。为了抑制自由碳化物的析出,使其获得伪共析组织,必须采用较大冷却速度,如鼓风冷却、喷雾冷却,甚至油冷或水冷至 Ar_1 点以下的温度取出空冷。

(4)双重正火。有些锻件的过热组织或铸件粗大铸造组织,一次正火不能达到细化组织的目的。为此采用二次正火,始可获得良好结果。第一次正火在高于 Ac_3 点以上 150 ~ 200 ℃的温度加热,以扩散办法消除粗大组织,使成分均匀;第二次正火在普通条件进行,其目的是细化组织。

2.4 退火、正火后钢的组织和性能

退火和正火所得到的均是珠光体型组织,或者说是铁素体和渗碳体的机械混合物。但是正火与退火比较时,正火的珠光体是在较大的过冷度下得到的,因而对亚共析钢来说,析出的先共析铁素体较少,珠光体数量较多(伪共析),珠光体片间距较小。此外,由于转变温度较低,珠光体成核率较大,因而珠光体团的尺寸较小。对过共析钢来说,若与完全退火相比较,正火的不仅珠光体的片间距及团直径较小,而且可以抑制先共析网状渗碳体的析出,而完全退火的则有网状渗碳体存在。

由于退火(主要指完全退火)与正火在组织上有上述差异,因而在性能上也不同。对亚共析钢,若以 40Cr 钢为例,其正火与退火后的机械性能见表 2.1。由表可见,正火与退火相比较,正火的强度与韧性较高,塑性相仿。对过共析钢,完全退火的因有网状渗碳体存在,其强度、硬度、韧性均低于正火的;只有球化退火的,因其所得组织为球状珠光体,故其综合性能优于正火的性能。

表 2.1 正火与退火的 40Cr 钢的机械性能

状态	机械性能							
	σ_b		σ_s		δ/%	Ψ/%	a_k	
	MN/m^2	kg/m^2	MN/m^2	kg/m^2			(N·m)/cm^2	(kg·m)/cm^2
退 火	643	65.6	357	36.4	21	53.5	54.9	5.6
正 火	739	75.4	441	45.0	20.9	76.0	76.5	7.8

在生产上对退火、正火工艺的选用,应该根据钢种、前后连接的冷、热加工工艺以及最终零件使用条件等来进行。根据钢中含碳量不同,一般按如下原则选择。

碳的质量分数在 0.25% 以下的钢,在没有其他热处理工序时,可用正火来提高强度。对渗碳钢,用正火消除锻造缺陷及提高切削加工性能。但对碳的质量分数低于 0.20% 的钢,如前所述,应采用高温正火。对这类钢,只有形状复杂的大型铸件,才用退火消除铸造应力。

对碳的质量分数为 0.25% ~0.50% 的钢,一般采用正火。其中碳的质量分数为 0.25% ~0.35% 的钢,正火后其硬度接近于最佳切削加工的硬度。对含碳较高的钢,硬度虽稍高(200HB),但由于正火生产率高,成本低,仍采用正火。只有对合金元素含量较高的钢才采用完全退火。

对碳的质量分数为 0.50% ~0.75% 的钢,一般采用完全退火。因为含碳量较高,正

火后硬度太高，不利于切削加工，而退火后的硬度正好适宜于切削加工。此外，该类钢多在淬火、回火状态下使用，因此一般工序安排是以退火降低硬度，然后进行切削功加工，最终进行淬火、回火。

碳的质量分数为 0.75% ~1.0% 的钢，有的用来制造弹簧，有的用来制造刀具。前者采用完全退火作预备热处理，后者则采用球化退火。当采用不完全退火法使渗碳体球化时，应先进行正火处理，以消除网状渗碳体，并细化珠光体片。

碳的质量分数大于 1.0% 的钢用于制造工具，均采用球化退火作预备热处理。

当钢中含有较多合金元素时，由于合金元素强烈地改变了过冷奥氏体连续冷却转变曲线，因此上述原则就不适用。例如低碳高合金钢 18Cr2Ni4WA 没有珠光体转变，即使在极缓慢的冷却速度下退火，也不可能得到珠光体型组织，一般需用高温回火来降低硬度，以便切削加工。

2.5　退火、正火缺陷

退火和正火由于加热或冷却不当，会出现一些与预期目的相反的组织，造成缺陷。一般常见缺陷如下。

1. 过烧

由于加热温度过高，出现晶界氧化，甚至晶界局部熔化，造成工件报废。

2. 黑脆

碳素工具钢或低合金工具钢在退火后，有时发现硬度虽然很低，但脆性却很大，一折即断，断口呈灰黑色，所以称为“黑脆”。金相组织特点是部分渗碳体转变成石墨，如图 2.8 所示。

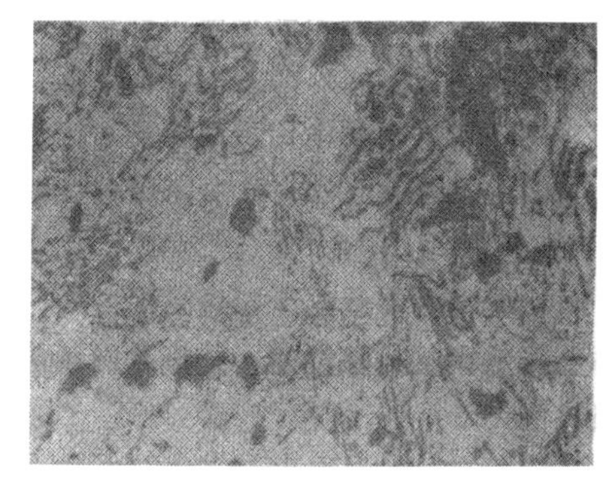

图 2.8　T12 钢退火石墨碳[9]
（苦味酸酒精溶液，×500）

产生这种现象的原因主要是由于退火温度过高，保温时间过长，冷却缓慢，珠光体转变按更稳定的 Fe-C 平衡图进行所致。钢中含碳量过高，含锰量过低，以及含有微量促进石墨化的杂质元素（如铝）等均能促进石墨化。

发现黑脆的工具不能返修。

3. 粗大魏氏组织

退火或正火钢中出现粗大魏氏组织的主要原因是由于加热温度过高所造成的。由魏氏组织的形成规律得知，当奥氏体晶粒较细时，只有含碳量范围很小的钢，在适当冷却速度范围内冷却时才出现魏氏组织。当奥氏体晶粒很粗大时，出现魏氏组织的含碳量范围扩大，且在冷却速度较低时才能出现魏氏组织。

为了消除魏氏组织，可以采用稍高于 Ac_3 的加热温度，使先共析相完全溶解，又不使奥氏体晶粒粗大，而根据钢的化学成分采用较快或较慢的冷却速度冷却。对于魏氏组织严重的，可以采用前述的双重正火来消除。

4. 反常组织

其组织特征是：在亚共析钢中，在先共析铁素体晶界上有粗大的渗碳体存在，珠光体片间距也很大，如图 2.9(a) 所示。在过共析钢中，在先共析渗碳体周围有很宽铁素体条，而先共析渗碳体网也很宽(见图2.9(b))。出现反常组织的原因是:当亚共析钢或过共析钢退火时,在Ar_1点附近冷却过慢,特别在略低于Ar_1点(例如低10 ℃)的温度下长期停留。这种组织的形成过程是待先共析相析出后,在后续的珠光体转变中,铁素体或渗碳体自由长大,而形成游离的铁素体或渗碳体。结果在亚共析钢中出现非共析渗碳体,而在过共析钢中出现游离铁素体。这和正常组织相反,因而称为反常组织。

反常组织将造成淬火软点,出现这种组织时应进行重新退火消除。

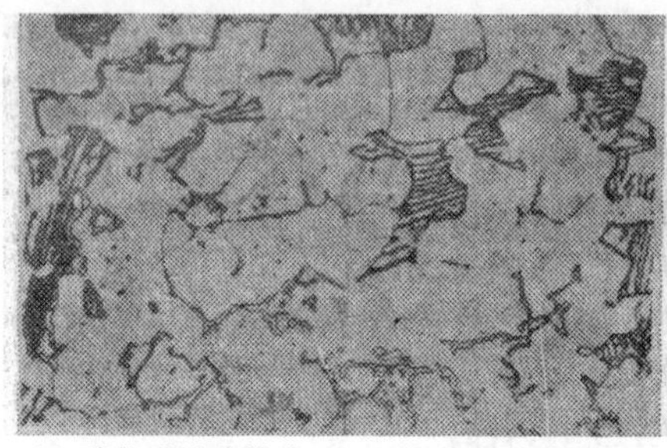

(a) 碳的质量分数为0.5%,加热温度为850 ℃

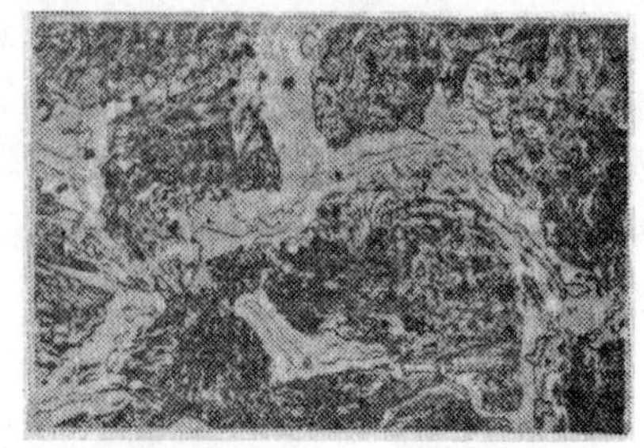

(b) 碳的质量分数为1.2%,加热温度为970 ℃

图2.9 反常组织

5. 网状组织

网状组织主要是由于加热温度过高,冷却速度过慢所引起的。因为网状铁素体或渗碳体会降低钢的机械性能,特别是网状渗碳体,在后继淬火加热时很难消除,因此必须严格控制。

网状组织一般采取重新正火的办法来消除。

6. 球化不均匀

图2.10为T12钢球化退火后所得的碳化物球化不均匀组织。二次渗碳体呈粗大块状分布,形成原因为球化退火前没有消除网状渗碳体,在球化退火时集聚而成。消除办法是进行正火和一次球化退火。

图2.10 T12钢球化不均匀组织[9] (×500)

7. 硬度过高

中、高碳钢退火的重要目的之一是降低硬度,便于切削加工,因而对退火后的硬度有一定要求。但是如果退火时加热温度过高,冷却速度较快,特别是对合金元素含量较高、过冷奥氏体稳定的钢,就会出现索氏体、屈氏体,甚至贝氏体、马氏体组织,因而硬度高于规定的硬度范围。

为了获得所需硬度,应重新进行退火。

习　题

1. 有一批ZG45铸钢件,外形复杂,而机械性能要求高,铸后应采用何种热处理?为什么?

2. 有一批20CrMnTi钢拖拉机传动齿轮,锻后要进行车内孔、拉花键及滚齿等机械加工,然后进行渗碳淬火、回火。试问锻后及机械加工前是否需要进行热处理?若需要,则应进行何种热处理？主要工艺参数如何选择？

3. 有一批 45 钢普通车床传动齿轮，其工艺路线为锻造—热处理—机械加工—高频淬火—回火。试问锻后应进行何种热处理？为什么？

参 考 文 献

[1] 樊东黎，徐跃明，佟晓辉. 热处理工程师手册[M]. 2 版. 北京：机械工业出版社，2005.
[2] 雷廷权，傅家骐. 热处理工艺方法 300 种[M]. 北京：中国农业机械出版社，1984.
[3] 冶金部钢铁研究院. 合金钢手册(上册第二分册)[M]. 北京：冶金工业出版社，1974.
[4] A S M. Metals Handbook 8th ed[M]. Vol Ⅱ, ASM, 1964.
[5] Eckstein, H J. Technologie der Wärmebehandlung Von Stahl[M]. VeB Deutscher Verlag für Grundstoffindusstrie, Leipzing, 1976.
[6] 旗野裕之. 热处理, 1973, 13(1).
[7] 上海机械制造工艺所. 铸铁热处理[M]. 上海：上海机械制造工艺所，1973.
[8] A S M. Metals Handbook Desk Edition[M]. ASM, 1985.
[9] 上海材料研究所，上海工具厂. 工具钢金相图谱[M]. 北京：机械工业出版社，1979.

第 3 章

钢的淬火及回火

淬火是热处理工艺中最重要的工序,它可以显著地提高钢的强度和硬度。如果与不同温度的回火相结合,则可以得到不同的强度、塑性和韧性的配合,获得不同的应用。

本章在充分理解过冷奥氏体转变动力学曲线及贝氏体转变、马氏体转变的基本规律以及传热学的基础上,把相变动力学和传热学结合起来,从而研究淬火过程的本质,继而从工程角度研究如何来衡量和控制淬火质量效果。此外,在淬火冷却过程中,由于工件内外的温差使工件内外体积胀缩量的不同及相变的不同时性产生应力、变形及开裂,这是直接影响淬火质量的重要问题。为此,本章还从淬火过程中热膨胀的不同时性及相变的不同时性,研究应力变形的动态变化规律及最终结果。

3.1 淬火的定义、目的和必要条件

把钢加热到临界点 Ac_1 或 Ac_3 以上,保温并随之以大于临界冷却速度(V_c)冷却,以得到介稳状态的马氏体或下贝氏体组织的热处理工艺方法称为淬火[1]。

淬火目的一般说来有以下几点。

提高工具、渗碳零件和其他高强度耐磨机器零件等的硬度、强度和耐磨性;结构钢通过淬火和回火之后获得良好的综合机械性能;此外,还有一部分工件是为了改善钢的物理和化学性能,如提高磁钢的磁性,不锈钢淬火以消除第二相,从而改善其耐蚀性等。

根据上述淬火的含义,实现淬火过程的必要条件是加热温度必须高于临界点以上(亚共析钢 Ac_3,过共析钢 Ac_1),以获得奥氏体组织,其后的冷却速度必须大于临界冷却速度,而淬火得到的组织是马氏体或下贝氏体,后者是淬火的本质。因此,不能只根据冷却速度的快慢来判别是否是淬火。例如低碳钢水冷往往只得到珠光体组织,此时就不能称为淬火,只能说是水冷正火;又如高速钢空冷可得到马氏体组织,则此时就应称为淬火,而不是正火。

关于临界冷却速度的概念在研究连续冷却转变图(CCT 图)时已经知道,从淬火工艺角度考虑,若允许得到贝氏体组织,则临界淬火冷却速度应指在连续冷却转变图中能抑制珠光体(包括先共析组织)转变的最低冷却速度。如以得到全部马氏体作为淬火定义,则临界冷却速度应为能抑制所有非马氏体转变的最小冷却速度。一般没有特殊说明的,所谓临界淬火冷却速度,均指得到完全马氏体组织的最低冷却速度。

显然,工件实际淬火效果取决于工件在淬火冷却时的各部分冷却速度。只有那些冷

却速度大于临界淬火冷却速度的部位,才能达到淬火的目的。

3.2 淬火介质

淬火介质,即为实现淬火目的所使用的冷却介质。

根据上述淬火含义,结合一般钢的连续冷却转变图,理想的淬火介质的冷却能力应如图3.1所示,即在过冷奥氏体最不稳定的区域,即珠光体转变区,具有较快的冷却速度,而在M_s,点附近的温度区域冷却速度比较缓慢。以后我们将要介绍采用具有这样冷却特性的淬火介质,它可以减少淬火过程中所产生的内应力,避免淬火变形、开裂的发生。

3.2.1 淬火介质的冷却作用

按聚集状态不同,淬火介质可分为固态、液态和气态三种。对固态介质,若为静止接触则是二固态物质的热传导问题。若为沸腾床冷却,则取决于沸腾床的工作特性。关于这方面的问题,尚在深入研究中。气体介质中的淬火冷却,是气体介质加热的逆过程,已在第1章中叙述。

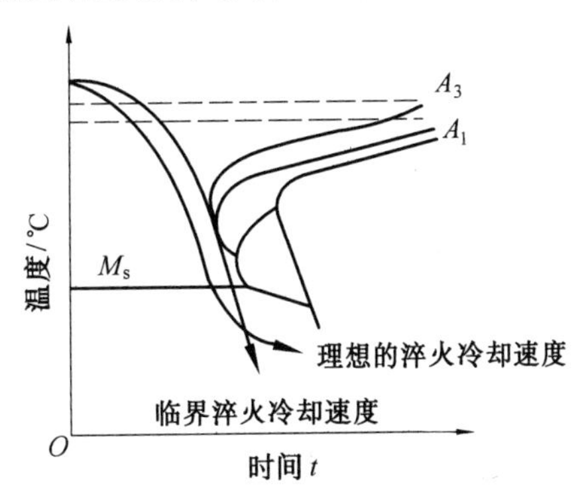

图3.1 淬火介质理想的冷却曲线

最常用的淬火介质是液态介质,因为工件淬火时温度很高,高温工件放入低温液态介质中,不仅发生传热作用,还可能引起淬火介质的物态变化。因此,工件淬火的冷却过程不仅是简单传热学的问题,尚应考虑淬火介质的物态变化问题。

根据工件淬火冷却过程中,淬火介质有否发生物态变化,可把液态淬火介质分成两类,即有物态变化的和无物态变化的。

如果淬火件的温度超过液态淬火介质的沸腾或分解(裂化)温度,则淬火介质在淬火过程中就要发生物态变化,如普通所采用的水基淬火介质及各类淬火油等,这类淬火介质都属于有物态变化的淬火介质。

在有物态变化的淬火介质中淬火冷却时,钢件冷却过程分为3个阶段。

1. 蒸气膜阶段

灼热工件投入淬火介质后,一瞬间就在工件表面产生大量过热蒸气,紧贴工件形成连续的蒸气膜,使工件与液体分开。由于蒸气是热的不良导体,这阶段的冷却主要靠辐射传热,因此,冷却速度比较缓慢,其冷却过程示意图如图3.2(a)所示。蒸气膜由液体汽化(如水)的未分解成分所组成,或由有机物体(如油中的丙烯醛)的蒸气和裂解成分所组成。

2. 沸腾阶段

进一步冷却时,工件表面温度降低,工件所放出热量越来越少,蒸气膜厚度减薄并在越来越多的地点破裂,以致液体就在这些地方与工件直接接触,形成大量气泡逸出液体,如图3.2(b)所示。由于介质的不断汽化和更新,带走大量热量,所以这阶段的冷却速度较快。这阶段的冷却速度取决于淬火介质的汽化热,汽化热越大,则从工件带走的热量越多,冷却速度也越快。当工件的温度降至介质的沸点或分解温度时,沸腾停止。

3. 对流阶段

当工件表面的温度降至介质的沸点或分解温度以下时，工件的冷却主要靠介质的对流进行。随着工件和介质之间的温差减小，冷却速度也逐渐降低，如图 3.2(c)所示。此时影响对流传热的因素起主导作用，如介质的比热容、热导率和黏度等。

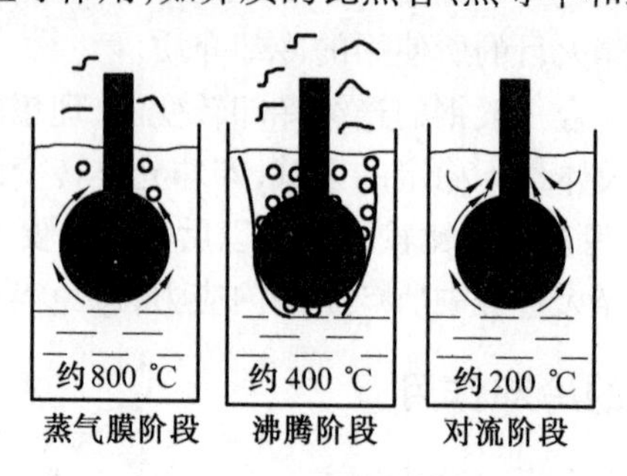

图 3.2 工件在有物态变化淬火介质中冷却示意图

对无物态变化的淬火介质，在淬火冷却中主要靠对流散热，相当于上述对流阶段。当然在工件温度较高时，辐射散热也占很大比例。此外，也存在传导散热，这要视介质的热导率及介质的流动性等因素而定。

3.2.2 淬火介质冷却特性的测定

淬火介质的冷却能力最常用的表示方法是用淬火烈度 H。规定静止水的淬火烈度 $H=1$，其他淬火介质的淬火烈度 H 值是通过与静止水的冷却能力比较而得的。冷却能力较大的，H 值较大。几种常用淬火介质的淬火烈度 H 值见表 3.1。

表 3.1 淬火烈度 H 值[2]

工件运动情况	不同淬火介质的 H 值			
	空气	油	水	盐水
淬火介质，工件不运动	0.02	0.25～0.30	0.90～1.0	—
淬火介质，工件轻微运动	—	0.30～0.35	1.0～1.1	—
淬火介质，工件适当运动	—	0.35～0.40	1.2～1.3	—
淬火介质，工件较大运动	—	0.40～0.50	1.4～1.5	—
淬火介质，工件强烈运动	0.05	0.50～0.80	1.6～2	—
淬火介质，工件极强烈运动	0	0.80～0.1	4	5

关于 H 值的推导，这里不再叙述。应该指出，H 值是在假定淬火时工件与淬火介质间的传热系数为一常数，以及假定把冷却过程中发生相变及导热系数的变化所产生的热效应也看做常数这样条件下推导出来的。实际上，工件与淬火介质间的传热系数是在一个很宽的范围内变化的，工件的热导率也发生变化，因此表 3.1 的 H 值只是淬火烈度的大致数值。然而尽管这些数值在理论上有不足之处，但在实践中被证明是适用的。

淬火烈度 H 实质上反映了钢内部的热导率及钢与介质的传热系数间的关系

$$H \propto \frac{\alpha}{\lambda} \tag{3.1}$$

对同一种钢来说 λ 值一定，因而 H 实质上反映了该种淬火介质的冷却能力。

如前所述，不同淬火介质，在工件淬火过程中其冷却能力是变化的。为了合理选择淬火介质，应测定其冷却特性。淬火介质的冷却特性一般以试样的冷却曲线或试样冷至不同温度时的冷却速度来表征。

但是试样的冷却曲线，或试样冷却过程中的冷却速度与试样本身的物理特性（如比热容、密度、热导率）及几何形状有关，这已在第1章讲过。为了排除试样本身的影响，特设计了许多淬火介质冷却特性的测试方法。最常用的是银球探头法，试样形状如图3.3所示。用直径为20 mm的银球，中心焊上热电偶热点，以测定银球在淬火介质中冷却过程的温度变化。之所以采用银球，系因银的热导率极大，可以近似地把冷却过程中球表面的温度与球心温度看做是相同的，从而可能把球心温度看做冷却过程中与介质进行热交换的球表面温度。银球具有一定直径，使之在淬火前含有一定热量，一般测试条件为：银球加热温度800 ℃，介质液量2 L，流动速度25 cm/s。图3.4为具有物态变化的淬火介质冷却时特性曲线示意图。图3.4(a)中曲线AB为蒸气膜阶段，B点相当于蒸气膜开始破裂的温度，称为该介质的特性温度，BC段相当于沸腾阶段，CD段相当于对流阶段。图3.4(b)为与图3.4(a)对应的试样冷至不同温度时的冷却速度。

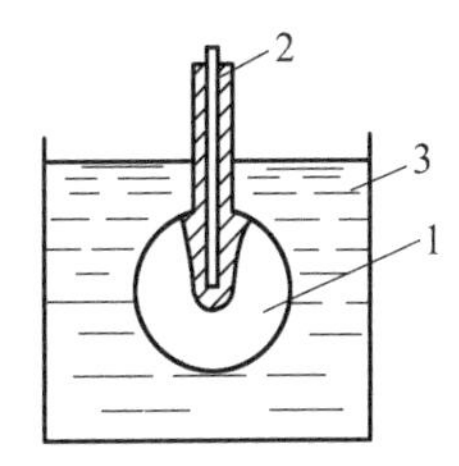

图3.3 银球探头法示意图

1—银球；2—热电偶；3—淬火介质

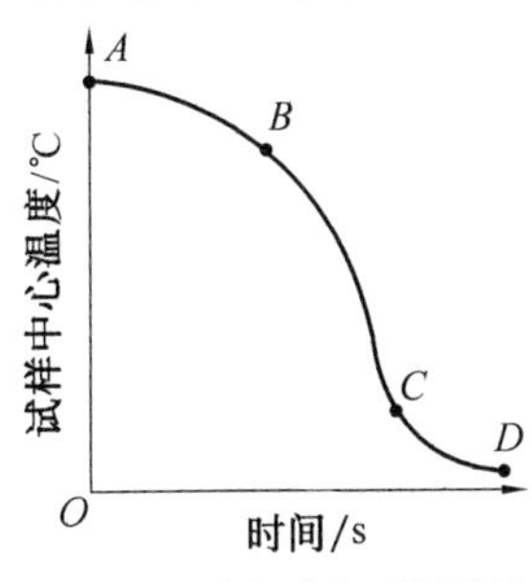

(a) 试样温度与冷却时间的关系

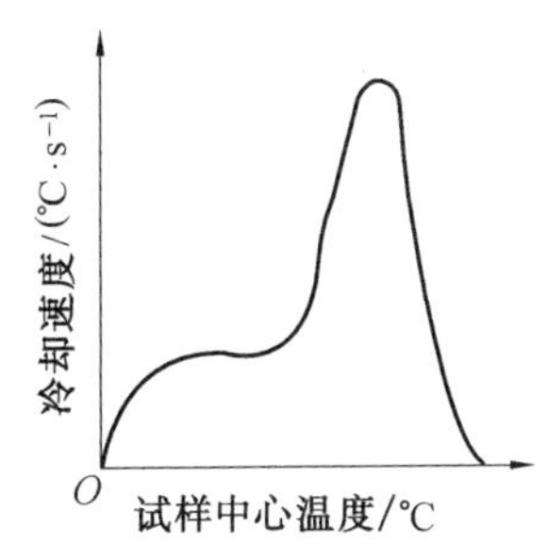

(b) 冷却速度与试样温度的关系

图3.4 具有物态变化的淬火介质冷却时特性曲线示意图

3.2.3 常用淬火介质及其冷却特性

常用淬火介质有水及其溶液、油、水油混合液（乳化液）以及低熔点熔盐。

1. 水

水是最常用的淬火介质，不仅来源丰富，而且具有良好的物理化学性能。水的汽化热在0 ℃时为2 500 kJ/kg，100 ℃时为2 257 kJ/kg，热导率在20 ℃时为2.2 kJ/(m·h·℃)。图3.5为不同温度和不同运动状态的纯水冷却特性，由图可见：①水温对冷却特性影响很大，随着水温的提高，水的冷却速度降低，特别是蒸气膜阶段延长，特性温度降低。②水的冷却速度快，特别是在400～100 ℃范围内的冷却速度特别快。③循环水的冷却能力大于静止水的，特别是在蒸气膜阶段的冷却能力提高得更多。

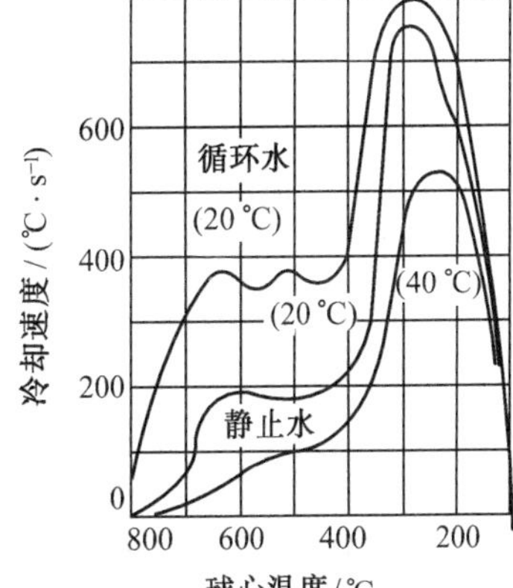

图3.5 不同温度和不同运动状态的纯水的冷却特性[3]

2. 碱或盐的水溶液

水中溶入盐、碱等物质减小了蒸气膜的稳定性，使蒸气膜阶段缩短，特性温度提高，从而加速了冷却速度。图 3.6 和 3.7 分别为盐或碱的水溶液的冷却特性曲线，图中虚线为 20 ℃纯水的冷却特性。

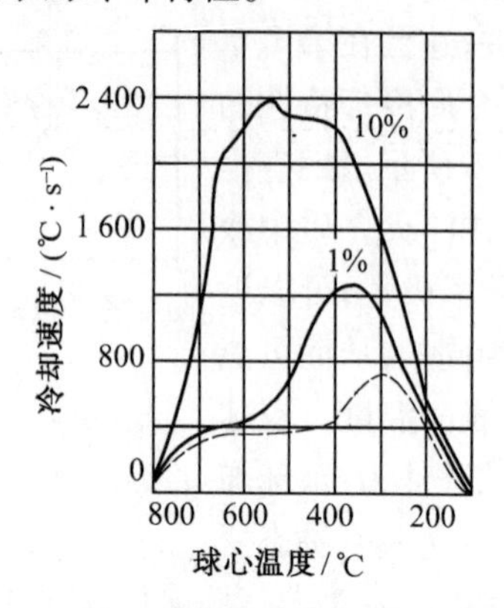

图 3.6　不同成分食盐水溶液的冷却特性[3]

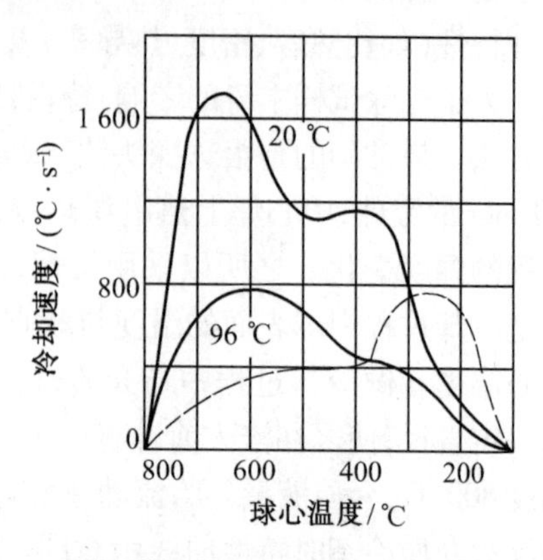

图 3.7　不同温度的质量分数为 50% NaOH 水溶液的冷却特性[3]

由图可见，食盐水溶液的冷却能力在食盐浓度较低时随着食盐浓度的增加而提高，质量分数为 10% 的食盐水溶液几乎没有蒸气膜阶段，在 650 ~ 400 ℃温度范围内有最大冷却速度，无论质量分数为 1% 或质量分数为 10% 的食盐水溶液的冷却速度均大于纯水的，而质量分数为 10% 的又远大于质量分数为 1% 的食盐水溶液的冷却速度。20 ℃的碱水溶液也具有很高的冷却能力，几乎看不到蒸气膜阶段。温度的影响和普通水有类似规律，随着温度提高，冷却能力降低。

碱水(NaOH)溶液作淬火介质时它能和已氧化的工件表面发生反应，淬火后工件表面呈银白色，具有较好的外观。但这种溶液对工件及设备腐蚀较大，淬火时有刺激性气味，溅在皮肤上有刺激作用，所以使用时应注意排风及其他防护条件。由于存在后面的这些问题，因此碱水溶液未能在生产中广泛应用。

3. 油

最早采用的油是动、植物油脂，从冷却能力来看，虽比水差，但由于其在一般钢的马氏体转变区冷却速度较慢，故仍较为理想。但是目前工业上已不采用动、植物油，而采用矿物油。因为动、植物油来源少，价格贵，并在淬火时容易发生变质，如树脂化、浓缩等。

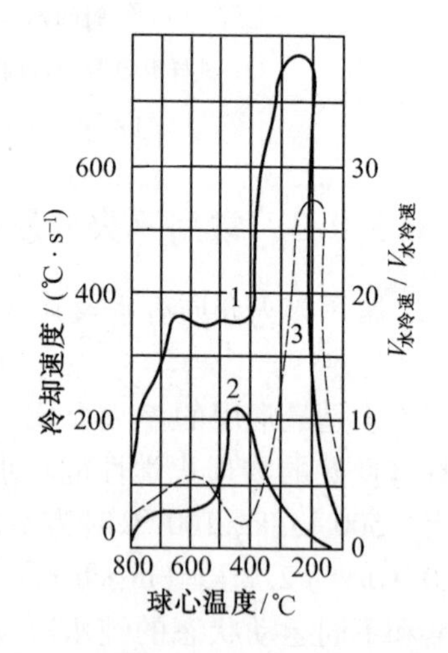

图 3.8　20 ℃水和 50 ℃ 3# 锭子油的冷却速度与银球中心(直径 20 mm)温度的关系 1—水；2—油；3—水中冷却速度与油中冷却速度之比[3]

矿物油是从天然石油中提炼的油，用作淬火介质的一般为润滑油，如锭子油、机油等。这种油的沸点一般为 250 ~ 400 ℃，是具有物态变化的淬火介质；但由于它的沸点较高，与水比较其特性温度较高。图 3.8 为油与水的冷却特性比较，虚线为水中冷却速度与油中冷却速度之比。由图可见，油的特性温度较水高，在 500 ~ 350 ℃处于沸腾阶段,其下就处于对流阶段。也就是说,油的冷却速度在500~350 ℃时最快,其下就比较慢,这种冷却特性是比较理想的。对一般钢来说,正好在其过冷奥氏体最不稳定区有最快的冷却速度,如此可以获得最大的淬硬层深度,而在马氏体转变区有最小的冷却速度,可以使组织应力(见3.4节)减至最小,防止淬火裂缝的发生。水虽然在高温区仍有比油高的冷却速度,但其最大冷却速度正好在一般钢的马氏体转变温度范围,因此很不理想。

油的冷却能力及其使用温度范围主要取决于油的黏度及闪点。

黏度及闪点较低的油,如10#和20#机油,一般使用温度在80 ℃以下。这种油在20~80 ℃温度范围内变化时,工件表面的冷却速度实际不变,即油温对冷却速度没有影响。因为工件在油中冷却时,影响其冷却速度的因素有两个:油的黏度及工件表面与油的温差。油的温度提高,黏度减少,流动性提高,冷却能力提高;而油温提高,工件与油的温差减小,冷却能力降低。在黏度低的油中,在上述温度范围内,黏度变化不大,工件与油的温差变化也不大,而且二者的影响是相互抵消的,因而油温对冷却能力实际没有影响。这种油由于闪点较低,不能在更高的温度使用,以防失火。

黏度较高的油,闪点也较高,可以在较高温度下使用,例如160~250 ℃。这种油黏度对冷却速度起主导作用,因此随着油温的升高冷却能力提高。

淬火油经长期使用后,其黏度和闪点升高,产生油渣,油的冷却能力下降,这种现象称为油的老化。这是因为矿物油在灼热的工件作用下,与空气中的氧或工件带入的氧化物发生作用,以及通过聚合、凝聚和异构化作用产生油不能溶解的产物所致。此外,在操作中油内水分增加也会促进油的老化。为了防止油的老化,应控制油温,并防止油温局部过热,避免水分带入油中,经常清除油渣等。

但是,油的冷却能力还是比较低,特别是在高温区域,即一般碳钢或低合金钢过冷奥氏体最不稳定区。目前发展的高速淬火油就是在油中加入添加剂,以提高特性温度,或增加油对金属表面的湿润作用,以提高其蒸气膜阶段的热传导作用。如添加高分子碳氢化合物(汽缸油、聚合物),使在高温下,高聚合作用物质黏附在工件表面,降低蒸气膜的稳定性,缩短了蒸气膜阶段。在油中添加磺酸盐、磷酸盐、酚盐或环烷酸盐等金属有机化合物,能增加金属表面的油的湿润作用,同时还可阻止可能形成不能溶解于油的老化产物结块,从而推迟形成油渣。

随着可控气氛热处理的广泛应用,要求使用工件淬火后能达到不氧化的光亮淬火油。光亮淬火油除要求有较好的冷却性能和能耐老化性能外,还应具有不使工件氧化的性能。因此,光亮淬火油应含水分少,含硫量低,氧化倾向小,或对已氧化工件有还原作用,以及具有热稳定性好,灼热工件淬火时,气体发生量少等特点。目前采用的光亮淬火油有灰分和杂质等较少的白石蜡、凡士林、仪表油和变压器油等,这些油常用于小型精密零件的淬火,也可采用加入能提高抗氧化能力的添加剂来达到光亮淬火。如在10#机油内加入0.5%~1%的2.6二叔丁基对用酚以提高抗氧化能力,再加入1%~5%的植物油以提高冷却速度,之后则可用于光亮淬火。

4. *有机物质的水溶液及乳化液*

如前所述,水的冷却能力很大,但冷却特性很不理想,而油的冷却特性虽比较理想,但其冷却能力又嫌低。因而寻找冷却能力介于水油之间,而冷却特性又比较理想的淬火介质,是目前研究淬火介质的中心问题。

前已提到水是来源丰富、价格低廉、性能稳定的淬火介质。如果水中加入一些可改变其冷却能力的物质,并能满足使用要求,则是一种理想的淬火介质。

如果在水中加入不溶于水而构成混合物的物质,如构成悬浮液(固态物质)或乳化物(未溶液滴);或在水中含有气体,均将增加蒸气膜核心,提高蒸气膜的稳定性,降低特性温度,从而使冷却能力降低。但是如果对液体再施以一定程度的搅动,则可控制各阶段的温度范围及冷却速度。

目前各国都在发展有机物水溶液作为淬火介质。一些国家均有以水基添加有机物和矿物盐的淬火介质专利,例如美国应用15%聚乙烯醇、0.4%抗黏附剂、0.4%防泡剂的淬火介质,其他国家也应用类似的淬火介质[4]。目前最常用的有机物质的水溶液为聚乙二醇水溶液[5],并加入一定的防蚀剂,以防在淬火后清理前停放的有限时间内发生腐蚀。

这种水溶液与多数乳化液相比,有容易控制、可用普通水(不必软化处理)调节到一定浓度、可不经处理直接从下水道排走等优点。最常用的乳化液是矿物油与水经强烈搅拌及振动而成[6],即一种液体以细小的小滴形式分布在另一种液体中呈牛奶状溶液,故称乳化液。如果水形成外相,油滴在水中则称油水乳化液。要使这种分布状态稳定,除了上述机械振动外,还应加入乳化剂。这种乳化剂作为表面活性物质富集在界面上,通过降低界面张力,使乳化稳定。

乳化液一般用于火焰淬火和感应淬火时的喷水淬火(其原因待后叙),一般要求有高的稳定性,在使用和放置时间内不分解;喷射到工件表面上的乳化液急剧升温以及水部分汽化应不导致乳化液的破坏及产生多层离析;在工序间储存时能防止工件锈蚀等。

乳化液的冷却能力介于水油之间,可通过调配浓度来进行调节。在喷射淬火时,由于抑制了蒸气膜的形成,可使冷却能力提高。

3.3 钢的淬透性

工程上考察和评定淬火质量效果,常以一定淬火介质中钢的淬透性来衡量。

3.3.1 淬透性的基本概念及其影响因素

钢的淬透性是指钢材被淬透的能力,或者说钢的淬透性是指表征钢材淬火时获得马氏体能力的特性[1]。

应该注意,钢的淬透性与可硬性两个概念的区别。

淬透性是指淬火时获得马氏体难易程度,主要和钢的过冷奥氏体的稳定性有关,或者说与钢的临界淬火冷却速度有关。可硬性指淬成马氏体可能得到的硬度,因此它主要和钢中含碳量有关。

如图3.9所示,设有两种钢材制的两根棒料,直径相同,在相同淬火介质中淬火冷却,淬火后在其横截面上观察金相组织及硬度分布曲线,图中画剖面线区为马氏体,其余部分为非马氏体区。由图看到右侧钢棒的马氏体区较深,因而其淬透性较好,左侧材料马氏体硬度较高,即其可硬性较好。

影响钢的淬透性的因素如下。

(1)钢的化学成分

图3.10为钢中含碳量对碳钢临界淬火冷却速度的影响。由图可见,对过共析钢当加热温度低于Ac_{cm}点时,在碳的质量分数低于1%以下时,随着含碳量的增加,临界冷却速

度下降，淬透性提高；碳的质量分数超过 1% 则相反，如图 3.10 中曲线 a。当加热温度高于 Ac_3 或 Ac_{cm} 时，则随着含碳量的增加，临界冷却速度单调下降（见图 3.10 中曲线 b）。

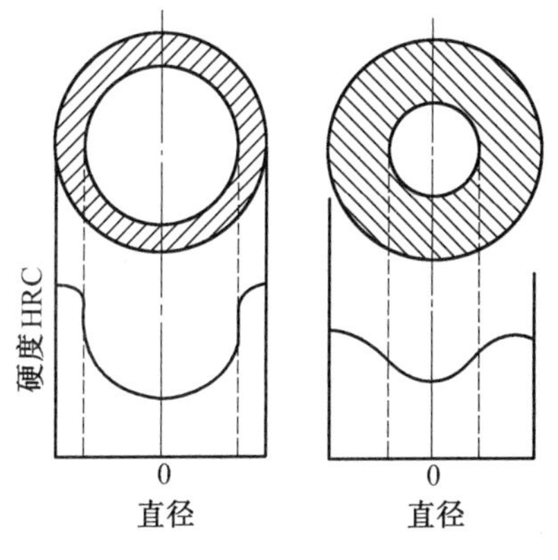

图 3.9　两种钢的淬透性的比较

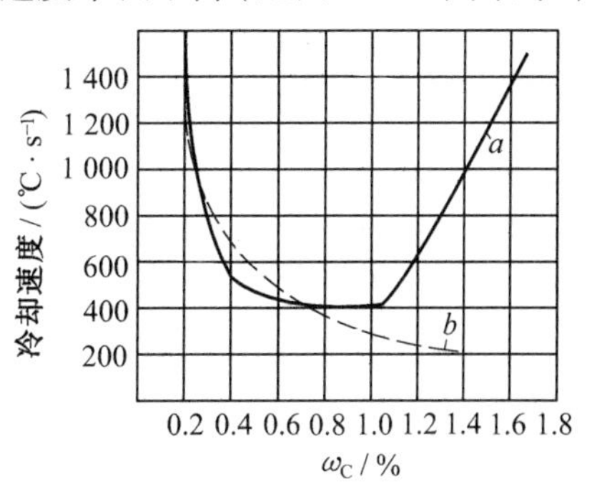

图 3.10　含碳量对临界淬火冷却速度的影响[3]
a—在正常淬火温度区间加热；
b—高于 Ac_3 温度加热

合金元素对临界冷却速度的影响如图 3.11 所示。由图可见，除 Ti、Zr 和 Co 外，所有合金元素都提高钢的淬透性。应该指出，多种合金元素同时加入钢中，其影响不是单个合金元素作用的简单叠加。例如单独加入钒，常导致钢淬透性降低，但与锰同时加入时，锰的存在将促使钒、碳化物的溶解，而使淬透性显著提高。因此 42Mn2V 钢的淬透性比 45Mn2 及 42SiMn 钢的淬透性高得多[7]。

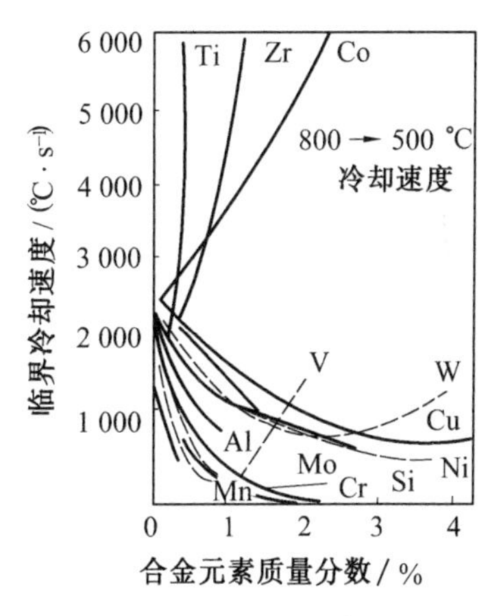

图 3.11　合金元素对临界冷却速度的影响（$w_C = 0.3\%$）

钢中加入微量硼（$w_B = 0.001\% \sim 0.003\%$）能显著提高钢的淬透性；但如含量过高（超过 0.003 5%）钢中将出现硼相，使脆性增加。硼对钢淬透性的良好作用是由于硼元素在奥氏体晶界富集，降低了奥氏体晶界的表面自由能，减少了铁素体在奥氏体晶界上的形核率，因此推迟了奥氏体向珠光体的转变[6]。

（2）奥氏体晶粒度

奥氏体晶粒尺寸增大，淬透性提高，奥氏体晶粒尺寸对珠光体转变的延迟作用比对贝氏体的大。

（3）奥氏体化温度

提高奥氏体化温度，不仅能促使奥氏体晶粒增大，而且促使碳化物及其他非金属夹杂物溶入并使奥氏体成分均匀化。这均将提高过冷奥氏体的稳定性，从而提高淬透性。

（4）第二相的存在和分布

奥氏体中未溶的非金属夹杂物和碳化物的存在以及其大小和分布，影响过冷奥氏体的稳定性，从而影响淬透性。

此外，钢的原始组织、应变和外力场等对钢的淬透性也有影响。

3.3.2　淬透性的实验测定方法

钢的淬透性是钢热处理时的一种工艺属性。淬透性的实验测定方法应排除与钢的属性无关的因素,例如冷却介质的特性等。

1.临界直径法

一组由被测钢制成的不同直径的圆形棒按规定淬火条件(加热温度、冷却介质)进行淬火,然后在中间部位垂直于轴线截断,经磨光制成粗晶试样后,沿着直径方向测定自表面至心部的硬度分布曲线。图 3.12 为 45 钢不同直径试样在强烈搅动的水中淬火的断面硬度曲线。若其磨面用硝酸酒精溶液轻腐蚀,发现随着试样直径增加,心部出现暗色易腐蚀区,表面为亮圈,且随着直径的继续增大,暗区越来越大,亮圈越来越小,图 3.12 为其示意图。若与硬度分布曲线对应观察,则该二区的分界线正好是硬度变化最大部位;若观察金相组织,则正好是 50% 马氏体和非马氏体的混合组织区,越向外靠近表面,马氏体越多,向里则马氏体急剧减少。分界线上的硬度代表马氏体区的硬度,格罗斯曼(Grossmann,M. A)将此硬度称为临界硬度或半马氏体硬度[2]。

如果把上述分界线看做淬硬层的分界线,亮区就是淬硬层,暗区就是未淬硬层,把未出现暗区的最大试样直径称为淬火临界直径,则其含义为该种钢在该种淬火介质中能够完全淬透的最大直径[7]。

显然,在给定淬火条件下,淬火临界直径越大,即能完全淬透的试棒的直径越大,因而钢的淬透性越好。因此,可用淬透直径的大小来比较钢的淬透性的高低。图 3.13 为含碳量为 0.45% 钢(B)与另一含碳相同、但加入了 0.70% Cr 钢(A)的两种钢的不同直径试样心部硬度的变化及不同直径未淬硬部分心部直径 D_U 的变化。由图可见,由于 A 钢中加入 0.70% Cr,使临界直径 D_K 增大,淬透性增高。

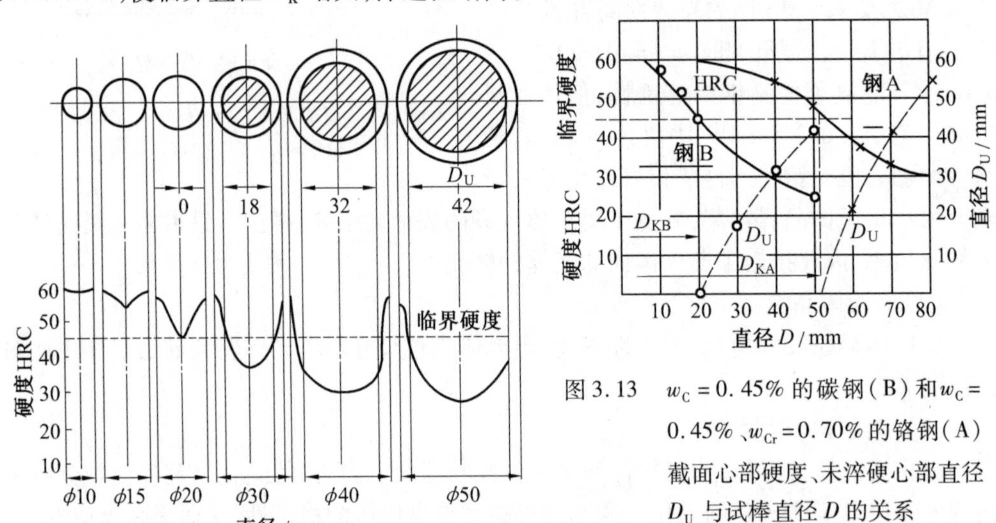

图 3.13　$w_C = 0.45\%$ 的碳钢(B)和 $w_C = 0.45\%$、$w_{Cr} = 0.70\%$ 的铬钢(A)截面心部硬度、未淬硬心部直径 D_U 与试棒直径 D 的关系

图 3.12　w_C 为 0.45% 钢不同直径试棒在强烈搅动的水中淬火的断面硬度曲线

但是上述临界直径 D_K 是在一定淬火条件(其中包括淬火介质的冷却能力)下测得的。因此,要用临界直径法来表示钢的淬透性,必须标明淬火介质的冷却能力或淬火烈度。

为了除去临界直径值中所包含的淬火烈度的因素，用单一的数值来表征钢的淬透性，引入了理想临界直径的概念。所谓理想临界直径就是在淬火烈度为无限大（$H=\infty$）的假想的淬火介质中淬火时的临界直径。如此，理想临界直径的大小可直接表征钢的淬透性的高低。

如上所述，利用理想临界直径可以很方便地将某种淬火条件下的临界直径，换算成任何淬火条件下的临界直径。图3.14为理想临界直径 D_I、实际临界直径 D 与淬火烈度 H 关系图，利用该图即可完成上述任务。例如，若已知某种钢在循环水中冷却（$H=1.2$）时，其临界直径 $D=27$ mm，试求在循环油（$H=0.4$）中淬火时该种钢的临界直径。在图纵坐标取 $D=27$ mm 处，作水平线与 $H=1.2$ 的曲线相交，从交点到横坐标的垂线得到该种钢的理想临界直径 $D_I=45$ mm。再从此处向上引垂线，与 $H=0.4$ 曲线相交，再从交点引水平线与纵坐标交于16 mm 处，于是得到该种钢在循环油中淬火时的临界直径为16 mm。

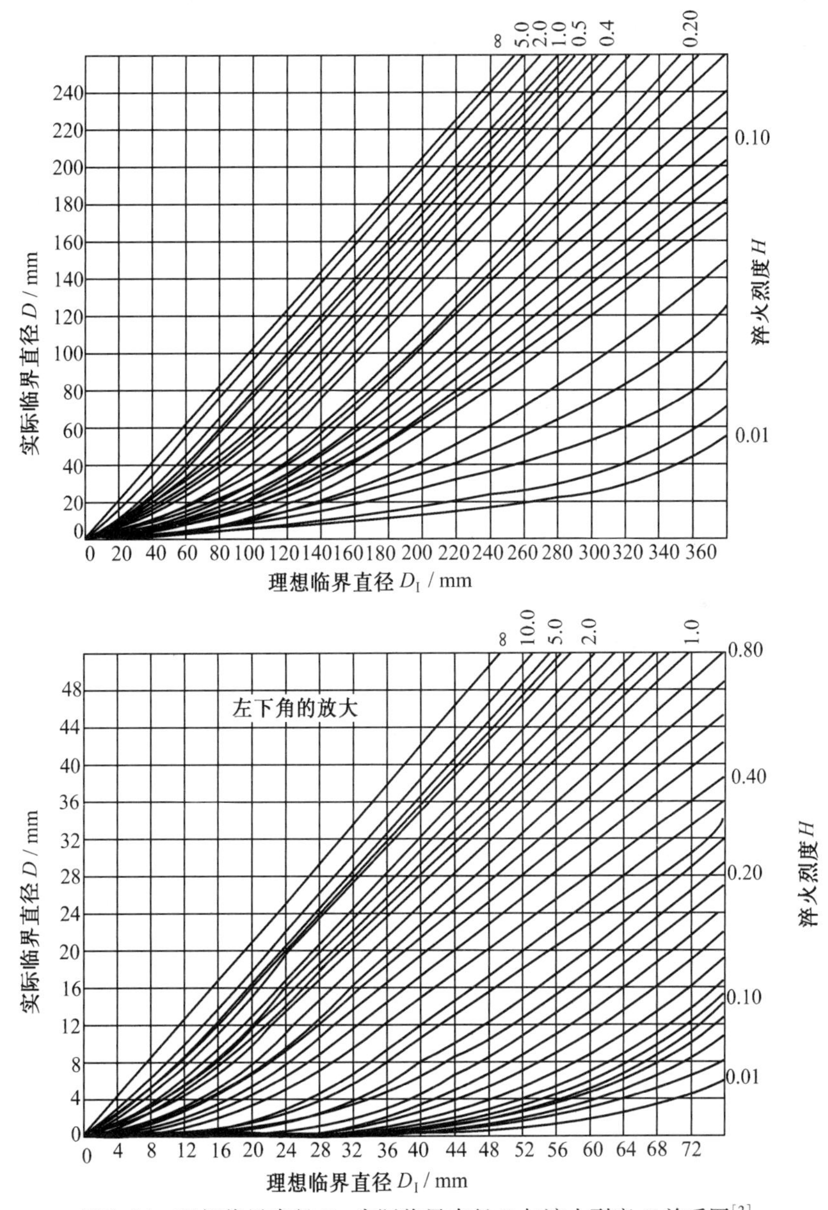

图3.14　理想临界直径 D_I、实际临界直径 D 与淬火烈度 H 关系图[2]

掌握临界直径的数据，有助于判断工件热处理后的淬透程度，并制订出相应的合理的工艺，因此，对生产实践有一定的意义。但是临界直径的实验测定，需要制造一批不同直径的试样，测定方法也比较繁杂。特别是利用这种方法，由于检查部位的不同，往往所得的结果也不同，以致得到的结果之间相应没有可比性，所以实际生产中很少采用。

2. 端淬法

该法为乔迈奈(W. E. Jominy)等于1938年建议采用的，因而国外常称为“Jominy”端淬法。由于该法没有上述缺点，故被许多国家用作标准的淬透性试验，但各稍有改动。我国GB 225—1963规定的试样形状尺寸及试验原理如图3.15所示。试验时，将试样按规定的奥氏体化条件(应无氧化、脱碳及增碳)加热后迅速取出，放入试验装置中喷水冷却，冷却完毕后，沿试样轴线方向两侧各磨去0.4 mm，然后自离水冷端(直接喷水冷却的一端)1.5 mm处开始测定硬度，绘出硬度与水冷端距离的关系曲线，这一曲线即为端淬曲线。

由于一种钢号的化学成分允许在一定范围内波动，因而在一般手册中经常给出的不是一条曲线而是一条带，如图3.16所示，它表示端淬曲线在此范围内波动，并称为端淬曲线带。因试样和冷却条件是固定的，所以试样上各点的冷却速度也是固定的。这样端淬试验法就排除了试样的具体形状和冷却条件的影响，归结为冷却速度和淬火后硬度之间的关系。

有人测定了端淬试样离水冷端不同距离处冷至不同温度时的冷却速度，因此，也可以把离水冷端不同距离标成冷却速度。对一般钢来说，直接影响钢淬火效果的是800～500 ℃温度范围内的冷却速度，所以有的标成该温度区所需冷却时间或平均速度，或700 ℃的冷却速度。

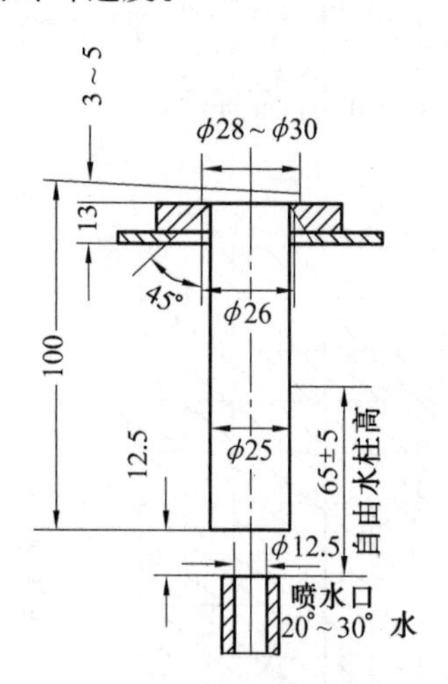

图3.15 端淬试验原理简图

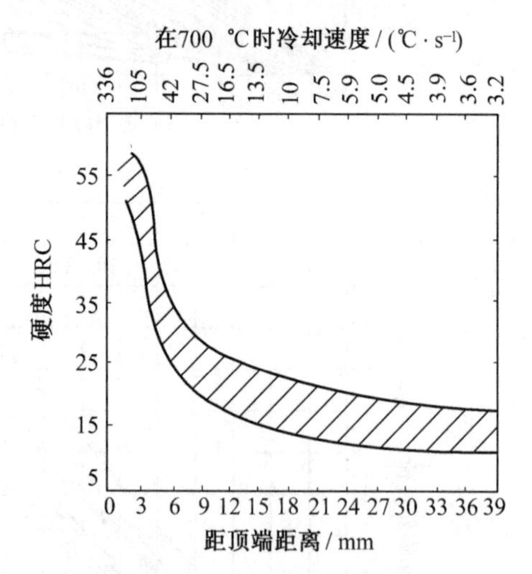

图3.16 45钢端淬曲线

3.3.3 淬透性的计算方法

早在1942年格罗斯曼就提出了“从化学成分计算可淬性问题”。近十年来，由于计算机技术的发展及工业应用，特别是“数学冶金”这一分支的发展，关于淬透性的计算日益精确，已经作为材料选择、材料设计及制订热处理工艺的重要手段。为此，在这里作一简要介绍。

1. 理想临界直径计算法

这一方法是以前述方法求得不同含碳量及奥氏体晶粒度时碳钢的理想临界直径(见图3.17)为基础,考虑合金元素的作用,来计算各种钢号的理想临界直径。其计算公式如下

$$D_I = D_{IC} \cdot F_{Mn} \cdot F_{Cr} \cdot F_{Si} \cdot F_{Ni} \cdots \tag{3.2}$$

式中 D_I——所述钢的理想临界直径;

D_{IC}——碳钢(与所述钢含碳量相同)的理想临界直径,由图3.17求得;

F_{Mn}、F_{Cr}…——Mn,Cr…合金元素的增值系数,其值根据钢中含量可由图3.18求得。

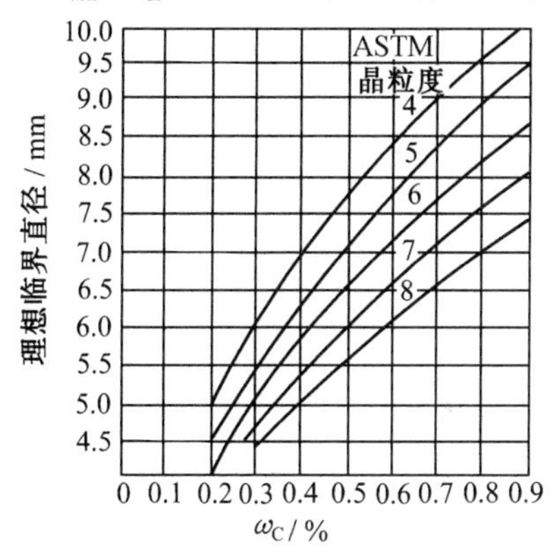

图3.17 铁碳合金中含碳量、奥氏体晶粒度和理想临界直径 D_I 间的关系[8]
(碳应完全溶入奥氏体中)

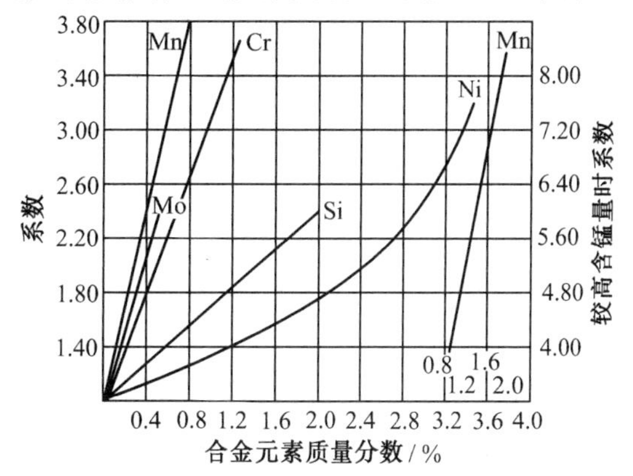

图3.18 合金元素的增值系数[8]

这种计算方法的主要误差在于增值系数 F,由于其所取数值不同,误差较大。当 D_I 大于100 mm时,其误差大于15%,故不能达到实用程度。

其产生偏离的原因有如下3点。

(1)当以半马氏体区作为衡量标准时,先形成贝氏体或先形成珠光体,二者对其影响就不同,计算公式中只考虑合金元素量,而没有考虑合金元素对该两种转变的影响。

(2)合金元素单独存在或共同存在,对其作用不同。

(3)淬透性高的钢,常含有大量碳化物形成元素,这些元素极难溶解。

因此近年来关于淬透性计算的大量问题集中在增值系数的研究上。

2. 根据化学成分计算端淬曲线

此方法是根据钢中化学成分,直接计算离端淬试样水冷端不同距离处的硬度值[9]。

试验表明,所有合金元素在距水冷端10 mm以内的影响较明显,而大于10 mm后其影响趋于一个常数。

设离水冷端距离为零时,所有合金元素的淬透性因子为零,贾斯特(Just E.)得出如下表达式

$$J_{6\sim80} = 95\sqrt{C} - 0.0028S^2\sqrt{C} + 20Cr + 38Mo + 14Mn + 6Ni + 6Si + 39V + 39P - 0.8K - 12\sqrt{S} + 0.9S - 13HRC \tag{3.3}$$

式中 $J_{6\sim80}$——距水冷端6~80 mm范围内各点硬度;

S——离水冷端距离,mm;

K——ASTM晶粒度。

1969 年贾斯特[10]又提出了新的计算公式

$$J_{4\sim40}=88\sqrt{\mathrm{C}}-0.034E^2\sqrt{\mathrm{C}}+19\mathrm{Cr}+6.3\mathrm{Ni}+16\mathrm{Mn}+35\mathrm{Mo}+6\mathrm{Si}-0.82K-25\sqrt{K}+3.17E+2\mathrm{HRC} \tag{3.4}$$

式中 $J_{4\sim40}$——离水冷端 4 ~40 mm 处各点硬度 HRC；

E——离水冷端距离，mm。

上述公式适用于 $w_{\mathrm{C}}<0.6\%$、$w_{\mathrm{Cr}}<2\%$、$w_{\mathrm{Ni}}<4\%$、$w_{\mathrm{Mo}}<0.5\%$、$w_{\mathrm{V}}<0.2\%$ 的钢。

离水冷端距离小于 6 mm 处的硬度，由于合金元素的影响要比碳小得多，故此处硬度可大致按下式估算

$$J_0=60\cdot\sqrt{\mathrm{C}}+20\mathrm{HRC}\qquad(w_{\mathrm{C}}<0.6\%) \tag{3.5}$$

美国汽车工程学会给出了下列两类钢的端淬曲线计算公式：

对表面硬化钢（低碳钢）

$$J_{6\sim40}=74\sqrt{\mathrm{C}}+14\mathrm{Cr}+54\mathrm{Ni}+29\mathrm{Mo}+16\mathrm{Mn}-16.8\sqrt{S}+1.386S+7\mathrm{HRC} \tag{3.6}$$

对淬火回火钢（中碳）

$$J_{6\sim40}=102\sqrt{\mathrm{C}}+22\mathrm{Cr}+21\mathrm{Mn}+7\mathrm{Ni}+33\mathrm{Mo}-15.47\sqrt{S} \tag{3.7}$$

试验结果与计算结果很接近。

3.3.4 淬透性在选择材料和制订热处理工艺时的应用

如果测定出不同直径钢棒在不同淬火烈度的淬火介质中冷却时的速度，就可以根据钢的端淬曲线来选择和设计钢材及制订热处理工艺。图 3.19 为不同直径钢材经淬火后，从表面至中心各点与端淬试样离水冷端各距离的关系曲线。图中仅引入了中等搅拌的水冷（$H=1.2$）或油冷（$H=0.4$）的两组冷却曲线，若再列出其他 H 值的关系曲线，尚可求出在其他 H 值的淬火介质中淬火时一定直径的钢棒不同部位的淬火冷却速度。

下面举例说明端淬曲线在选择钢材和制订热处理工艺时的应用。

(1)根据端淬曲线合理选用钢材，以满足心部硬度的要求

例 3.1 有一圆柱形工件，直径 35 mm，要求油淬（$H=0.4$）后心部硬度>HRC45，试问能否采用 40Cr 钢(40Cr 钢的端淬曲线带如图 3.20 所示)？

解 根据图 3.19(b)，在纵坐标上找到直径 35 mm，通过此点作水平线，与标有“中心”的曲线相交，通过交点作横坐标的垂线，并与横坐标交于标有离水冷端距离 12.8 mm 处。说明直径 35 mm 圆棒油淬时，中心部位的冷却速度相当于端淬试样离水冷端 12.8 mm处的冷却速度。再在图 3.20 横坐标上找到离水冷端距离 12.8 mm 处，过该点作横坐标垂线，与端淬曲线带下限线相交，通过交点作水平线，与纵坐标交于 HRC35 处，此即为可得到的硬度值，它不合题意要求。

(2)预测材料的组织与硬度

例 3.2 有 40Cr 钢直径 50 mm 圆柱，求油淬后沿截面硬度。

解 这一问题的解法与上题完全相同，只是在这里应该利用图 3.19(b)求出表面、3/4半径、1/2 半径及中心处的冷却速度对应的端淬试样离水冷端距离。因此即可利用端淬曲线，求出该圆棒截面上表面、3/4 半径、1/2 半径及中心处的硬度。

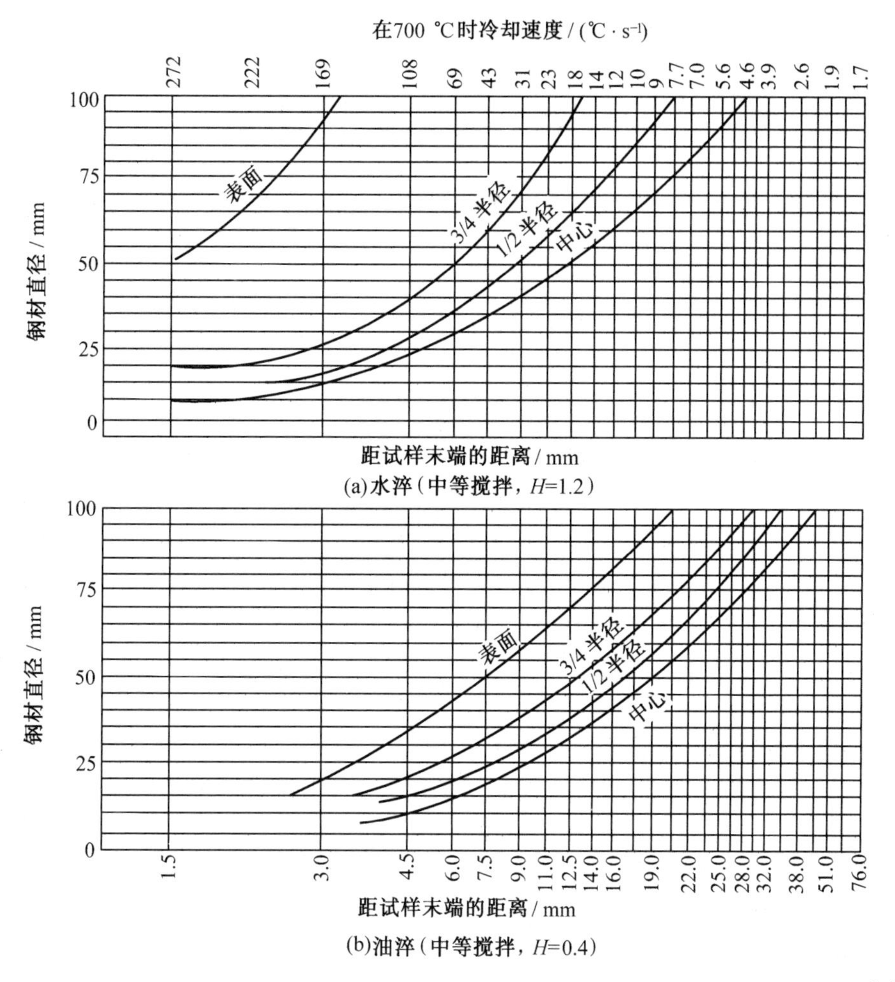

图3.19　不同直径钢材淬火后从表面至中心各点与端淬试样离水冷端各距离的关系曲线[10]

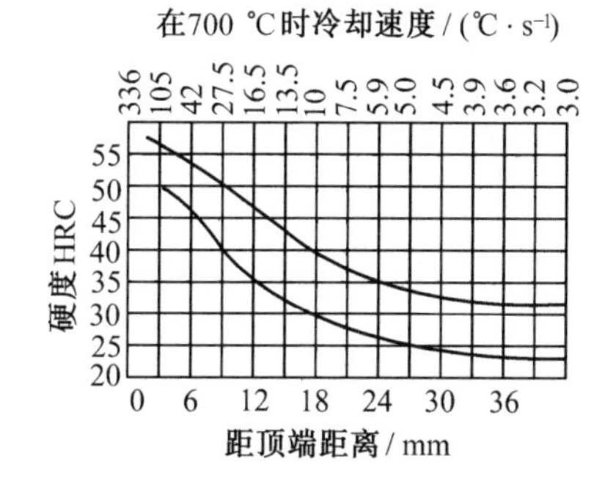

图3.20　40Cr钢端淬曲线

(3)根据端淬试验曲线，确定热处理工艺

例如在给定工件所用材料及淬火后硬度的要求情况下，选用淬火介质等。

端淬法只适用于较低淬透性或中等淬透性钢。在超低淬透性钢中，在端淬试样距水冷端5 mm范围内发生硬度突降，淬透性的相互差别不甚明显。此时需用腐蚀的办法来进行比较，只要在测量硬度部位磨光、腐蚀，就可清楚地显示出被淬硬的区域。

对高淬透性钢，端淬曲线硬度降低很小，有的呈一水平线，因此不能用端淬法比较其淬透性。对这种钢来说,确定加热温度和冷却时间,常采用连续冷却转变图。

3.4 淬火应力、变形及开裂

从淬火目的考虑,应尽可能获得最大的淬透层深度,因此,在钢种一定情况下,采用的淬火介质的淬火烈度越大越好。但是,淬火介质的淬火烈度越大,淬火过程中所产生的内应力越大,这将导致淬火工件的变形甚至开裂等。因此,在研究淬火问题时尚应考虑工件在淬火过程中内应力的发生、发展及由此而产生的变形甚至开裂等问题。

3.4.1 淬火时工件的内应力

工件在淬火介质中迅速冷却时,由于工件具有一定尺寸,热导率也为一定值,因此在冷却过程中工件内沿截面将产生一定温度梯度,表面温度低,心部温度高,表面和心部存在着温度差。在工件冷却过程中还伴随着两种物理现象:一是热膨胀,随着温度下降,工件线长度将收缩;另一个是当温度下降到马氏体转变点时发生奥氏体向马氏体转变,这将使比体积增大。由于冷却过程中存在着温差,因而沿工件截面不同部位热膨胀量将不同,工件不同部位将产生内应力;由于工件内温差的存在,还可能出现温度下降快的部位低于 M_s 点,发生马氏体转变,体积胀大,而温度高的部位尚高于 M_s 点,仍处于奥氏体状态,这不同部位由于比体积变化的差别,也将产生内应力。因此,在淬火冷却过程中可能产生两种内应力:一种是热应力,即工件在加热(或冷却)时,由于不同部位的温度差异,导致热胀(或冷缩)的不一致所引起的应力[7];另一种是组织应力,即由于工件不同部位组织转变不同时性而引起的内应力[7]。

根据内应力的存在时间特性还可分为瞬时应力和残余应力。瞬时应力是指在冷却过程中某一时刻所产生的内应力;残余应力是指冷却终了,残存于工件内部的应力。

下面分别研究淬火冷却过程中工件内部热应力和组织应力的变化。

1. 热应力的变化规律

为了把组织应力与热应力分开,在研究热应力时,选择不发生相变的钢,例如奥氏体级钢,从加热温度直至室温均保持奥氏体状态。设加热温度为 T_0,均温(即心部与表面温度均达到 T_0)后迅速投入淬火介质中冷却,其心部和表面温度将按图3.21随着时间的延长而下降。下面研究其冷却过程中热应力的变化。

在时间 τ_0 至 τ_1 这段时间内,工件表面与淬火介质的温度差别很大,散热很快,因而温度下降得很快,设下降到 T_1;心部靠工件内部温差由热传导方式散热,温度下降很慢,设下降到 T'_1;心部和表面产生很大的温差 $T_1-T'_1$,工件因温度下降导致体积收缩。表面部位温度低,收缩得多;心部温度下降得少,收缩得少。在同一工件上,因内外收缩量不同,则相互之间发生作用力。表面因受心部抵制收缩力而胀大,故表面产生张应力;而心部则相反,产生压应力。当应力增大至一定值时,例如在 τ_1 时刻,由于此时温度比较高,材料屈服强度比较低,将产生塑性变形,松弛一部分弹性应力,其表面和心部应力如图3.21所示。再继续冷却时,由于表面温度已较低,与介质间的热交换已较少,故温度下降得较慢;而心部由于与表面温差大,故流向表面的热流较大,温度下降得快。故此,在τ_1 ~ τ_2 这段时间内,表面收缩得比较慢,比体积减得少;而心部由于温度下降得多,收缩得比较快,比体积减得多。如此至 τ_2 时有可能表面和心部的比体积差减少,相互胀缩的牵制作用减少,内应力减少。因为在τ_1时产生的塑性变形削去了部分内应力,因此在此时刻附近,有可能发生表面的温度虽仍低于心部,但此时内应力为零。再进一步冷却由τ_2至τ_3,表面和心部均达到室温。但由于τ_2时心部温度T'_2高于表面温度T_2,故在这段时间内心部收缩得比表面多。由于τ_2时工件内应力为零,此时将再次产生内应力,心部为拉应力,表面为压应力。因此温度很低,材料屈服强度较高,不发生塑性变形,内应力不会削减,此应力将残留于工件内。因此可以得出结论:淬火冷却时,由于热应力引起的残余应力表面为压应力,心部为拉应力。图3.21所示为淬火冷却过程中热应力变化及最终残余应力。

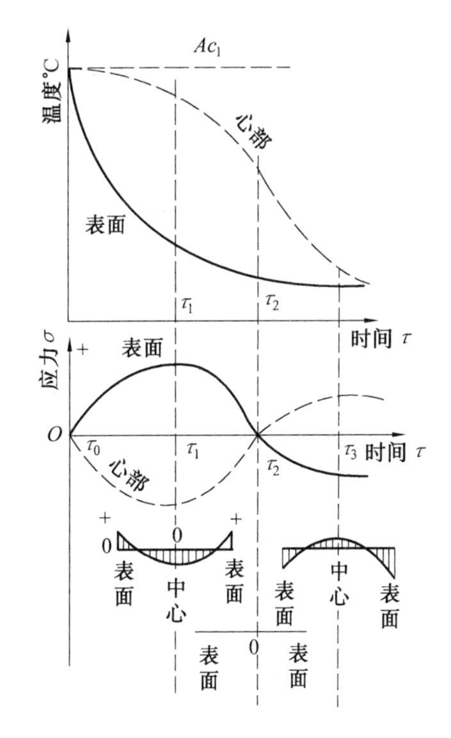

图3.21 工件冷却时热应力变化示意图

综上所述,淬火冷却时产生的热应力是由于冷却过程中截面温度差所造成,冷却速度越大,截面温差越大,则产生的热应力越大。在相同冷却介质条件下,工件加热温度越高、尺寸越大、钢材热导率越小,工件内温差越大,热应力越大。

在高温时若冷却不均匀,将会发生扭曲变形。在冷却过程中,当瞬时拉应力大于破断强度时,将会产生淬火裂缝。

应该指出,上述淬火过程中热应力变化规律的分析是很粗糙的,在工件内部的应力状态很复杂,其动态变化过程的测定或计算都很困难。因此,一般都测定最终残存于工件内部的残余应力。

随着计算科学的发展,现在可以利用有限元分析及其计算机软件,对淬火冷却过程中工件内部的应力场及其随时间的变化进行计算和分析。具体步骤是:第1,根据淬火冷却时热传递物理模型,建立工件内部冷却过程中温度场及其随时间变化的数学模式;第2,根据所建立的工件冷却过程中温度场随冷却时间的变化,参照该工件所用材料的膨胀系数随温度变化的关系式,计算工件内各点随着温度场变化的比体积变化;第3,根据弹塑性力学,计算工件内各点随着温度场的变化而引起的比体积变化所产生的瞬时应力及冷却终了的残余应力分布(应力场)。有关这方面问题,可参阅文献[11~14]。

图3.22为碳的质量分数为0.3%,直径44 mm圆柱钢试样自700 ℃水冷后在室温时测定的轴向、径向和切向的热应力分布[15]。由图可见,试样表面的轴向和切向应力均为压应力,中心为拉应力,且轴向应力大于切向应力,径向应力为拉应力,中心处最大。

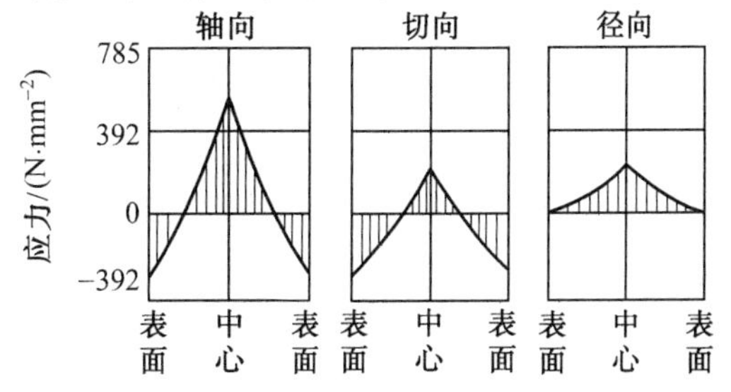

图3.22 w_C=0.3%,直径44 mm圆柱钢试样自700 ℃水冷后的残余内应力

2. 组织应力的变化规律

为了把热应力分开,选用 C 曲线很靠右的钢,以便从淬火加热温度以极缓慢的冷却速度降温至 M_s 点的过程中,不发生其他转变。因为冷却速度极慢,故在冷至 M_s 点时,工件内没有温差发生与存在,因而也无热应力的发生。到 M_s 点后,突然采用快冷,由于表面直接与淬火介质接触,冷却很快,而心部靠其与表面的温差以热传导方式散热,温度下降极慢,由开始冷却 τ_0 至 τ_1 时刻内,表面温度下降至 M_s 点以下的很大温度范围,则将有大量奥氏体转变成马氏体,因而比体积增大,而心部温度下降很少,奥氏体转变成马氏体数量很少,比体积变化不大。故发生与热应力变化开始阶段相类似,但应力类型恰好相反的情况,即表面的膨胀受到心部的抑制,从而产生压应力,心部则受拉应力,如图3.23所示 τ_1 处。由于此时心部仍处于奥氏体状态,塑性较好,因此当应力超过其屈服强度时将产生塑性变形,削去部分内应力。再继续冷却,可用与热应力分析相类似的方法,相当于 τ_2 处心部和表面内应力趋向零。再进一步冷却,由于心部和表面都有大量马氏体存在,屈强比提高,不易发生塑性变形,最后当心部和表面温度一致时,试样内仍残存着内应力,此时由于组织应力所引起的残余内应力,其表面为拉应力,心部为压应力,如图3.23所示。

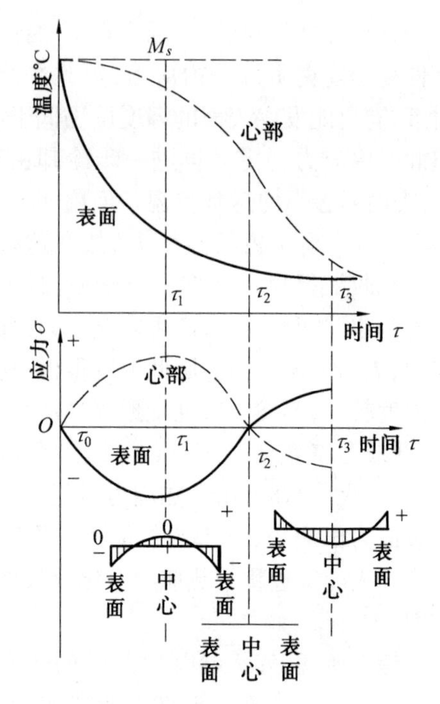

图 3.23 圆柱钢试样截面上在冷却过程中组织应力的变化

显然,计算淬火冷却过程中组织应力的应力场要比热应力场的计算复杂得多。同样它以冷却过程中温度场的计算为出发点,但在计算出温度场的变化后,接下来要考虑的问题就比较复杂,最简单的情况是钢能完全被淬透得到 100% 马氏体,不考虑热应力,此时应考虑工件内各点到达 M_s 点的时刻。随着工件内温度场的变化,根据 M_s 点计算出工件内各点随着温度下降而发生的马氏体转变量,从而计算出各点的比体积变化,再用弹塑性力学与上述热应力场的计算类似,计算组织应力场的变化,从而得到瞬时组织应力分布和最终残余应力分布(应力场)。

但是如果该工件不能被淬透,则某些冷却速度较小处将出现非马氏体转变,此时组织应力的计算更为复杂。首先应根据温度场的变化,计算出工件内各点的冷却速度,再根据该种钢的过冷奥氏体连续冷却转变曲线,计算出工件内各点的相场变化(即工件内不同时刻的组织分布),再根据不同组织的比容及机械性能,计算应力场的变化,从而得到各点的瞬时组织应力及残余组织应力。

图 3.24 为含 Ni($w_{Ni}=16\%$)的 Fe-Ni 合金圆柱试样(直径 50 mm)自 900 ℃缓冷至 330 ℃(M_s 点附近),再急冷至室温后的残余内应力,这种应力主要是组织应力。由图可见,由于组织应力引起的残余应力:轴向、切向、表面为拉应力,且切向表面拉应力较轴向的大;径向为压应力,最大压应力在中心。

从上面的分析，不难得知，组织应力的大小，除与钢在马氏体转变温度范围内的冷却速度、钢件尺寸、钢的导热性及奥氏体的屈服强度有关外，还与钢的含碳量、马氏体的比体积及钢的淬透性等有关。

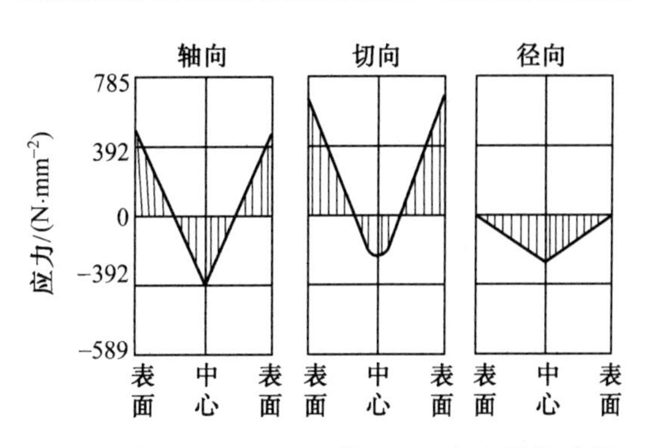

图3.24　含Ni(w_{Ni}=16%)的Fe-Ni合金圆柱试样(直径50 mm)自900 ℃缓冷至330 ℃，急冷至室温后的残余内应力(组织应力)

3. 淬火应力及对其分布的影响因素

工件淬火时，热应力和组织应力都将在同一工件中发生，绝大多数情况下还同时发生。例如普通钢件淬火时，从加热温度冷却至钢材的M_s点以前产生热应力，继续冷却时，热应力继续发生变化；但与此同时，由于发生奥氏体向马氏体转变，则还产生组织应力，因此，在实际工件上产生的应力应为热应力与组织应力这二者叠加的结果。如前所述得知，热应力与组织应力二者的变化规律恰好相反，因此如何恰当利用其彼此相反的特性，以减少变形、开裂，是很有实际意义的。

影响淬火应力的因素如下。

(1)含碳量的影响

钢中含碳量增加，马氏体比体积增大，淬火后组织应力应增加。但钢中(溶入奥氏体中)含碳量增加，使M_s下降，淬火后残余奥氏体量增加，因而组织应力下降。综合这两方面的相反作用效果，随着含碳量增加，热应力作用逐渐减弱，组织应力逐渐增强。图3.25为含碳量对含Cr(w_{Cr}=0.9%～1.2%)钢圆柱(直径18 mm)淬火试样残余应力的影响(加热温度850 ℃，水淬)。

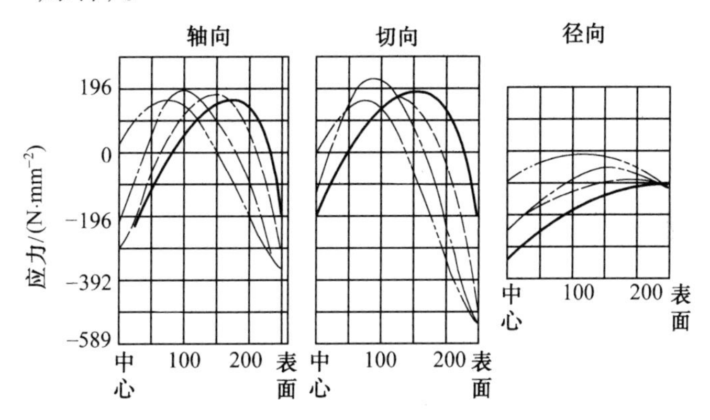

图3.25　含碳量对含Cr(w_{Cr}=0.9%～1.2%)钢圆柱(直径18 mm)淬火试样残余应力的影响(加热温度850 ℃，水淬)

—— w_C=1.0%；　— — w_C=0.5%；　—·— w_C=0.3%；　—··— w_C=0.2%

由图可见，随着含碳量的增加，表面压应力值逐渐减小，拉应力值逐渐增大，而且拉应力值的位置越来越靠近表面。

此外，随着含碳量的增加，孪晶型马氏体数量增多，马氏体生长过程中有裂纹存在，这些均将导致增大高碳钢淬裂倾向性。

(2)合金元素的影响

钢中加入合金元素后,其热导率下降,导致热应力和组织应力增加。多数合金元素使 M_s 下降,这使热应力作用增强。凡增加钢的淬透性的合金元素,在工件没有完全淬透的情况下,有增强组织应力的作用。

(3)工件尺寸的影响

工件尺寸大小对内应力分布的影响,有以下两种情况。

①完全淬透的情况。工件尺寸大小主要影响淬火冷却过程中截面的温差,特别是在高温区工件表面与淬火介质温差大,冷却快,而工件尺寸越大中心部位热量向表面的传导越慢,因而工件尺寸越大对高温区的温差影响越大。因此可以推知,当工件直径较小时,温差较小,热应力作用较小,应力特征主要为组织应力型;而在直径较大时,使高温区的温差影响突出,热应力作用增强,因而工件淬火应力变成热应力型。

由此推知,在完全淬透的情况下,随着工件直径的增大,淬火后残余应力将由组织应力型逐渐变成热应力型。

②不完全淬透情况。在工件没有完全淬透的情况下,除了前述的热应力和组织应力外,尚因表面淬硬部位是马氏体,未淬硬部位是非马氏体而产生组织不同情况。由于组织不同,比体积不同,也将引起内应力。如仅考虑由于没有淬透而引起的应力,很显然,表面区马氏体比体积大,膨胀;而心部非马氏体,比体积小,收缩,其结果是表面为压应力,心部为拉应力。由此可知,在未完全淬透情况下,所产生的应力特性是与热应力相类似的,工件直径越大,淬硬层越薄,热应力特征越明显。

(4)淬火介质和冷却方法的影响

如前所述,淬火介质的冷却能力,在不同工件冷却温度区间是不相同的,因而也影响淬火内应力的分布。冷却方法的影响也是如此。如果在高于 M_s 点以上的温度区域冷却速度快,而在温度低于 M_s 点区域冷却速度慢,则为热应力型,反之则为组织应力型。因此在选择淬火介质时,不仅要考虑其淬火烈度,还要考虑其淬火冷却过程中不同温度区间的冷却能力。如此,通过合理的选择淬火介质及淬火冷却方法就可控制工件内应力,防止变形及开裂。

3.4.2 淬火时工件的变形

淬火时,工件发生的变形有两类,一是翘曲变形,一是体积变形。翘曲变形包括形状变形和扭曲变形。扭曲变形主要是加热时工件在炉内放置不当,或者淬火前经变形校正后没有定型处理,或者是由于工件冷却时工件各部位冷却不均匀所造成,这种变形可以针对具体情况分析解决。这里主要讨论体积变形和形状变形。

1. 引起各种变形的原因及其变化规律

(1)由于淬火前后组织变化而引起的体积变形

工件在淬火前的组织状态一般为珠光体型,即铁素体和渗碳体的混合组织,而淬火后为马氏体型组织。由于这些组织的比体积不同,淬火前后将引起体积变化,从而产生变形。这种变形只按比例使工件胀缩,但不改变形状。淬火前后由此而引起的体积变化,可以计算求得。

例如,过共析钢,淬火前为球状珠光体,淬火后为马氏体+残余奥氏体+碳化物。

设淬火前体积为 V_i(球状珠光体)。淬火后 V_i 中有 V_c 部分为未溶碳化物,体积维持不变，有 V_a 部分体积转变为残余奥氏体，则有 $V_i-V_c-V_a$ 部分体积转变为马氏体。

已知，球状珠光体转变成马氏体时，由于比体积发生变化而引起的体积变化为

$$\frac{\Delta V_{SP\to M}}{V_{SP}}\times 100\% = 1.68\times w_C \tag{3.8}$$

而转变成奥氏体的体积变化为

$$\frac{\Delta V_{SP\to A}}{V_{SP}}\times 100\% = -4.64+2.21\times w_C \tag{3.9}$$

因此，设 V_c、V_a 均以体积分数计，则 $V_i=100$，有

$$\frac{\Delta V}{V_i}=\frac{100-V_c-V_a}{100}\times(1.681\times w_C)+\frac{V_a}{100}(-4.64+2.21\times w_C) \tag{3.10}$$

若淬火转变成下贝氏体，则转变前后的体积变化也可作类似计算。

表3.2为碳钢各相的比体积，表3.3为不同含碳量的碳钢组织变化时体积和尺寸的变化[16]。

表3.2　碳钢各相的比体积

相名称	20 ℃的比体积/($cm^3\cdot g^{-1}$)	相名称	20 ℃的比体积/($cm^3\cdot g^{-1}$)
铁素体	0.127 1	马氏体	0.127 1+0.002 95(w_C)
渗碳体	0.130±0.001	奥氏体	0.121 2+0.033(w_C)
碳化物	0.140±0.002	马氏体(w_C=0.25%)+碳化物	0.127 76+0.001 5(w_C-0.25)

表3.3　不同含碳量的碳钢组织变化时体积和尺寸的变化

组　织　变　化	体积变化$\frac{V-V_0}{V_0}$/%	长度变化$\frac{L-L_0}{L_0}$/%
球化退火组织→奥氏体→马氏体	1.68(w_C)	0.56(w_C)
球化退火组织→奥氏体→下贝氏体	0.78(w_C)	0.26(w_C)
球化退火组织→奥氏体→上贝氏体(或珠光体)	0	0
马氏体→w_C=0.25%的马氏体+ε碳化物	0.22-0.88(w_C)	0.07-0.29(w_C)

(2)热应力引起的形状变形

热应力引起的变形发生在钢件屈服强度较低，塑性较高，而表面冷却快，工件内外温差最大的高温区。此时瞬时热应力是表面张应力，心部压应力，心部温度高，屈服强度比表面低得多，易于变形。因此表现为在多向压应力作用下的变形，即立方体向呈球形方向变化。由此导致下述结果，即尺寸较大的一方缩小，而尺寸较小的一方则胀大，例如长圆柱体长度方向缩短，直径方向胀大。不同形状的零件热应力所引起的变化规律如图3.26所示。

(3)组织应力引起的形状变形

组织应力引起的变形也产生在早期组织应力最大时刻。此时截面温差较大，心部温度较高，仍处于奥氏体状态，塑性较好，屈服强度较低。瞬时组织应力是表面压应力，心部拉应力；其变形表现为心部在多向拉应力作用下的拉长。由此导致的结果为在组织应力作用下，工件中尺寸较大的一方伸长，而尺寸较小的一方缩短。例如长圆柱体组织应力引起的变形是长度伸长，直径缩小。不同形状的钢件组织应力引起的变形规律如图3.26所示。

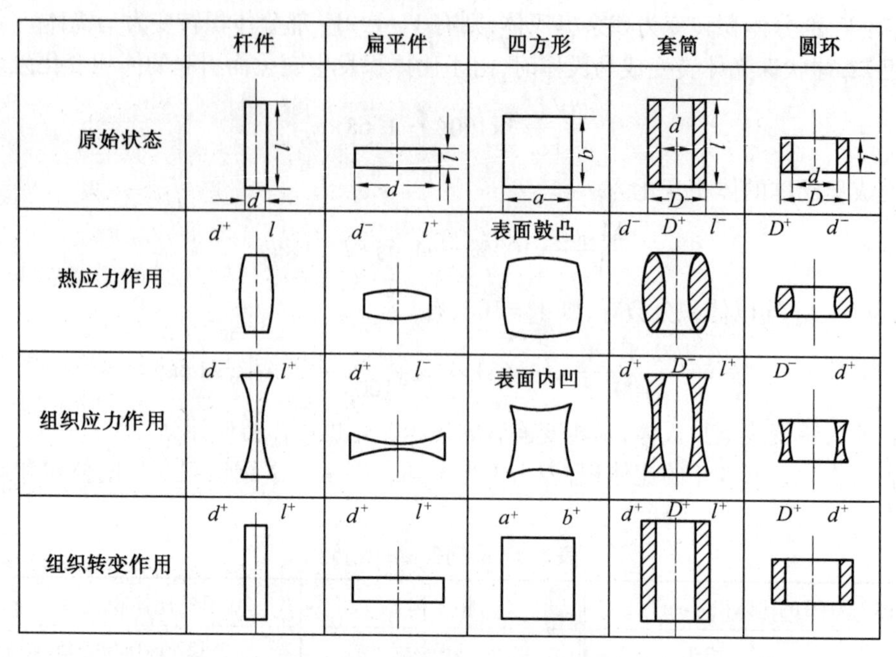

图 3.26　各种典型钢件的淬火变形规律

2. 影响淬火变形的因素

(1) 影响体积变形和形状变形的因素

这完全可以从引起这两种变形的上述 3 个方面的原因来进行分析。凡是影响淬火前后组织比体积变化的因素(诸如影响组成的各相的比体积及相对含量等的因素)均影响体积变形;影响淬火应力的因素,都是影响形状变形的因素。故此处不再重复。

(2) 其他影响淬火变形的因素

①夹杂物和带状组织对淬火变形的影响。由于钢中夹杂物和带状组织沿轧制方向分布,淬火变形就有方向性,沿着夹杂物伸长方向的尺寸变化将大于垂直方向。为此,在设计零件时,特别是工、模具的设计时要特别注意,凡是要求尺寸变化小的几何方位都应该垂直轧制方向。

②工件截面形状不同或不对称对淬火变形的影响。淬火工件截面形状不同,淬火冷却时的冷却速度不同,这将影响淬硬层深度及淬火应力,从而影响变形。例如工件的棱角部位的冷却速度比平面部位大,而平面部位的冷却速度又比凹槽等部位冷却速度大。一工件如兼有不同几何形状,则淬火冷却时将因其几何形状而发生其特有规律的变形。下面举例说明。设有一种如图 3.27 所示的 45 钢制零件,在 820 ℃时垂直入水淬火,试研究其变形规律。该“T”形工件图示 A 面为快冷面,而底面平面为慢冷面。在刚入水冷却时,A 面快冷收缩多,而底面冷却慢,收缩得小。由于二平行面收缩不等,则快冷的 A 面将凹进,而慢冷的底面将凸起,产生瞬时热应力。当其内应力超过该时该材料的屈服强度

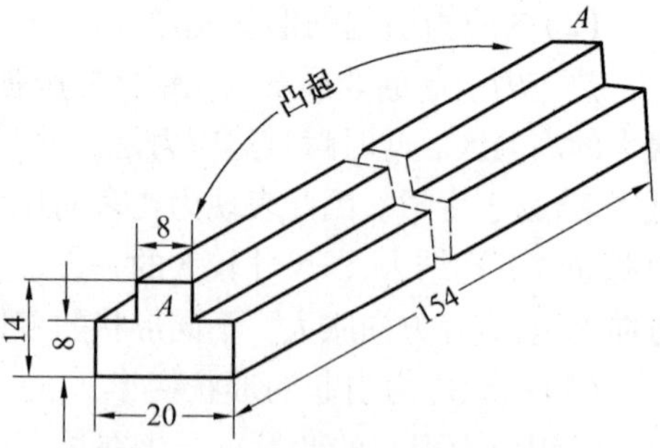

图 3.27　45 钢工件自 820 ℃垂直入水淬火时的变形

时将产生塑性变形：快冷面产生拉长变形，而慢冷面产生压缩塑性变形，因温度较高，其塑性变形量较大。再进一步冷却时，快冷面已处于低温，在这时间内温度下降少，收缩得少。而慢冷面则由于原来温度较高，下降温度较多，收缩得较多。因此，变形方向恰好和快冷时相反。前后两种变形方向抵消后，由于高温阶段产生了部分塑性变形，慢冷面比淬火前缩短，不能回到原来形状，而此时温度已较低，屈服强度已明显提高，在此热应力作用下不足以引起塑性变形。如此前后变形结果，二面均冷到室温时，将使工件产生弯曲变形，即快冷面外凸，慢冷面内凹。这里没有考虑马氏体转变，即完全考虑的是热应力。因此可得出结论，在冷却不均匀情况下，热应力引起的变形，使快冷面凸起。

显然，如果仅考虑组织应力，则变形的方向相反。

当工件完全淬透的情况下，应该同时考虑组织应力及热应力，要具体考虑不同温度区域的冷却速度，以及钢中含碳量。

如该零件在水中淬火时，不能完全淬透，*A* 面不仅是快冷面，而且肉缘薄，因而能完全淬成马氏体；而底面则不仅是慢冷面，而且肉缘厚，只能部分淬成马氏体。由于快冷面全为马氏体，比体积大，故 *A* 面凸起，而热应力的变形规律也是快冷面 A 面凸起，故淬火结果为 *A* 面凸起变形。

由此得出结论，截面形状不对称零件在热应力作用下，快冷面凸起；在慢冷面未淬透情况下，变形仍是快冷面凸起，在慢冷面能淬透情况下，由零件淬火应力中起主导作用的应力特性而定，如组织应力起主导作用，慢冷面将凸起。

③淬火前残存应力及加热冷却不均匀对变形的影响。淬火前工件内残余应力没有消除，淬火加热装炉不当，淬火冷却不当均引起工件的扭曲变形。

3.4.3　淬火裂缝

工件淬火冷却时，如其瞬时内应力超过该时钢材的断裂强度，则将发生淬火裂缝。因此产生淬火裂缝的主要原因是淬火过程中所产生的淬火应力过大。若工件内存在着非金属夹杂物，碳化物偏析或其他割离金属的粗大第二相，以及由于各种原因存在于工件中的微小裂缝，则这些地方，钢材强度减弱。当淬火应力过大时，也将由此而引起淬火裂缝。

实践中，往往根据淬火裂缝特征来判断其产生的原因，从而采取措施预防其发生。

1. 纵向裂缝

沿着工件轴线方向由表面裂向心部的深度较大的裂缝，它往往在钢件完全淬透情况下发生，其形状如图 3.28 所示。

从纵向裂纹方向看，恰好应力是在切向拉应力方向，而又常见于完全淬透情况下。因此，纵向裂纹是因淬火时组织应力过大，使最大切向拉应力大于该时材料断裂抗力而发生。

纵向裂缝也可能是由于钢材沿轧制方向有严重带状夹杂物所致。该带状夹杂物所在处，犹如既存裂缝，在淬火切向拉应力作用下，促进裂缝发展而成为宏观的纵向裂缝。这时如果把钢材沿纵向截取试样，分析其夹杂物，常可发现有带状夹杂物存在。

纵向裂缝也可能由于淬火前既存裂缝（如锻造析叠、重皮或其他锻造裂缝）在淬火时切向拉应力作用下扩展而成，这时如果垂直轴线方向截取金相试样观察附近情况，可以发现裂缝表面有氧化皮，裂缝两侧有脱碳现象。

2. 横向裂缝和弧形裂缝

横向裂缝常发生于大型轴类零件上，如轧辊、汽轮机转子或其他轴类零件。其特征是垂直于轴线方向，由内往外断裂，往往在未淬透情况下形成，属于热应力所引起。大锻件往往存在着气孔、夹杂物、锻造裂缝和白点等冶金缺陷，这些缺陷作为断裂的起点，在轴向拉应力作用下断裂。

弧形裂缝也是由于热应力引起的，主要产生于工件内部或尖锐棱角、凹槽及孔洞附近，呈弧形分布，如图 3.29 所示。当直径或厚度为 80 ~ 100 mm 的高碳钢制件淬火没有淬透时，表面呈压应力，心部呈拉应力，在淬硬层至非淬硬层的过渡区，出现最大拉应力，弧形裂纹就发生在这些地区。在尖锐棱角处的冷却速度快，全淬透，在向平缓部位过渡时，同时也向未淬硬区过渡，此处出现最大拉应力区，因而出现弧形裂纹。由于销孔或凹槽部位或中心孔附近的冷却速度较慢，相应的淬硬层较薄，在淬硬过渡区附近拉应力也引起弧形裂缝。

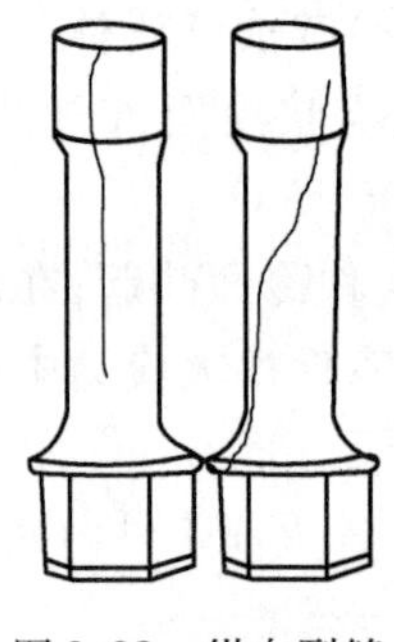

图 3.28　纵向裂缝

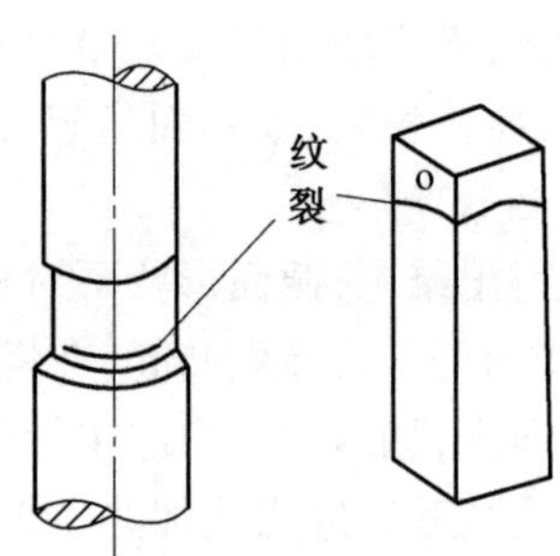

图 3.29　弧形裂缝

3. 表面裂缝（或称网状裂缝）

这是一种分布在工件表面的深度较小的裂纹，其深度一般为 0.01 ~ 1.5 mm。裂纹分布方向与工件形状无关，但与裂纹深度有关。图 3.30 为不同裂纹深度的表面裂缝形态示意图。由图可见，当裂纹深度较小时，工件表面形成细小的网状裂纹（见图 3.30（a））；当裂纹较深，例如接近 1 mm 或更深时，则表面裂纹不一定呈网状分布（见图 3.30（d））。当工件表面由于某种原因呈现拉应力状态，且表面材料的塑性又很小，在拉应力作用下不能发生塑性变形时就出现这种裂纹。例如表面脱碳工件，淬火时表层的马氏体因含碳量低，其比体积比与其相邻的内层马氏体的小，因而脱碳的表面层呈现拉应力。当拉应力值达到或超过钢的破断抗力时，则在脱碳层形成表面裂纹。

(a) 裂缝深度 0.02 mm

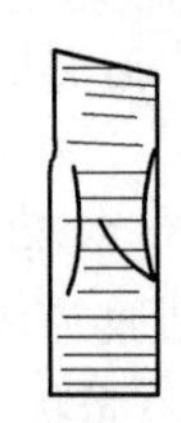

(b) 裂缝深度 0.4 ~ 0.5 mm

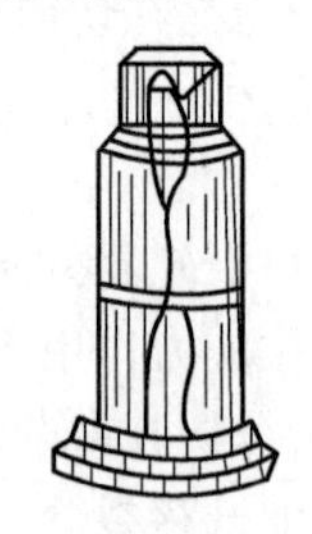

(c) 裂缝深度 0.6 ~ 0.7 mm

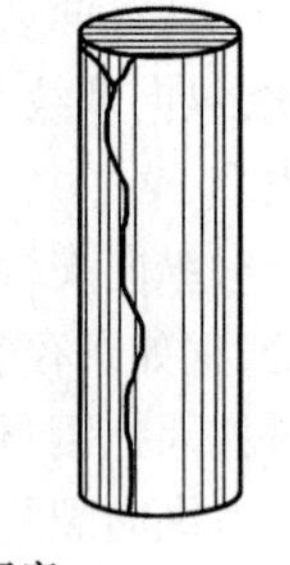

(d) 裂缝深度 1.0 ~ 1.3 mm

图 3.30　钢件的表面裂缝

应该指出，实际钢件淬火裂纹的产生原因及分布形式是很多的，有时可能是几种形式的裂纹交织在一起出现。遇到这种复杂情况，则应根据具体问题找出它的产生原因，确定有效地防止措施。

3.5　确定淬火工艺规范的原则、淬火工艺方法及其应用

淬火工艺规范包括淬火加热方式、加热温度、保温时间、冷却介质及冷却方式等。

确定工件淬火规范的依据是工件图纸及技术要求、所用材料牌号、相变点及过冷奥氏体等温或连续冷却转变曲线、端淬曲线、加工工艺路线及淬火前的原始组织等。只有充分掌握这些原始材料，才能正确地确定淬火工艺规范。

3.5.1　淬火加热方式及加热温度的确定原则

淬火一般是最终热处理工序，因此，应采用保护气氛加热或真空加热，只有一些毛坯或棒料的调质处理（淬火、高温回火）可以在普通空气介质中加热。因为调质处理后尚需机械切削加工，可以除去表面氧化、脱碳等加热缺陷。但是随着少、无切削加工的发展、调质处理后仅是一些切削加工量很小的精加工，因而也要求无氧化、脱碳加热。

淬火加热一般是热炉装料，但对工件尺寸较大、几何形状复杂的高合金钢制工件，应该根据生产批量的大小，采用预热炉（周期作业）预热，或分区（连续炉）加热等方式进行加热。

淬火加热温度，主要根据钢的相变点来确定。对亚共析钢，一般选用淬火加热温度为 Ac_3+(30～50 ℃)，过共析钢则为 Ac_1+(30～50 ℃)。之所以这样确定，因为对亚共析钢来说，若加热温度低于 Ac_3，则加热状态为奥氏体与铁素体二相组成，淬火冷却后铁素体保存下来，使得零件淬火后硬度不均匀，强度和硬度降低。比 Ac_3 点高 30～50 ℃是为了使工件心部在规定加热时间内保证达到 Ac_3 点以上的温度，铁素体能完全溶解于奥氏体中，奥氏体成分比较均匀，而奥氏体晶粒又不至于粗大。对过共析钢来说，淬火加热温度为 Ac_1～Ac_3 时，加热状态为细小奥氏体晶粒和未溶解碳化物，淬火后得到隐晶马氏体和均匀分布的球状碳化物。这种组织不仅有高的强度和硬度、高的耐磨性，而且也有较好的韧性。如果淬火加热温度过高，碳化物溶解，奥氏体晶粒长大，淬火后得到片状马氏体（孪晶马氏体），其显微裂纹增加，脆性增大，淬火开裂倾向也增大。由于碳化物的溶解，奥氏体中含碳量增加，淬火后残余奥氏体量增多，钢的硬度和耐磨性降低。高于 Ac_1 点30～50 ℃的目的和亚共析钢类似，是为了保证工件内各部分温度均高于 Ac_1。确定淬火加热温度时，尚应考虑工件的形状、尺寸、原始组织、加热速度、冷却介质和冷却方式等因素。在工件尺寸大、加热速度快的情况下，淬火温度可选得高一些。因为工件大，传热慢，容易加热不足，使淬火后得不到全部马氏体或淬硬层减薄。加热速度快，工件温差大，也容易出现加热不足。另外，加热速度快，起始晶粒细，也允许采用较高加热温度。在这种情况下，淬火温度可取 Ac_3+(50～80 ℃)，对细晶粒钢有时取 Ac_3+100 ℃。对于形状较复杂，容易变形开裂的工件，加热速度较慢，淬火温度取下限。

考虑原始组织时，如先共析铁素体比较大，或珠光体片间距较大，为了加速奥氏体均匀化过程，淬火温度取得高一些。对过共析钢，为了加速合金碳化物的溶解以及合金元素的均匀化，也应采取较高的淬火温度。例如高速钢的 Ac_1 点为 820～840 ℃，淬火加热温

度高达 1 280 ℃。

考虑选用淬火介质和冷却方式时,在选用冷却速度较低的淬火介质和淬火方法的情况下,为了增加过冷奥氏体的稳定性,防止由于冷却速度较低而使工件在淬火时发生珠光体型转变,常取稍高的淬火加热温度。

3.5.2 淬火加热时间的确定原则

淬火加热时间应包括工件整个截面加热到预定淬火温度,并使之在该温度下完成组织转变、碳化物溶解和奥氏体成分均匀化所需的时间,因此,淬火加热时间包括升温和保温两段时间。在实际生产中,只有大型工件或装炉量很多情况下,才把升温时间和保温时间分别进行考虑。一般情况下把升温和保温两段时间通称为淬火加热时间。

当把升温时间和保温时间分别考虑时,由于淬火温度高于相变温度,所以升温时间包括相变重结晶时间。保温时间实际上只要考虑碳化物溶解和奥氏体成分均匀化所需时间即可。

在具体生产条件下,淬火加热时间常用经验公式计算,通过试验最终确定。常用的经验公式为

$$\tau = a \cdot K \cdot D \tag{3.11}$$

式中 τ——加热时间,min;

a——加热系数,min/mm;

K——装炉量修正系数;

D——工件有效厚度,mm。

加热系数 a 表示工件单位厚度需要的加热时间,其大小与工件尺寸、加热介质和钢的化学成分有关,见表 3.4[17]。

表 3.4 常用钢的加热系数[17]

工件材料	工件直径/mm	<600 ℃ 箱式炉中加热	750~850 ℃ 盐炉中加热 或预热	800~900 ℃ 箱式炉或井式 炉中加热	1 000~1 300 ℃ 高温盐炉中 加热
碳　钢	≤50 >50		0.3~0.4 0.4~0.5	1.0~1.2 1.2~1.5	
合金钢	≤50 >50		0.45~0.50 0.50~0.55	1.2~1.5	1.5~1.8
高合金钢		0.30~0.40	0.30~0.35		0.17~0.2
高速钢			0.30~0.35 0.65~0.85		0.16~0.18 0.16~0.18

装炉量修正系数 K 是考虑装炉的多少而确定的,装炉量大时,K 值也应取得较大,一般由实验确定。

工件有效厚度 D 的计算,可按下述原则确定:圆柱体取直径,正方形截面取边长,长方形截面取短边长,板件取板厚,套筒类工件取壁厚,圆锥体取离小头 2/3 长度处直径,球

体取球径的0.6倍作为有效厚度 D。

3.5.3 淬火介质及冷却方式的选择与确定

淬火介质的选择,首先应按工件所采用的材料及其淬透层深度的要求,根据该种材料的端淬曲线,通过一定的图表来进行选择,其选择方法已在本章淬透性一节讲述。若仅从淬透层深度角度考虑,凡是淬火烈度大于按淬透层深度所要求的淬火烈度的淬火介质都可采用;但是从淬火应力变形开裂的角度考虑,淬火介质的淬火烈度越低越好。综合这两方面的要求,选择淬火介质的第一个原则应是在满足工件淬透层深度要求的前提下,选择淬火烈度最低的淬火介质。

结合过冷奥氏体连续冷却转变曲线及淬火本质选择淬火介质时,还应考虑其冷却特性,即淬火介质应作如下选择:在相当于被淬火钢的过冷奥氏体最不稳定区有足够的冷却能力,而在马氏体转变区其冷却速度却又很缓慢。

此外,淬火介质的冷却特性在使用过程中应该稳定,长期使用和存放不易变质,价格低廉,来源丰富,且无毒及无环境污染。

实际上很难得到同时能满足上述这些要求的淬火介质。在实践中,往往把淬火介质的选择与冷却方式的确定结合起来考虑。例如根据钢材不同温度区域对冷却速度的不同要求,在不同温度区域采用不同淬火烈度的淬火介质的冷却方式;又如为了破坏蒸气膜,以提高高温区的冷却速度,采用强烈搅拌或喷射冷却的方式等。

3.5.4 淬火方法及其应用

目前在生产上所应用的成熟方法及其一般应用范围如下。

(1)单液淬火法

它是最简单的淬火方法,常用于形状简单的碳钢和合金钢工件。把已加热到淬火温度的工件淬入一种淬火介质,使其完全冷却。对碳钢而言,直径大于3~5 mm的工件应于水中淬火,更小的工件可在油中淬火。对各种牌号的合金钢,则以油为常用淬火介质。

由过冷奥氏体转变(等温或连续冷却)动力学曲线看出,过冷奥氏体在 A_1 点附近的温度区是比较稳定的。为了减少工件与淬火介质之间的温差,减小内应力,可以把欲淬火工件,在淬入淬火介质之前,先空冷一段时间,这种方法称为“预冷淬火法”。

(2)中断淬火法(双淬火介质淬火法)[1]

该种方法是把加热到淬火温度的工件,先在冷却能力强的淬火介质中冷却至接近 M_s 点,然后转入慢冷的淬火介质中冷却至室温,以达到在不同淬火冷却温度区间,有比较理想的淬火冷却速度。这样既保证了获得较高的硬度层和淬硬层深度又可减少内应力及防止发生淬火开裂。一般用水作快冷淬火介质,用油或空气作慢冷淬火介质,但较少采用空气。在水中停留时间为每5~6 mm有效厚度约1 s。

这种方法的缺点是:对于各种工件很难确定其应在快冷介质中停留的时间,而对于同种工件,这时间也难控制。在水中冷却时间过长,将使工件某些部分冷到马氏体点以下,发生马氏体转变,结果可能导致变形和开裂。反之,如果在水中停留的时间不够,工件尚未冷却到低于奥氏体最不稳定的温度,发生珠光体型转变,导致淬火硬度不足。

此外,还应考虑:当工件自水中取出后,由于心部温度总是高于表面温度,若取出过早,心部储存的热量过多,将会阻止表面冷却,使表面温度回升,致使已淬成的马氏体回火,未转变的奥氏体发生珠光体或贝氏体转变。

由于迄今仍未找到兼有水、油优点的淬火介质,所以尽管这种方法在水中保持的时间较难确定和控制,但对只能在水中淬硬的碳素工具钢仍多采用此法。当然,这就要求淬火操作者有足够熟练的技术。

中断淬火法也可以另种方式进行,即把工件从奥氏体化温度直接淬入水中,保持一定时间后,取出在空气中停留,由于心部热量的外传使表面又被加热回火,同时沿工件截面温差减小,然后再将工件淬入水中保持很短时间,再取出在空气中停留,如此往复数次,最后在油中或空气中冷却。显然这种方法不能得到很高的硬度,主要用于碳钢制的大型工件,以减少在水中淬火时的内应力。

(3)喷射淬火法

这种方法就是向工件喷射水流的淬火方法,水流可大可小,视所要求的淬火深度而定。用这种方法淬火,不会在工件表面形成蒸气膜,这样就能够保证得到比普通水中淬火更深的淬硬层。为了消除因水流之间冷却能力不同所造成的冷却不均匀现象,水流应细密,最好同时工件上下运动或旋转。这种方法主要用于局部淬火。用于局部淬火时,因未经水冷的部分冷却较慢,为了避免已淬火部分受未淬火部分残留热量的影响,工件一旦全黑,立即将整个工件淬入水中或油中。

(4)分级淬火法

把工件由奥氏体化温度淬入高于该种钢马氏体开始转变温度的淬火介质中,在其中冷却直至工件各部分温度达到淬火介质的温度,然后缓冷至室温,发生马氏体转变。这种方法不仅减少了热应力,而且由于马氏体转变前,工件各部分温度已趋于匀匀,因而马氏体转变的不同时现象也减少。

分级淬火只适用于尺寸较小的工件,对于较大的工件,由于冷却介质的温度较高,工件冷却较缓慢,因而很难达到其临界淬火速度。

某些临界淬火速度较小的合金钢没有必要采用此法,因为在油中淬火也不至于造成很大内应力。反之,若采用分级淬火来代替油淬,其生产效率并不能显著提高。

淬火介质的温度(“分级”温度)可高于或略低于马氏体点,当低于马氏体点时,由于温度比较低,冷却较剧烈,故可用于较大工件的淬火。

各种碳素工具钢和合金工具钢(M_s=200~250 ℃)淬火时,分级温度选择在250 ℃附近,但更经常选用120~150 ℃,甚至100 ℃。

分级温度选在低于M_s点,是否还谓之分级淬火,尚有待商榷。因为一般分级淬火的概念是在分级温度等温后,取出缓冷时才发生马氏体转变,但在低于M_s点以下的温度等温后已发生了大量马氏体转变。

分级保持时间应短于在该分级温度下奥氏体等温分解的孕育期,但应尽量使工件内外温度均匀。分级后处于奥氏体状态的工件,具有较大的塑性(相变超塑性),因而创造了进行工件的矫直和矫正的条件。这对工具具有特别重要的意义。因而高于M_s点分级温度的分级淬火,广泛地应用于工具制造业。对碳钢来说,这种分级淬火适用于直径8~10 mm工具。

若分级淬火温度低于M_s点,因工件自淬火剂中取出时,已有一部分奥氏体转变成马氏体,上述奥氏体状态下的矫直就不能利用,但这种方法用于尺寸较大的工件(碳钢工具可达10~15 mm直径)时,不引起应力及淬火裂缝,故仍被广泛利用。

(5)等温淬火法

工件淬火加热后,若长期保持在下贝氏体转变区的温度,使之完成奥氏体的等温转变,获得下贝氏体组织,这种淬火称为等温淬火[1]。等温淬火与分级淬火的区别在于前者获得下贝氏体组织。

进行等温淬火的目的是为了获得变形少、硬度较高并兼有良好韧性的工件。因为下贝氏体的硬度较高而韧性又好,在等温淬火时冷却又较慢,贝氏体的比体积也比较小,热应力、组织应力均很小,故形状变形和体积变形也较小。

等温淬火用的淬火介质与分级淬火相同。

等温温度主要由钢的C曲线及工件要求的组织性能而定。等温温度越低,硬度越高,比体积增大,体积变形也相应增加。因此,调整等温温度可以改变淬水钢的机械性能和变形规律,一般认为在$M_c \sim M_s$点+30 ℃温度区间等温可获得良好的强度和韧性。

等温时间可根据心部冷却至等温温度所需时间再加C曲线在该温度完成等温转变所需时间而定。

等温后,一般采用空冷。

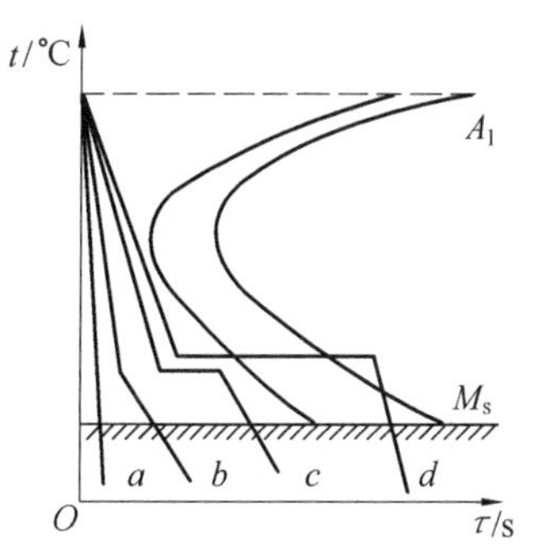

图3.31　在C曲线上表示的不同淬火方法的冷却曲线

a—单液淬火;b—双液淬火;c—分级淬火;d—等温淬火

把上述淬火方法画在过冷奥氏体等温转变曲线上,如图3.31所示。图中a为单液淬火;b为双液淬火,转折点为由水冷转为油冷的温度;c为分级淬火;d为等温淬火。

3.5.5　淬火过程的计算机数值模拟及应用

淬火过程的计算机数值模拟包括淬火加热过程中温度场的变化及与之相耦合的应力场和显微组织的变化(相场),以及在淬火加热终了时的工件内温度场、显微组织场为出发点,计算在淬火冷却过程中工件内温度场及与之耦合的组织场、应力场的变化,最终获得淬火的结果即淬火终了所获得的工件内部的组织分布和残余应力分布。从前面几节的介绍可知,淬火处理的实质就是适度调整淬火加热和冷却过程中工件所处环境(介质)的换热条件,以调整和控制淬火工件内的温度场、显微组织场(相场)和应力场,获得所需要的组织、性能,以及较为理想的残余应力分布和最少的热处理缺陷。近二三十年来,已经在淬火过程中逐步实现计算机数值模拟、优化淬火工艺及淬火过程的智能控制,且已取得了一些应用效果[18]。通过计算机数值模拟,可以快速、逼真地综合反映淬火过程中的各种变化规律,有助于淬火技术的创新,获得环保、低耗、优质的新淬火工艺,因此该项技术正在深入研究、迅速发展中。

3.6　钢的回火

当钢全淬成马氏体再加热回火时,随着回火温度升高,按其内部组织结构变化,分4个阶段进行:马氏体的分解;残余奥氏体的转变;碳化物的转变;α相状态的变化及碳化物的聚集长大。如果把不同含碳量的碳钢淬成马氏体后,其不同回火阶段的硬度变化将如图3.32所示[6]。碳的质量分数高于0.8%的钢,在第一阶段回火时硬度略有提高,这和碳化物的沉淀有关。由图可见,在第三阶段及其以后,硬度随着回火温度的升高而急剧降低。第一到第四的 4 个阶段是相互交叉的，而且还受到钢的化学成分的影响，如 Si 明显地推迟回火第二阶段。

当钢中含有较多的碳化物形成元素时，在回火第四阶段温度区（约为 500 ~ 550 ℃）形成合金渗碳体或者特殊碳化物。这些碳化物的析出，将使硬度再次提高，称为二次硬化形象。

回火的目的是减少或消除淬火应力，提高韧性和塑性，获得硬度、强度、塑性和韧性的适当配合，以满足不同工件的性能要求。

本节的任务是解决回火工艺的选择与制订问题，因此必须了解淬火钢回火时的组织结构及性能的变化规律，其中包括回火脆性的问题。选择回火温度时，应避免选择第一类回火脆性的温度区间，而对具有第二类回火脆性的钢，应采取措施，抑制其出现。

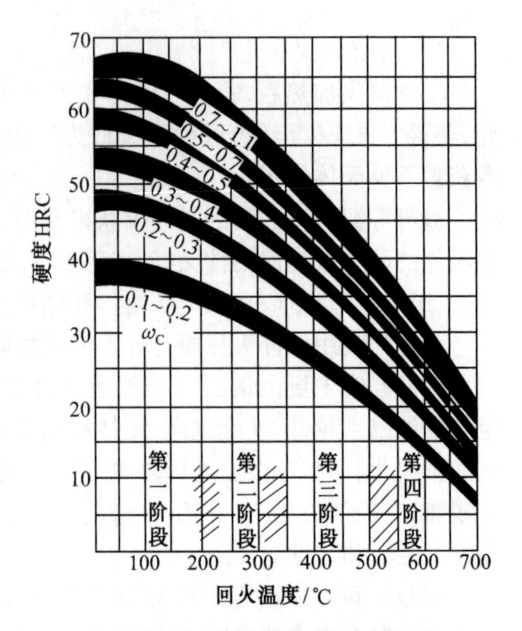

图 3.32 不同含碳量钢淬成马氏体后不同回火阶段的硬度变化[6]

实际淬火工件，特别是结构件，淬火时往往淬不透。因此，尚需考虑混合组织（马氏体和非马氏体如珠光体型组织的混合物）回火时的组织变化特性。

3.6.1 碳钢的回火特性

淬火钢回火后的力学性能，常以硬度来衡量。因为对同种钢来说，在淬火后组织状态相同情况下，如果回火后的硬度相同，则其他力学性能指标（σ_b、σ_s、ψ、α_k）基本上也相同，而在生产上测量硬度又很方便。这里我们也以硬度来衡量碳钢的回火特性。

图 3.33 为碳的质量分数为 0.98% 钢不同回火温度和回火时间对硬度的影响[19]。由图可见，在回火初期，硬度下降很快，但回火时间增加至 1 h 后，硬度只是按比例地继续有微小的下降而已，由此得出结论，淬火钢回火后的硬度主要取决于回火温度。

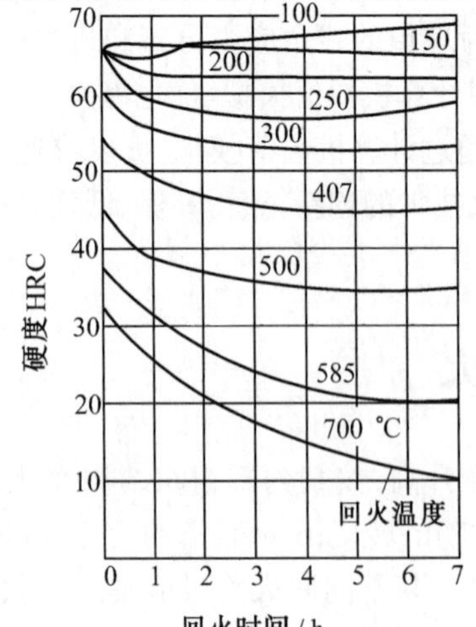

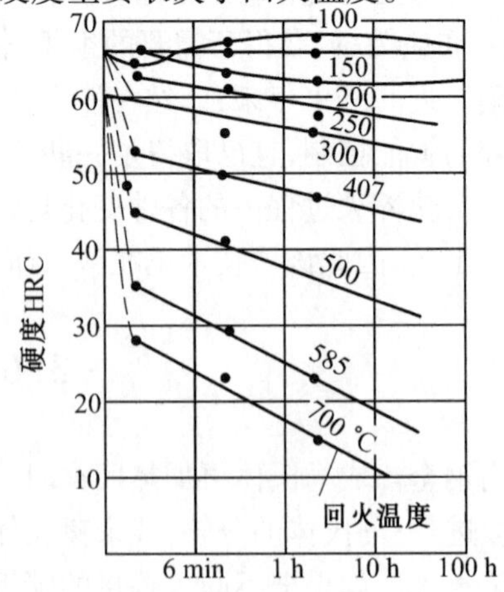

图 3.33 回火温度和时间对淬火钢回火后硬度的影响
（w_C = 0.98%）

根据图3.33的规律，可以把温度和时间的综合影响归纳为一参数 M 表示

$$M=T(C+\lg\tau) \tag{3.12}$$

式中　T——回火温度，K；

τ——回火时间，s或h；

C——与含碳量有关的常数。

图3.34为常数 C 与含碳量的关系图。

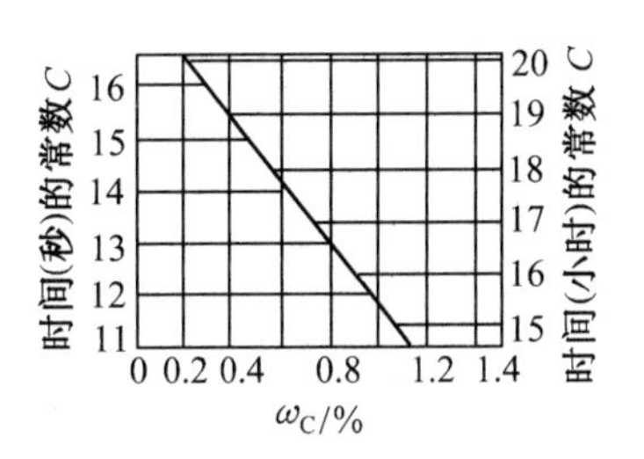

图3.34　参数 M 中的常数 C 与含碳量的关系

回火程度可用 M 来表示。不同钢种都可以得出淬火回火后硬度与 M 的关系曲线，根据此曲线，可按要求获得的硬度来确定参数 M，从而确定回火规程。图3.35为45钢硬度与参数 M 的关系，其中虚线为淬成马氏体的钢回火后硬度。图3.35还画出了没有完全淬成马氏体的组织回火后硬度与回火参数的关系。由图看到淬火后硬度稍低于全淬成马氏体的组织的硬度曲线，在 M 值增大时高于淬成全马氏体的，这说明非马氏体组织回火时，其变化比马氏体慢。由此可以推断，在未完全淬透情况下，沿工件截面硬度差别随着回火温度的提高及回火时间的延长而逐渐减少。

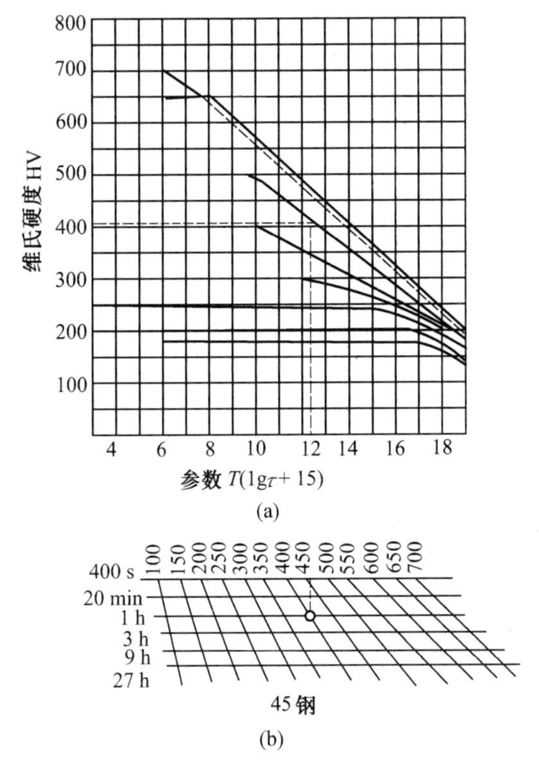

图3.35　回火温度和时间（即参数 M）对不同淬火硬度的45钢回火硬度的影响

图3.35(b)部分，作为用图解法由回火温度与回火时间求得 M 参数之用。例如400 ℃回火1 h，则可由下面的图中找到400 ℃温度线与1 h的时间线交点，向上引垂线，与 M 参数[即 $T(\lg\tau+15)$]坐标相交即得；也可继续上引与对应淬火后某一硬度值的硬度曲线相交，再引水平线与纵坐标相交，求得45钢在该条件下淬火回火的硬度值。

合金钢的回火特性基本和碳钢类似，但对具有二次硬化现象的钢则不同，也不能简单地用 M 参数来表征回火程度。

3.6.2 回火工艺的制订

1. 回火温度的选择和确定

前已述及,工件回火后的硬度主要取决于回火温度,而回火温度的选择和确定主要取决于工件使用性能、技术要求、钢种及淬火状态。为了讲述方便,以下按回火温度区间来叙述这一问题。

(1)低温回火(指温度低于250 ℃的回火)

低温回火一般用于以下几种情况。

①工具、量具的回火。一般工具、量具要求硬度高、耐磨、足够的强度和韧性。此外,如滚动轴承,除了上述要求外,还要求有高的接触疲劳强度,从而有高的使用寿命。对这些工、量具和机器零件一般均用碳素工具钢或低合金工具钢制造,淬火后具有较高的强度和硬度。其淬火组织主要为韧性极差的孪晶马氏体,有较大的淬火内应力和较多的微裂纹,故应及时回火。这类钢一般采用180~200 ℃的温度回火。因为在200 ℃回火能使孪晶马氏体中过饱和固溶的碳原子沉淀析出弥散分布的ε碳化物,既可提高钢的韧性,又保持钢的硬度、强度和耐磨性;在200 ℃回火大部分微裂纹已经焊合,可大大减轻工件脆裂倾向。低温回火以后得到隐晶的回火马氏体及在其上分布的均匀细小的碳化物颗粒,硬度为HRC(61~65)。对高碳轴承钢,例如GCr15、GSiMnV等钢通常采用160±5 ℃的低温回火,可保证一定硬度条件下有较好的综合机械性能及尺寸稳定性。对有些精密轴承,为了进一步减少残余奥氏体量以保持工作条件下尺寸和性能稳定性,最近试验采用较高温度(200~250 ℃)和较长回火时间(约8 h)的低温回火来代替冷处理取得了良好的效果。

②精密量具和高精度配合的结构零件在淬火后进行120~150 ℃(12 h,甚至几十小时)回火。目的是稳定组织及最大限度地减少内应力,从而使尺寸稳定。为了消除加工应力,多次研磨,还要多次回火。这种低温回火,常被称作时效。

③低碳马氏体的低温回火。低碳位错型马氏体具有较高的强度和韧性,经低温回火后,可以减少内应力,进一步提高强度和塑性。因此,低碳钢淬火以获得板条(位错型)马氏体为目的,淬火后均经低温回火。

④渗碳钢淬火回火。渗碳淬火工件要求表面具有高碳钢性能和心部具有低碳马氏体的性能,这两种情况都要求低温回火,一般回火温度不超过200 ℃。这样,其表面具有高的硬度和耐磨性,而心部具有高的强度、良好的塑性和韧性。

(2)中温回火(350~500 ℃)

中温回火后得到回火屈氏体组织,主要用于处理弹簧钢。

中温回火相当于一般碳钢及低合金钢回火的第三阶段温度区。此时,碳化物已经开始集聚,基体也开始恢复,第二类内应力趋于基本消失,因而有较高的弹性极限,又有较高的塑性和韧性。

应该根据所采用的钢种选择回火温度,以获得最高弹性极限,以及与疲劳极限良好的配合。例如65碳钢,在380 ℃回火,可得最高弹性极限;而55SiMn,在480 ℃回火,可获得疲劳极限、弹性极限及强度与韧性的良好配合。

为了避免第一类回火脆性,不应采用在300 ℃左右的温度回火。

(3)高温回火(大于500 ℃)

这一温度区间回火的工件,常见的有如下几类。

①调质处理。即淬火加高温回火，以获得回火索氏体组织。这种处理称为调质处理，主要用于中碳碳素结构钢或低合金结构钢以获得良好的综合机械性能。一般调质处理的回火温度选在600 ℃以上。

与正火处理相比，钢经调质处理后，在硬度相同条件下，钢的屈服强度、韧性和塑性明显地提高。

一般中碳钢及中碳低合金钢的淬透性有限，在调质处理淬火时常不能完全淬透。因此，在高温回火时，实际上为混合组织的回火。前已述及，非马氏体组织在回火加热时仍发生变化，仅其速度比马氏体慢（见图3.35）。这变化对片状珠光体来说，就是其中的渗碳体片球化。众所周知，在单位体积内渗碳体相界面积相同的情况下，球状珠光体的综合机械性能优于片状珠光体的，因此对未淬透部分来说，经高温回火后其综合机械性能也应高于正火的。

调质处理一般用于发动机曲轴、连杆、连杆螺栓、汽车拖拉机半轴、机床主轴及齿轮等要求具有综合机械性能的零件。

②二次硬化型钢的回火。对一些具有二次硬化作用的高合金钢，如高速钢等，在淬火以后，需要利用高温回火来获得二次硬化的效果。从产生二次硬化的原因考虑，二次硬化必须在一定温度和时间条件下发生，因此有一最佳回火温度范围，此需视具体钢种而定。

③高合金渗碳钢的回火。高合金渗碳钢渗碳以后，由于其奥氏体非常稳定，即使在缓慢冷却条件下，也会转变成马氏体，并存在着大量残余奥氏体。渗碳后进行高温回火的目的是使马氏体和残余奥氏体分解，使渗碳层中的一部分碳和合金元素以碳化物形式析出，并集聚球化，得到回火索氏体组织，使钢的硬度降低，便于切削加工，同时还可减少后续淬火工序淬火后渗层中的残余奥氏体量。

高合金钢渗碳层中残余奥氏体的分解可以按两种方式进行：一种是按奥氏体分解成珠光体的形式进行，此时回火温度应选择在珠光体转变C曲线的鼻部，以缩短回火时间，例如20Cr2Ni4钢渗碳后在600～680 ℃温度进行回火；另一种是以二次淬火的方式使残余奥氏体转变成马氏体，例如渗碳18Cr2Ni4WA钢一般如此。因为18Cr2Ni4WA钢没有珠光体转变，故其残余奥氏体不能以珠光体转变的方式分解。此时若考虑残余奥氏体的转变，应该选用有利于促进马氏体转变的温度回火。

2. 回火时间的确定

回火时间应包括按工件截面均匀地达到回火温度所需加热时间以及按 M 参数达到要求回火硬度完成组织转变所需的时间，如果考虑内应力的消除，则尚应考虑不同回火温度下应力弛豫所需要的时间。

加热至回火温度所需的时间，可按前述加热计算的方法进行计算。

对达到所要求的硬度需要回火时间的计算，从 M 参数出发，对不同钢种可得出不同的计算公式。例如对50钢，回火后硬度与回火温度及时间的关系为

$$\mathrm{HRC}=75-7.5\times10^{-3}\times(\lg\tau+11)t \tag{3.13}$$

对40CrNiMo的关系为

$$\mathrm{HRC}=60-4\times10^{-3}\times(\lg\tau+11)t \tag{3.14}$$

式中 HRC——回火后所达到的硬度值；

τ——回火时间，h；

t——回火温度，℃。

若仅考虑加热及组织转变所需的时间，则常用钢的回火保温时间可参考表3.5确定。对以应力弛豫为主的低温回火时间应比表列数据长，长的可达几十小时。

对二次硬化型高合金钢,其回火时间应根据碳化物转变过程通过试验确定。当含有较多残余奥氏体,而靠二次淬火消除时,还应确定回火次数。例如W18Cr4V高速钢,为了使残余奥氏体充分转变成马氏体及消除残余应力,除了按二次硬化最佳温度回火外,还需进行三次回火。

高合金渗碳钢渗碳后,消除残余奥氏体的高温回火保温时间应该根据过冷奥氏体等温转变动力学曲线确定,如20Cr2Ni4钢渗碳后,高温回火时间约为8 h。

表3.5 回火保温时间参数表

<table>
<tr><td colspan="8">低温回火(150～250 ℃)</td></tr>
<tr><td colspan="2">有效厚度/mm</td><td><25</td><td>25～50</td><td>50～75</td><td>75～100</td><td>100～125</td><td>125～150</td></tr>
<tr><td colspan="2">保温时间/min</td><td>30～60</td><td>60～120</td><td>120～180</td><td>180～240</td><td>240～270</td><td>270～300</td></tr>
<tr><td colspan="8">中、高温回火(250～650 ℃)</td></tr>
<tr><td colspan="2">有效厚度/mm</td><td><25</td><td>25～50</td><td>50～75</td><td>75～100</td><td>100～125</td><td>125～150</td></tr>
<tr><td rowspan="2">保温时间/min</td><td>盐 炉</td><td>20～30</td><td>30～45</td><td>45～60</td><td>75～90</td><td>90～120</td><td>120～150</td></tr>
<tr><td>空气炉</td><td>40～60</td><td>70～90</td><td>100～120</td><td>150～180</td><td>180～210</td><td>210～240</td></tr>
</table>

3. 回火后的冷却

回火后工件一般在空气中冷却。对于一些工模具,回火后不允许水冷,以防止开裂。对于具有第二类回火脆性的钢件,回火后应进行油冷,以抑制回火脆性。对于性能要求较高的工件,在防止开裂条件下,可进行油冷或水冷,然后进行一次低温补充回火,以消除快冷产生的内应力。

3.7 淬火新工艺的发展与应用

在长期的生产实践和科学实验中,人们对金属内部组织状态变化规律的认识不断深入。特别是从20世纪60年代以来,透射电镜和电子衍射技术的应用,各种测试技术的不断完善,在研究马氏体形态、亚结构及其与力学性能的关系,获得不同形态及亚结构的马氏体的条件,第二相的形态、大小、数量及分布对力学性能影响等方面,都取得了很大的进展。建立在这些基础上的淬火新工艺也层出不穷,简述如下。

3.7.1 循环快速加热淬火

淬火、回火钢的强度与奥氏体晶粒大小有关,晶粒越细,强度越高,因而如何获得高于10级晶粒度的超细晶粒是提高钢的强度的重要途径之一。钢经过$\alpha \rightarrow \gamma \rightarrow \alpha$多次相变重结晶可使晶粒不断细化;提高加热速度,增多结晶中心也可使晶粒细化。循环快速加热淬火即为根据这个原理获得超细晶粒从而达到强化的新工艺。例如45钢,在815 ℃的铅浴中反复加热淬火4～5次,可使奥氏体晶粒由6级细化到12～15级;又如20CrNi9Mo钢,用300 Hz200 kW中频感应加热装置以11 ℃/s的速度加热到760 ℃,然后水淬,使σ_s由960 MN/m^2增加到1 215 MN/m^2,σ_b由1 107 MN/m^2增加到1 274 MN/m^2,而延伸率保持不变,均为18%[20]。

3.7.2 高温淬火

这里高温是相对正常淬火加热温度而言。

低碳钢和中碳钢若用较高的淬火温度，则可得到板条状马氏体，或增加板条马氏体的数量，从而获得良好的综合性能。

从奥氏体的含碳量与马氏体形态关系的实验证明，碳的质量分数小于0.3%的钢淬火所得的全为板条状马氏体。但是，普通低碳钢淬透性极差，若要获得马氏体，除了合金化提高过冷奥氏体的稳定性外，只有提高奥氏体化温度和加强淬火冷却方可。例如用16Mn钢制造五桦犁犁臂，采用940 ℃在NaOH质量分数为10%水溶液中淬火并低温回火，可获得良好效果。

中碳钢经高温淬火可使奥氏体成分均匀，得到较多的板条状马氏体，以提高其综合性能。例如AISI4340钢，870 ℃淬油后，200 ℃回火，其$\sigma_{0.2}$为1 621 MN/m^2，断裂韧性K_{IC}为67.6 MN/m；而在1 200 ℃加热，预冷至870 ℃淬油后200 ℃回火，$\sigma_{0.2}$为1 586 MN/m^2，断裂韧性K_{IC}为81.8 MN/m[21]。若在淬火状态进行比较，高温淬火的断裂韧性比普通淬火的几乎提高一倍。金相分析表明，高温淬火避免了片状马氏体（孪晶马氏体）的出现，全部获得了板条状马氏体。此外，在马氏体板条外面包着一层厚10～20 nm的残余奥氏体，能对裂纹尖端应力集中起到缓冲作用，因而提高了断裂韧性。

3.7.3　高碳钢低温、快速、短时加热淬火

高碳钢件一般在低温回火条件下，虽然具有很高的强度，但韧性和塑性很低。为了改善这些性能，目前采用了一些特殊的新工艺。

高碳、低合金钢，采用快速、短时加热。因为高碳低合金钢的淬火加热温度一般仅稍高于Ac_1点，碳化物的溶解、奥氏体的均匀化，靠延长时间来达到。如果采用快速、短时加热，奥氏体中含碳量低，因而可以提高韧性。例如T10V钢制凿岩机活塞，采用720 ℃预热16 min；850 ℃盐浴短时加热8 min淬火，220 ℃回火72 min、使用寿命由原来平均进尺500 m提高至4 000 m。

如前所述，高合金工具钢一般采用比Ac_1点高得多的淬火温度，如果降低淬火温度，使奥氏体中含碳量及合金元素含量降低，则可提高韧性。例如用W18Cr4V高速钢制冷作模具，采用1190 ℃低温淬火，其强度和耐磨性比其他冷作模具钢高，并且韧性也较好。

3.7.4　亚共析钢的亚温淬火

亚共析钢在Ac_1～Ac_3之间的温度加热淬火称为亚温淬火，即比正常淬火温度低的温度下淬火。其目的是提高冲击韧性值，降低冷脆转变温度及回火脆倾向性。

有人研究了35CrMnSi钢不同淬火状态的冲击韧性及硬度与回火温度的关系，得到如图3.36[22]所示的关系。由图可见，经930 ℃淬火+650 ℃回火+800 ℃亚温淬火的韧性，随着回火温度的升高而单调提高，没有

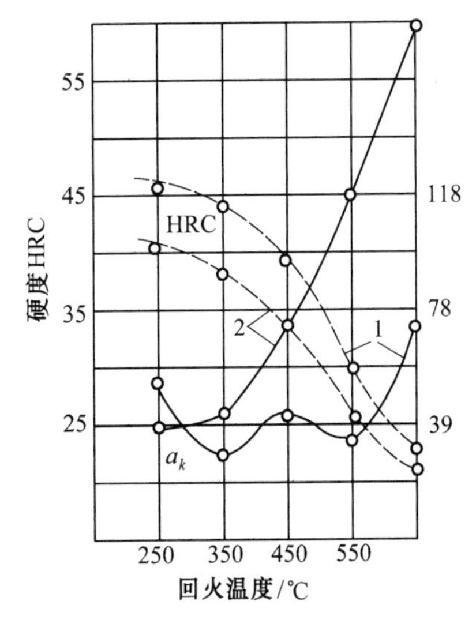

图3.36　35CrMnSi钢不同淬火状态的冲击韧性及硬度与回火温度的关系

1—930 ℃淬火；

2—930 ℃淬火+650 ℃回火+800 ℃淬火

回火脆性。亚温淬火之所以能提高韧性及消除回火脆性的原因尚不清楚。有人认为主要是由于残存着铁素体,使脆化杂质原子 P、Sb 等在铁素体富集之故。

有人研究了直接应用亚温淬火(不是作为中间处理的再加热淬火)时淬火温度对 45Cr、40Cr 及 60Si2 钢力学性能的影响,发现在 Ac_1 到 Ac_3 之间的淬火温度对力学性能的影响有一极大值;在 Ac_3 以下 5 ~ 10 ℃处淬火时,硬度、强度及冲击值都达到最大值,且略高于普通正常淬火;而在稍高于 Ac_1 的某个温度淬火时冲击值最低。认为这可能是由于淬火组织为大量铁素体及高碳马氏体之故。

显然,亚温淬火对提高韧性,消除回火脆性有特殊重要的意义,它既可在预淬火后进行也可直接进行。淬火温度究竟应选择多高,实验数据尚不充分,看法不完全一致。但是为了保证足够的强度,并使残余铁素体均匀细小,亚温淬火温度以选在稍低于 Ac_3 的温度为宜。

3.7.5　等温淬火的发展

近年来的大量实践证明,在同等硬度或强度条件下,等温淬火的韧性和断裂韧性比淬火低温回火的高。因此,人们在工艺上如何设法获得下贝氏体组织做了很多努力,发展了不少等温淬火的方法,现简单介绍如下。

(1)预冷等温淬火

该法采用两个温度不等的盐浴,工件加热后,先在温度较低的盐浴中进行冷却,然后转入等温淬火浴槽中进行下贝氏体转变,再取出后空冷。该法适用于淬透性较差或尺寸较大的工件。用低温盐浴预冷以增加冷却速度,避免自高温冷却时发生部分珠光体或上贝氏体转变。例如 C(w_C=0.5%)+Mn(w_{Mn}=0.5%)钢制 3 mm 厚的收割机刀片,用普通等温淬火硬度达不到要求,而改用先在 250 ℃盐浴中冷却 30 s,然后移入 320 ℃盐浴中保持 30 min,则达到要求[23]。

(2)预淬等温淬火

将加热好的工件先淬入温度低于 M_s 点的热浴以获得大于 10% 的马氏体,然后移入等温淬火槽中等温进行下贝氏体转变,取出空冷,再根据性能要求进行适当的低温回火。当预淬中获得马氏体量不多时,也可以不进行回火。

该法是利用预淬所得的马氏体对贝氏体的催化作用,来缩短贝氏体等温转变所需时间,因而该法适用于某些合金工具钢下贝氏体等温转变需要较长时间的场合。

在等温转变过程中,预淬得到的马氏体进行了回火。

图 3.37 为 CrWMn 钢制精密丝杠预淬等温淬火工艺[24]。由加热温度油淬至 160 ~ 200 ℃,并热校直至 80 ~ 100 ℃时,马氏体转变约为 50%,塑性尚好,其余 50% 过冷奥氏体在 230 ~ 240 ℃等温转变。这样处理,显著减少了淬火应力,防止了淬火裂纹和磨削裂

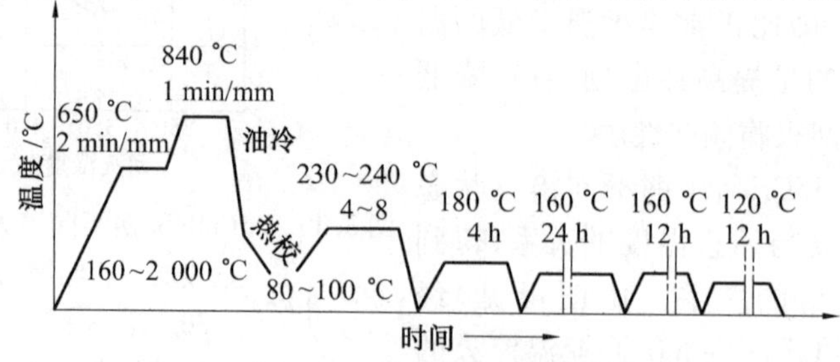

图 3.37　CrWMn 钢精密丝杠预淬等温淬火工艺

纹，残余奥氏体量也由普通油淬的17%降至5%，韧性提高一倍，尺寸变化减少。

(3)分级等温淬火

在进行下贝氏体等温转变之前，先在中温区进行一次(或两次)分级冷却的工艺。该种工艺可减少热应力及组织应力，工件变形开裂倾向性小，同时还能保持强度、塑性的良好配合，适合于高合金钢(如高速钢等)复杂形状工具的热处理。

3.7.6　其他淬火方法

此外，尚有液氮淬火法，即将工件直接淬入-196 ℃的液态氮中。因为液氮的汽化潜热较小，仅为水的1/11，工件淬入液氮后立即被气体包围，没有普通淬火介质冷却的3个阶段，因而变形、开裂较少，冷速比水大5倍。液氮淬火可使马氏体转变相当完全，残余奥氏体量极少，可以同时获得较高的硬度、耐磨性及尺寸稳定性；但成本较高，只适用于形状复杂的零件。

流态化床淬火的应用也日益广泛，因其冷却速度可调(相当于空气到油的冷却能力)，且在表面不形成蒸气膜，故工件冷却均匀，挠曲变形小。由于冷却速度可在相当于空冷至油冷的范围内调节，因而可实现程序控制冷却过程。它可以代替中断淬火、分级淬火等规程来处理形状复杂、变形要求严格的重要零件及工、模具。

3.8　淬火、回火缺陷及其预防、补救

3.8.1　淬火缺陷及其预防、补救

钢件淬火时最常见的缺陷有淬火变形、开裂、氧化、脱碳、硬度不足或不均匀，表面腐蚀、过烧、过热及其他按质量检查标准规定金相组织不合格等。

1. 淬火变形、开裂

其成因如前所述。关于变形、开裂的预防办法，应该根据产生的原因来采取措施。这里讲述一些应该注意的问题。

(1)尽量做到均匀加热及正确加热工件

形状复杂或截面尺寸相差悬殊时，常产生加热不均匀而变形。为此，工件在装炉前，对不需淬硬的孔及对截面突变处，应采用石棉绳堵塞或绑扎等办法以改善其受热条件。对一些薄壁圆环等易变形零件，可设计特定淬火夹具。这些措施既有利于加热均匀，又有利于冷却均匀。

工件在炉内加热时，应均匀放置，防止单面受热，应放平，避免工件在高温塑性状态因自重而变形。对细长零件及轴类零件尽量采用井式炉或盐炉垂直悬挂加热。

限制或降低加热速度，可减少工件截面温差，使加热均匀。因此对大型锻模、高速钢及高合金钢工件，以及形状复杂、厚薄不匀、要求变形小的零件，一般都采用预热加热或限制加热速度的措施。

合理选择淬火加热温度，也是减少或防止变形、开裂的重要问题。选择下限淬火温度，减少工件与淬火介质的温差，可以降低淬火冷却高温阶段的冷却速度，从而可以减少淬火冷却时的热应力，也可防止晶粒粗大。这样可以防止变形开裂。

有时为了调节淬火前后的体积变形量，也可适当提高淬火加热温度。例如有些高碳

合金钢,像 CrWMn、Cr12Mo 等,常利用调整加热温度,改变其马氏体转变点以改变残余奥氏体含量,以调节零件的体积变形。

(2)正确选择冷却方法和冷却介质

基本原则是:①尽可能采用预冷,即在工件淬入淬火介质前,尽可能缓慢地冷却至 A_r 附近以减少工件内温差;②在保证满足淬硬层深度及硬度要求的前提下,尽可能采用冷却缓慢的淬火介质;③尽可能减慢在 M_s 点以下的冷却速度;④合理地选择和采用分级或等温淬火工艺。

(3)正确选择淬火工件浸入淬火介质的方式和运行方向

基本原则是:①淬火时应尽量保证能得到最均匀的冷却;②以最小阻力方向淬入。

大批量生产的薄圆环类零件、薄板形零件、形状复杂的凸轮盘和伞齿轮等,在自由冷却时,很难保证尺寸精度的要求。为此,可以采取压床淬火,即将零件置于专用的压床模具中,再加上一定的压力后进行冷却(喷油或喷水)。由于零件的形状和尺寸受模具的限制,因而可能使零件的变形限制在规定的范围之内。

(4)进行及时、正确的回火

在生产中,有相当一部分工件,并非在淬火时开裂,而是由于淬火后未及时回火而开裂。这是因为在淬火停留过程中,存在于工件内的微细裂缝在很大的淬火应力作用下,融合、扩展,以至其尺寸达到断裂临界裂缝尺寸,从而发生延时断裂。实践证明,淬火不冷到底并及时回火,是防止开裂的有效措施。对于形状复杂的高碳钢和高碳合金钢,淬火后及时回火尤为重要。

工件的扭曲变形可以通过矫直来校正,但必须在工件塑性允许的范围之内,有时也可利用回火加热时用特定的校正夹具进行矫正。对体积变形有时也可通过补充的研磨加工来修正,但这仅限于孔、槽尺寸缩小、外圆增大等情况。淬火体积变形往往是不可避免的,但只要通过实验,掌握其变形规律,则可根据其胀缩量,在淬火前成型加工时,适当加以修正,就可在淬火后得到合乎要求的几何尺寸。工件一旦出现淬火裂纹,不能补救。

2. 氧化、脱碳、表面腐蚀及过烧

这类缺陷已在前面有关章节讲述过,不再重复。

3. 硬度不足

造成淬火工件硬度不足的原因如下。

(1)加热温度过低,保温时间不足。检查金相组织,在亚共析钢中可以看到未溶铁素体,工具钢中可看到较多未溶碳化物。

(2)表面脱碳引起表面硬度不足。磨去表层后所测得的硬度比表面高。

(3)冷却速度不够,在金相组织上可以看到黑色屈氏体沿晶界分布。

(4)钢材淬透性不够,截面大处淬不硬。

(5)采用中断淬火时,在水中停留时间过短,或自水中取出后,在空气中停留时间过长再转入油中,因冷却不足或自回火而导致硬度降低。

(6)工具钢淬火温度过高,残余奥氏体量过多,影响硬度。

当出现硬度不足时,应分析其原因,采取相应的措施。其中由于加热温度过高或过低引起的硬度不足,除对已出现缺陷进行回火,再重新加热淬火补救外,应严格管理炉温测控仪表,定期按计量传递系统进行校正及检修。

4. 硬度不均匀

即工件淬火后有软点，产生淬火软点的原因如下。

(1)工件表面有氧化皮及污垢等。

(2)淬火介质中有杂质，如水中有油，使淬火后产生软点。

(3)工件在淬火介质中冷却时，冷却介质的搅动不够，没有及时赶走工件的凹槽及大截面处形成的气泡而产生软点。

(4)渗碳件表面碳浓度不均匀，淬火后硬度不均匀。

(5)淬火前原始组织不均匀，例如有严重的碳化物偏析，或原始组织粗大，铁素体呈大块状分布。

对前3种情况，可以进行一次回火，再次加热，在恰当的冷却介质及冷却方法的条件下淬火补救。对后两种情况，如淬火后不再加工，则一旦出现缺陷，很难补救。对尚未成型加工的工件，为了消除碳化物偏析或粗大，可用不同方向的锻打来改变其分布及形态。对粗大组织可再进行一次退火或正火，使组织细化及均匀化。

5. 组织缺陷

有些零件，根据服役条件，除要求一定的硬度外，还对金相组织有一定的要求，例如对中碳或中碳合金钢淬火后马氏体尺寸大小的规定，可按标准图册进行评级。马氏体尺寸过大，表明淬火温度过高，称为过热组织。对游离铁素体数量也有规定，过多表明加热不足，或淬火冷却速度不够。其他如工具钢、高速钢，也相应的对奥氏体晶粒度、残余奥氏体量、碳化物数量及分布等有所规定。对这些组织缺陷也均应根据淬火具体条件分析其产生原因，采取相应措施预防及补救。但应注意，有些组织缺陷尚和淬火前原始组织有关，例如粗大马氏体，不仅淬火加热温度过高可以产生，还可能由于淬火前的热加工所残留的过热组织遗传下来，因此，在淬火前应采用退火等办法消除过热组织。

3.8.2 回火缺陷及其预防、补救

常见的回火缺陷有硬度过高或过低，硬度不均匀，以及回火产生变形及脆性等。

回火硬度过高、过低或不均匀，主要由于回火温度过低、过高或炉温不均匀所造成。回火后硬度过高还可能由于回火时间过短。显然对这些问题，可以采用调整回火温度等措施来控制。硬度不均匀的原因，可能是由于一次装炉量过多，或选用加热炉不当所致。如果回火在气体介质炉中进行，炉内应有气流循环风扇，否则炉内温度不可能均匀。

回火后工件发生变形，常由于回火前工件内应力不平衡，回火时应力松弛或产生应力重分布所致。要避免回火后变形，或采用多次校直多次加热，或采用压具回火。

高速钢表面脱碳后，在回火过程中可能形成网状裂纹，因为表面脱碳后，马氏体的比体积减小，以致产生多向拉应力而形成网状裂纹。此外，高碳钢件在回火时，如果加热过快，表面先回火，比体积减小，产生多向拉应力，从而产生网状裂纹。回火后脆性的出现，主要由于所选回火温度不当，或回火后冷却速度不够(第二类回火脆性)所致。因此，防止脆性的出现，应正确选择回火温度和冷却方式。一旦出现回火脆性，对第一类回火脆性，只有通过重新加热淬火，另选温度回火；对第二类回火脆性，可以采取重新加热回火，然后加速回火后冷却速度的方法消除。

习　题

1. 有一种65Mn钢制弹簧,已知该种钢直径为30 mm的轴在循环水中淬火时可以完全淬透,现有弹簧系由直径为15 mm的圆钢盘制,试问,用循环油淬火时能否淬透?

2. 设有一种490柴油机连杆螺栓,直径12 mm,长77 mm,材料为40Cr钢,调质处理。要求淬火后心部硬度大于HRC45,调质处理后心部硬度为HRC22~33,试制订调质处理工艺。

3. 有直径25 mm、长125 mm光轴一种,离轴端1/3处有5×5×25键槽一个,45钢制,自820 ℃水淬,入水方向为轴线垂直水面,试分析淬火后可能引起的变形。

参 考 文 献

[1] 樊东黎, 徐跃明,佟晓辉. 热处理工程师手册 [M].2 版.北京: 机械工业出版社, 2005.

[2] BAIN E C. Principle of heat treatment[M]. ASM, 1962.

[3] ГУЛЯЕВ А П. Термическая обработка стали[M]. МАШГИЗ,1960.

[4] 热处理手册编委会. 热处理手册:第1卷[M].3 版.北京: 机械工业出版社,2001.

[5] TENAXOL INC. Information of polymer quenchant[M]. 1978.

[6] CIAS W W. Phase transformation kinetics and hardenability of medium-carbon boron-treated steels[M]. 1971.

[7] CIAS W W. Phase transformation kinetics and hardenability of low-carbon boron-treated steels[M]. 1971.

[8] 冶金工业部钢铁研究院. 合金钢手册(上册第三分册)[M]. 北京: 冶金工业出版社, 1972.

[9] 夏立芳. 金属热处理,1984,6.

[10] JUST E. Metal progress,1969,11.

[11] 孔祥谦. 有限元法在传热学中的应用[M]. 北京: 科学出版社,1998.

[12] 刘庄, 吴肇基, 吴景之. 热处理过程数值模拟[M]. 北京: 科学出版社,1996.

[13] 邹壮辉, 高守义, 张景文. 金属热处理学报,1993, 4(3).

[14] CHEN X. Advanced Mater and Proc, 1997, 156(16).

[15] "钢的热处理裂纹和变形"编写组. 钢的热处理裂纹和变形[M]. 北京: 机械工业出版社, 1978.

[16] THELNING K E. Steel and its heat treatment[M] . Bofors handbook, 1974.

[17] "钢铁热处理"编写组. 钢铁热处理[M]. 上海: 上海科学技术出版社,1977.

[18] 潘健生,等. 中国工程科学,2003,5(5).

[19] WYSS U. Wärmebehandlung der bar- und werkzengstahle[M]. 1978.

[20] GRANGE R A. Met Trans,1971, 2(1).

[21] ZACKAY V F, et al. Proc. 3 rd Intern. Conf. on the strength of metals and alloys[D], Vol. 1, 1973.

[22] САSОНОВ К Г. МиТОМ,1957,1.

[23] 机电研究所二室. 金属热处理,1976,1.

[24] 第一机械工业部情报研究所. 机床另件材料选用与热处理及其质量检查[M]. 北京: 机械工业出版社, 1972.

第4章

钢的表面淬火

许多机器零件在扭转、弯曲等交变载荷下工作,有时表面要受摩擦,承受交变或脉动接触应力,有时还承受冲击,例如传动轴、传动齿轮等。这些零件表面承受着比心部高的应力,要求在工作表面的有限深度范围内有高的强度、硬度和耐磨性,而其心部又有足够的塑性和韧性,以承受一定的冲击功。根据这一要求及金属材料淬火硬化的规律,发展了表面淬火工艺。

本章将从表面淬火零件的工作条件出发,根据达到表面淬火的基本条件,即表面必须承受足够高的能量密度,达到快速加热的条件,讨论快速加热时组织转变的一些特点,以及表面淬火层组织结构与性能之间的一些关系,在此基础上来讲述目前比较成熟的,或者有发展前途的几种表面淬火工艺。

4.1 表面淬火的目的、分类及应用

表面淬火是指被处理工件在表面有限深度范围内加热至相变点以上,然后迅速冷却,在工件表面一定深度范围内达到淬火目的的热处理工艺。因此,从加热角度考虑,表面淬火仅是在工件表面有限深度范围内加热到相变点以上。

1. 表面淬火的目的

在工件表面一定深度范围内获得马氏体组织,而其心部仍保持着表面淬火前的组织状态(调质或正火状态),以获得表面层硬而耐磨,心部又有足够塑性、韧性的工件。

2. 表面淬火的分类

要在工件表面有限深度内达到相变点以上的温度,必须给工件表面以极高的能量密度来加热,使工件表面的热量来不及向心部传导,以造成极大的温差。因此,表面淬火常以供给表面能量的形式不同而命名及分类,目前可以分成以下几类。

(1)感应加热表面淬火。即以电磁感应原理在工件表面产生电流密度很高的涡流来加热工件表面的淬火方法。根据所产生交流电流的频率不同,可分为高频淬火、中频淬火及高频脉冲淬火(即微感应淬火)三类。

(2)火焰淬火。即用温度极高的可燃气体火焰直接加热工件表面的表面淬火方法。

(3)电接触加热表面淬火。即为当低电压大电流的电极引入工件并与之接触,以电极与工件表面的接触电阻发热来加热工件表面的淬火方法。

(4)电解液加热表面淬火。即工件作为一个电极(阴极)插入电解液中,利用阴极效应来加热工件表面的淬火方法。

(5)激光加热表面淬火。

(6)电子束加热表面淬火。

(7)等离子束加热表面淬火。

其他还有红外线聚焦加热表面淬火等一些表面淬火方法。

3. 表面淬火的应用

由于这些方法各有其特点及局限性,故均在一定条件下获得应用,其中应用最普遍的是感应加热表面淬火及火焰淬火。激光束加热、电子束加热和等离子体束加热是目前迅速发展着的高能密度加热淬火方法,由于其具有一些其他加热方法所没有的特点,因而正为人们所瞩目。

表面淬火广泛应用于中碳调质钢或球墨铸铁制的机器零件。因为中碳调质钢经过预先处理(调质或正火)以后,再进行表面淬火,既可以保持心部有较高的综合机械性能,又可使表面具有较高的硬度(>HRC50)和耐磨性,例如机床主轴、齿轮、柴油机曲轴、凸轮轴等。基体相当于中碳钢成分的珠光体铁素体基的灰铸铁、球墨铸铁、可锻铸铁、合金铸铁等原则上均可进行表面淬火,而以球墨铸铁的工艺性能为最好,且又有较高的综合机械性能,所以应用最广。

高碳钢表面淬火后,尽管表面硬度和耐磨性提高了,但心部的塑性及韧性较低,因此高碳钢的表面淬火主要用于承受较小冲击和交变载荷下工作的工具、量具及高冷硬轧辊。

由于低碳钢表面淬火后强化效果不显著,故很少应用。

4.2　表面淬火工艺原理

4.2.1　钢在非平衡加热时的相变特点

如前所述,钢在表面淬火时,其基本条件是有足够的能量密度提供表面加热,使表面有足够快的速度达到相变点以上的温度。例如高频感应加热表面淬火,其提供给表面的功率密度达 15 000 W/cm^2[1],加热速度达 100 ℃/s 以上。因此,表面淬火时,钢处于非平衡加热。

钢在非平衡加热时有如下特点。

(1)在一定的加热速度范围内,临界点随加热速度的增加而提高。图 4.1 为快速加热条件下非平衡的 $Fe-Fe_3C$ 状态图[2]。由图看出,相变点 Ac_3 及 Ac_{cm} 在快速加热时均随着加热速度的增加而向高温移动。但当加热速度大到某一范围时,所有亚共析钢的转变温度均相同。例如当加热速度为 10^5 ~ 10^6 ℃/s 时,碳的质量分数为 0.2% ~ 0.9% 钢的 Ac_3 均约为 1 130 ℃。

对 Ac_1 的影响不能用笼统的概念来考虑,因为珠光体向奥氏体的转变在快速加热时不是一个恒定的温度,而是在一个温度范围内完成,如图 4.2 所示[3]。加热速度越快,奥氏体形成温度范围越宽,但形成速度快,形成时间短。加热速度对奥氏体开始形成温度影响不大,但随着加热速度的提高,显著提高了形成终了温度。原始组织越不均匀,最终形成温度提得越高。

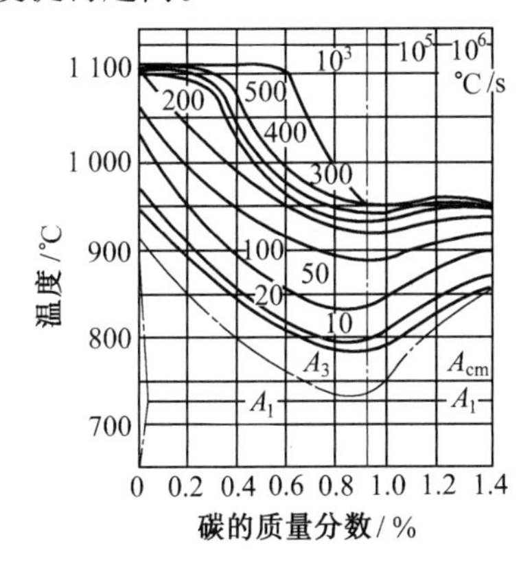

图4.1　在快速加热条件下的非平衡 $Fe-Fe_3C$ 相图[2]

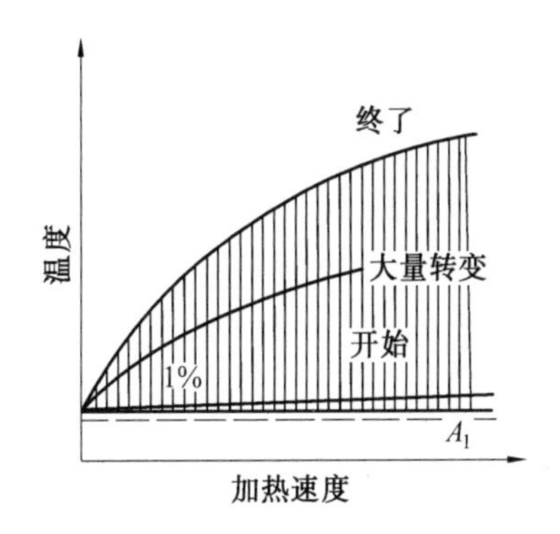

图4.2　加热速度对珠光体向奥氏体转变温度范围的影响[3]

(2)奥氏体成分不均匀性随着加热速度的增加而增大,如前所述,随着加热速度的增大,转变温度提高,转变温度范围扩大。由 $Fe-Fe_3C$ 相图可知,随着转变温度的升高,与铁素体相平衡的奥氏体碳浓度降低,而与渗碳体相平衡的奥氏体碳浓度增大。因此,与铁素体相毗邻的奥氏体碳浓度将和与渗碳体相毗邻的奥氏体中碳浓度有很大差异。由于加热速度快,加热时间短,碳及合金元素来不及扩散,将造成奥氏体中成分的不均匀,且随着加热速度的提高,奥氏体成分的不均匀性增大。例如 $w_C=0.4\%$ 的碳钢,当以 130 ℃/s 的加热速度加热至 900 ℃时,奥氏体中存在着 $w_C=1.6\%$ 的碳浓度区[4]。

显然,快速加热时,钢种、原始组织对奥氏体成分的均匀性有很大影响。对热导率小、碳化物粗大且溶解困难的高合金钢采用快速加热是有困难的。

(3)提高加热速度可显著细化奥氏体晶粒。快速加热时,过热度很大,奥氏体晶核不仅在铁素体—碳化物相界面上形成,而且也可能在铁素体的亚晶界上形成,因此使奥氏体的成核率增大。又由于加热时间极短(如加热速度为 10^7℃/s 时,奥氏体形成时间仅为 10^{-5}s),奥氏体晶粒来不及长大。当用超快速加热时,可获得超细化晶粒。

(4)快速加热对过冷奥氏体的转变及马氏体回火有明显影响。快速加热使奥氏体成分不均匀及晶粒细化,减小了过冷奥氏体的稳定性,使 C 曲线左移。由于奥氏体成分的不均匀性,特别是亚共析钢,还会出现两种成分不均匀性现象。在珠光体区域,原渗碳体片区与原铁素体片区之间存在着成分的不均匀性,这种区域很微小,即在微小体积内的不均匀性。而在原珠光体区与原先共析铁素体块区也存在着成分的不均匀性,这是大体积范围内的不均匀性。由于存在这种成分的大体积范围内不均匀性,将使这两区域的马氏体转变点不同,马氏体形态不同,即相当于原铁素体区出现低碳马氏体,原珠光体区出现高碳马氏体。

由于快速加热奥氏体成分的不均匀性,淬火后马氏体成分也不均匀,所以,尽管淬火后硬度较高,但回火时硬度下降较快,因此回火温度应比普通加热淬火的略低[5]。

4.2.2　表面淬火的组织与性能

1. 表面淬火的金相组织

钢件经表面淬火后的金相组织与钢种、淬火前的原始组织及淬火加热时沿截面温度的分布有关。

最简单的是原始组织为退火状态的共析钢，设其在淬火冷却前沿截面的温度分布如图4.3(a)所示。淬火以后金相组织应分为三区，如图4.3(b)所示，自表面向心部分别为马氏体区(M)(包括残余奥氏体)、马氏体加珠光体(M+P)及珠光体(P)区。这里所以出现马氏体加珠光体区，因快速加热时奥氏体是在一个温度区间，并非在一个恒定温度形成的，其界限相当于沿截面温度曲线的奥氏体开始形成温度(Ac_{1s})及奥氏体形成终了温度(Ac_{1f})。在全马氏体区，自表面向里，由于温度的差别，在有些情况下也可以看到其差别，最表面温度高，马氏体较粗大，中间均匀细小，紧靠Ac_{1f}温度区，由于其淬火前奥氏体成分不均匀，如腐蚀适当，将能看到珠光体痕迹(“珠光体灵魂”)。在温度低于Ac_{1s}区，由于原为退火组织，加热时不能发生组织变化，故为淬火前原始组织。

若表面淬火前原始组织为正火状态的45钢，则表面淬火以后其金相组织沿截面变化将要复杂得多。如果采用的是淬火烈度很大的淬火介质，即只要加热温度高于临界点，凡是奥氏体区均能淬成马氏体，则表面淬火加热时沿截面温度分布如图4.4(a)所示，而自表面至心部的金相组织如图4.4(b)所示。按其金相组织分为四区，表面马氏体区(M)，往里相当于Ac_3与Ac_{1f}温度区为马氏体加铁素体(M+F)，再往里相当于Ac_{1f}与Ac_{1s}温度区为马氏体加铁素体加珠光体区，中心相当于温度低于Ac_{1s}区为淬火前原始组织，即珠光体加铁素体。在全马氏体区，金相组织也有明显区别，在紧靠相变点Ac_3区，相当于原始组织铁素体部位为腐蚀颜色深的低碳马氏体区，相当于原来珠光体区为不易腐蚀的隐晶马氏体区，二者颜色深浅差别很大(见图4.5(b))。由此移向淬火表面，低碳马氏体区逐渐扩大，颜色逐渐变浅，而隐晶马氏体区颜色增深，靠近表面变成中碳马氏体(见图4.5(a))。

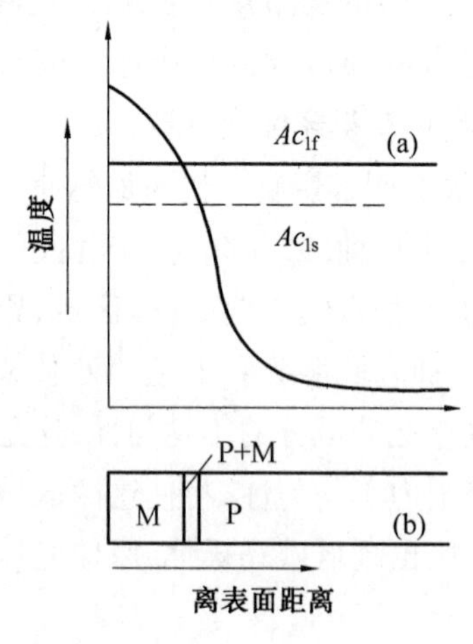

图4.3　共析钢表面淬火沿截面温度分布(a)及淬火后金相组织(b)

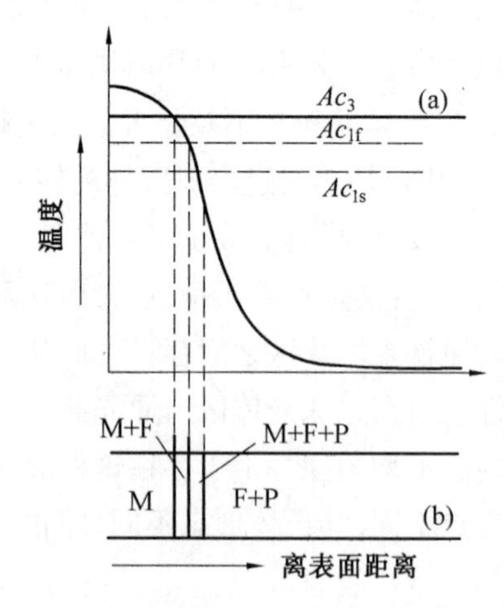

图4.4　45钢表面淬火沿截面温度分布(a)及淬火后的金相组织(b)

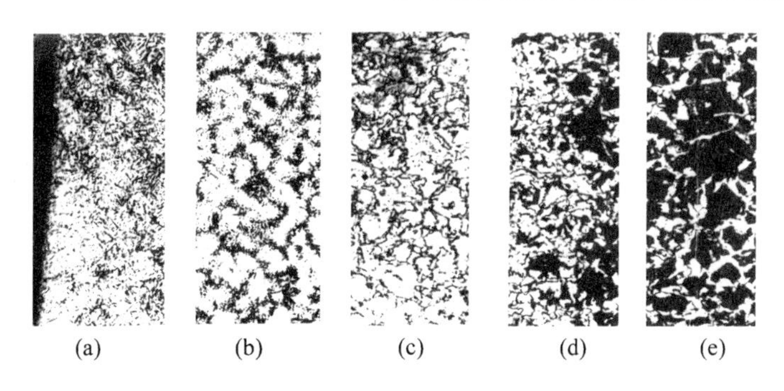

图4.5 45钢表面淬火后不同加热温度区的金相组织

(a)均匀马氏体(最表面); (b)高碳(白区)低碳(黑区)马氏体混合组织区;

(c)马氏体+铁素体; (d)马氏体+铁素体+珠光体; (e)原始组织

若45钢表面淬火前原始组织为调质状态,由于回火索氏体为粒状渗碳体均匀分布在铁素体基体上的均匀组织,因此表面淬火后不会出现由于上述那种碳浓度大体积不均匀性所造成的淬火组织的不均匀。在截面上相当于Ac_1与Ac_3温度区的淬火组织中,未溶铁素体也分布得比较均匀。在淬火加热温度低于Ac_1至相当于调质回火温度区,如图4.6中C区,由于其温度高于原调质回火温度而又低于临界点,因此将发生进一步回火现象。表面淬火将导致这一区域硬度降低(见图4.6)。这一部分的回火程度取决于参数M,其区域大小取决于表面淬火加热时沿截面的温度梯度。加热速度越快,沿截面的温度梯度越陡,该区域越小。由于加热速度快,加热时间短,参数M小,回火程度也减小。

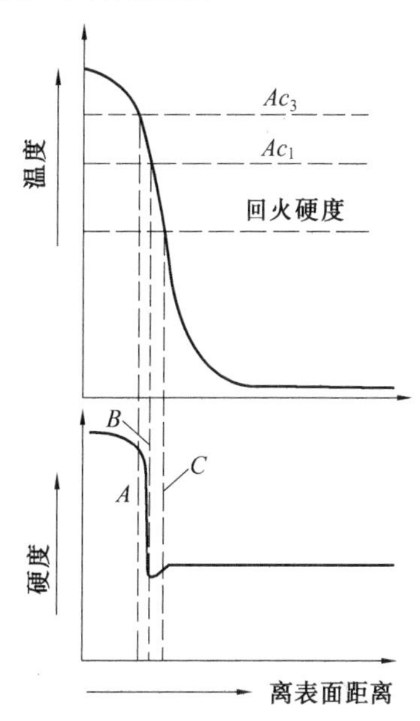

图4.6 原始组织为调质状态的45钢表面淬火后沿截面硬度

表面淬火淬硬层深度一般计至半马氏体(50% M)区,宏观的测定方法是沿截面制取金相试样,用硝酸酒精腐蚀,根据淬硬区与未淬硬区的颜色差别来确定(淬硬区颜色浅);也可借测定截面硬度来决定。

2. 表面淬火后的性能

(1)表面硬度

快速加热,激冷淬火后的工件表面硬度比普通加热淬火高。例如激光加热淬火的45钢硬度比普通淬火的可高4个洛氏硬度单位;高频加热喷射淬火的,其表面硬度比普通加热淬火的硬度也高2~3个洛氏硬度单位。这种增加硬度现象与加热温度及加热速度有关。当加热速度一定,在某一温度范围内可以出现增加硬度的现象,如图4.7所示。提高加热速度,可使这一温度范围移向高温,这和快速加热时奥氏体成分不均匀性、奥氏体晶粒及亚结构细化有关。

(2)耐磨性

快速加热表面淬火后工件的耐磨性比普通淬火的高。图4.8为同种材料高频淬火和普通淬火件的耐磨性比较。由图说明快速表面淬火的耐磨性优于普通淬火的,这也与其奥氏体晶粒细化、奥氏体成分的不均匀、表面硬度较高及表面压应力状态等因素有关。

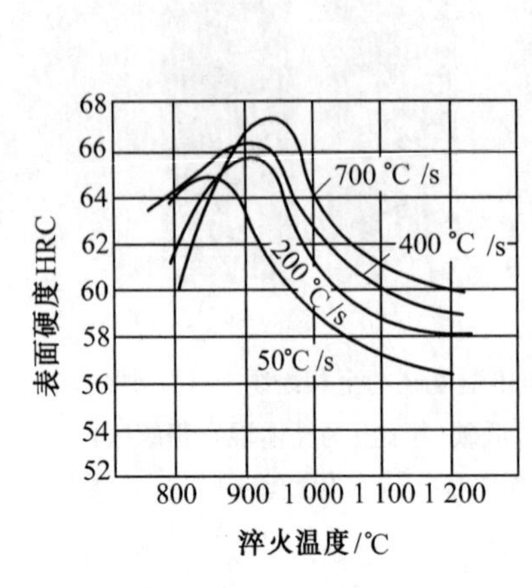

图 4.7 在各种加热速度下表面硬度与淬火温度的关系[6]（CrWMn 钢）

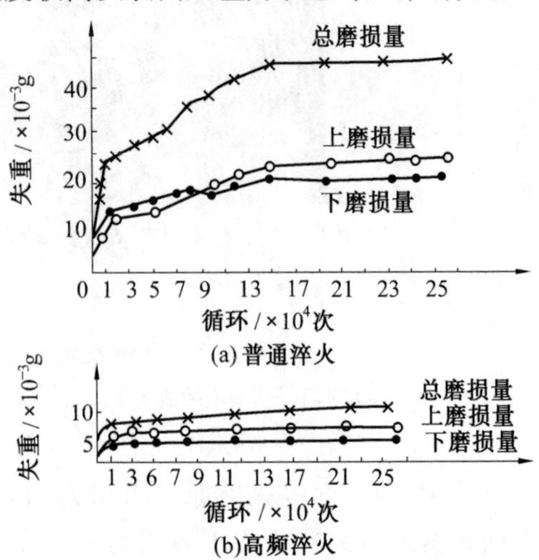

图 4.8 高频淬火与普通淬火试样耐磨性的比较（荷重 1 471 N）

（3）疲劳强度

采用正确的表面淬火工艺，可以显著地提高零件的抗疲劳性能。例如 40Cr 钢，调质加表面淬火（淬硬层深度 0.9 mm）的疲劳极限 $\sigma_{-1}=324\ \mathrm{N/mm^2}$，而调质处理的仅为 $235\ \mathrm{N/mm^2}$。表面淬火还可显著地降低疲劳试验时的缺口敏感性。

表面淬火提高疲劳强度的原因，除了由于表层本身的强度增高外，主要是因为在表层形成很大的残余压应力，表面残余压应力越大，工件抗疲劳性能越高。

3. *表面淬火淬硬层深度及分布对工件承载能力的影响*

虽然表面淬火有上述优点，但使用不当也会带来相反效果。例如淬硬层深度选择不当，或局部表面淬火硬化层分布不当，均可在局部地方引起应力集中而破坏。

（1）表面淬火硬化层与工件负载时应力分布的匹配

设有一传动轴，承受扭矩，其截面上切剪应力如图 4.9 中直线 1 所示。设表面淬火强化后其沿截面各点强度如图 4.9 中曲线 2 所示，则直线 1 与曲线 2 交于 x 和 z 点。曲线 2 的 $x\ y\ z$ 线段位于直线 1 下方，即此处屈服强度低于该轴负载时所产生的应力，则此处将发生屈服。尤其在 y 点处，应力与材料强度差值最大，可能在此处发生破坏。如果淬硬层深度增加，如曲线 3 所示，此时材料各点强度均大于承载时应力值，故不会破坏。因此表面淬火淬硬层深度必须与承载相匹配。

（2）表面淬硬层深度与工件内残余应力的关系

由第 3 章所采用类似的分析方法可知，表面淬火时由于仅表面加热，仅表面发生胀缩，故表面将承受压应力。淬火冷却时表面热应力为拉应力，而表面组织应力为压应力，二者叠加结果，表面残余应力为压应力，如图 4.10 所示。

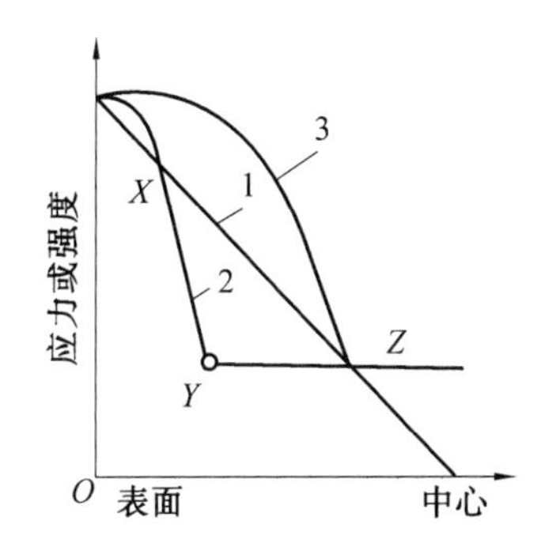

图4.9　表面强化与承载应力匹配示意图

1—工件负载时应力分布;2—浅层淬火时沿截面各点屈服强度;3—深层淬火时沿截面各点屈服强度

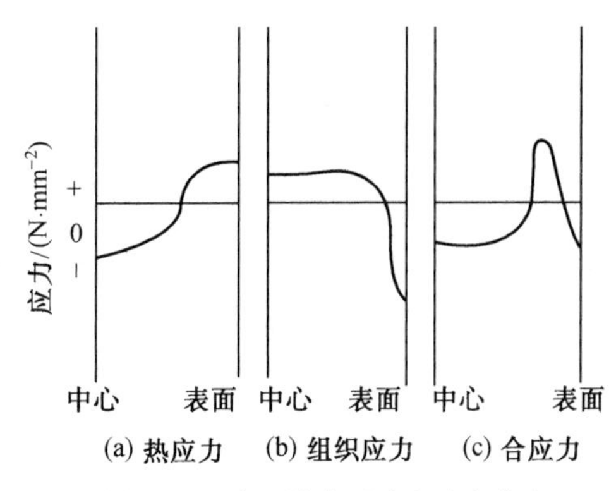

(a) 热应力　(b) 组织应力　(c) 合应力

图4.10　表面淬火时残余应力分布

这种内应力由于表面部分加热和冷却时的胀缩和组织转变时的比体积变化所致,显然其应力大小及分布与淬硬层深度有关。

试验表明,在工件直径一定的情况下,随着硬化层深度的增厚,表面残余压应力先增大,达到一定值后,若再继续增厚硬化层深度,表面残余压应力反而减小,如图4.11所示。

残余应力还与沿淬火层深度的硬度分布有关,即与马氏体层的深度、过渡区的宽度及工件截面尺寸之间的比例有关。图4.12为淬硬层(图中之X_K)交界处硬度降落的陡峭程度(直接影响过渡区宽度)与残余应力分布关系示意图。由图可见,过渡区硬度降落越陡,表面压应力虽较大,但紧靠过渡区的张应力峰值也最大;过渡区硬度降落越平缓,过渡区越宽,张应力峰值内移且减小,但残余压应力也减小。张应力峰值过大,不仅可能引起残余变形,而且当工件承载时,与负载所引起的相同符号应力叠加后导致破坏。

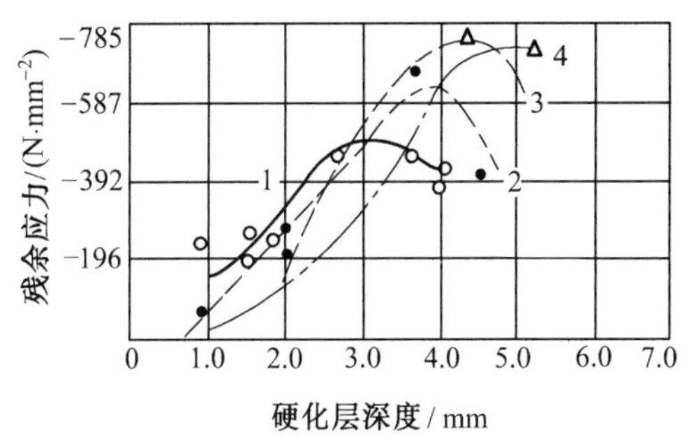

图4.11　不同钢材硬化层深度与最大残余压应力的关系

(中空试样,外径66 mm,内径49 mm)

1—45;2—18Cr2Ni4W;3—40CrMnMo;4—40CrNiMo

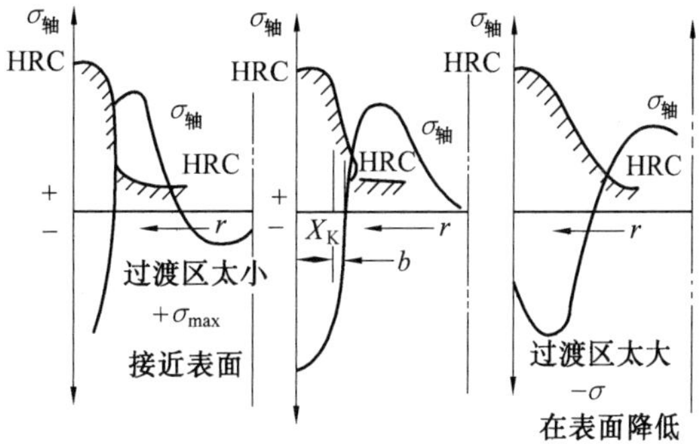

图4.12　残余应力与过渡区宽度的关系[7]

残余应力的分布还和钢中含碳量有关,因为含碳量越高,马氏体比体积越大,组织应力越显著,在表面淬火条件下,残余压应力越大。

可见,对每一个具体零件来说,都有一个合适的淬硬层深度及过渡区宽度。这时在静载荷下,不至于有局部地区的屈服强度低于零件工作应力,表面有足够大的残余压应力,而又不至于有太靠近表面的过高张应力峰值。对高频表面淬火而言,中、小尺寸零件淬硬层深度为工件半径的10%～20%,而过渡区的宽度为淬硬层深度的25%～30%,实践证明较为合适。

(3)硬化层分布对工件承载能力的影响

当工件进行局部表面淬火时,存在着淬火区段与非淬火区段间的过渡问题。图 4.13 为直径 65 mm 圆柱经局部表面淬火后的硬度和残余应力分布。由图可见,在离淬硬层一定距离外存在着拉应力峰值,若和外加载荷所产生的应力叠加,特别在截面突变区,很可能导致破坏。为了避免这种现象发生,要尽量避免在危险断面处出现淬硬层的过渡,如图 4.14 所示两种淬硬层的分布,正确者应采用图 4.14(b)的淬硬层分布。

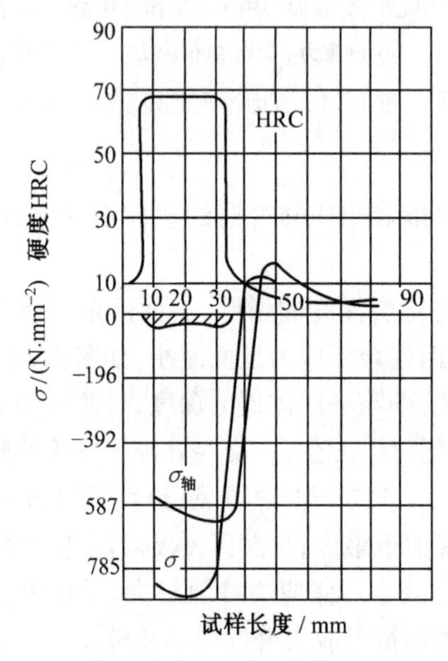

图 4.13 局部淬火的圆柱形工件表面上的硬度和残余应力分布[7]

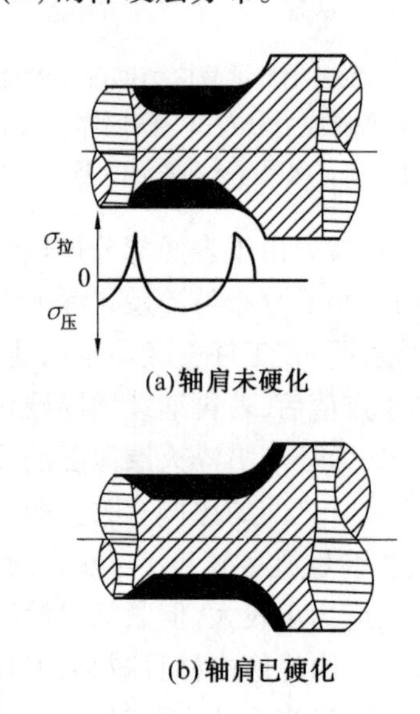

图 4.14 轴径表面淬火后淬硬层及应力分布

4.3 表面淬火方法

4.3.1 感应加热表面淬火

感应加热表面淬火是利用感应电流通过工件产生的热效应,使工件表面局部加热,继之快速冷却,获得马氏体组织的工艺[8]。

感应淬火可分为高频(30 ~ 1 000 kHz)淬火、中频(小于 10 kHz)淬火和高频(约 27 MHz)脉冲淬火即微感应淬火 3 类[1]。

1. 感应加热基本原理

(1)感应加热的物理基础

当工件放在通有交变电流的感应圈中时,在交变电流所产生的交变磁场作用下将产生感应电动势

$$e = -\frac{d\Phi}{d\tau}V \tag{4.1}$$

式中 e——感应电势的瞬时值;

Φ——感应圈内交变电流所产生的总磁通，与交变电流强度及工件磁导率有关。

负号表示感应电势方向与磁通变化方向相反。

因为工件本身犹如一个闭合回路，故在感应电势作用下将产生电流，通常称为涡流，其值为

$$I_f=\frac{e}{Z}=\frac{e}{\sqrt{R^2+X_L^2}}\text{A} \tag{4.2}$$

式中　R——材料的电阻；

X_L——感抗。

此涡流在工件上产生热量

$$Q=0.24I_f^2R\tau \tag{4.3}$$

在铁磁材料中，除涡流产生的热效应外，尚有“磁滞现象”所引起的热效应，但其值很小，可以不计。

若工件与感应圈之间的间隙很小，漏磁损失很少，可把感应圈所产生的磁能看做全被工件吸收而产生涡流。此时涡流 I_f 将与通过感应圈的交变电流 I 大小相等，方向相反。据此，在高为 1 cm 的单匝感应圈中加热工件吸收的功率为

$$P_a=1.25\times10^{-3}R_0I^2\sqrt{\rho\mu f} \tag{4.4}$$

式中　P_a——工件吸收的功率，W/cm^2；

R_0——工件半径，cm；

ρ——工件材料电阻率，$\Omega\cdot\text{cm}$；

μ——工件材料磁导率，H/m；

f——交变电流频率，Hz；

$\sqrt{\rho\mu}$——“吸收因子”。

涡流 I_f 在被加热工件中的分布系由表面至中心呈指数规律衰减[9]，即

$$I_x=I_0\cdot e^{-\frac{x}{\Delta}}A \tag{4.5}$$

式中　I_0——表面最大的涡流强度，A；

x——离工件表面的距离，cm。

$$\Delta=\frac{c}{2\pi}\sqrt{\rho/\mu f} \tag{4.6}$$

式中　c——光速，$3\times10^{10}\text{cm/s}$。

上述涡流分布于工件表面上的现象称为表面效应或集肤效应。

工程上规定 I_x 降至 I_0 的$\frac{1}{e}$值处的深度为“电流透入深度”，用 δ（单位：mm）表示，可以求出

$$\delta=50\ 300\sqrt{\frac{\rho}{\mu f}} \tag{4.7}$$

可见，电流透入深度 δ 随着工件材料的电阻率的增加而增加，随工件材料的磁导率及电流频率的增加而减小。

图4.15为钢的磁导率 μ 和电阻率 ρ 与加热温度的关系。可见钢的电阻率随着加热温度的升高而增大，在 800～900 ℃时，各类钢的电阻率基本相等，约为 $10^{-4}\ \Omega\cdot\text{cm}$；磁导率 μ 在温度低于磁性转变点 A_2 或铁素体-奥氏体转变点时基本不变，而超过 A_2 或转变成

奥氏体时则急剧下降。

把室温或800～900 ℃温度的钢的ρ及μ值代入式(4.7),可得下列简式

$$\text{在 20 ℃时}\quad \delta_{20}=20/\sqrt{f} \tag{4.8}$$

$$\text{在 800 ℃时}\quad \delta_{800}=500/\sqrt{f} \tag{4.9}$$

通常把20 ℃时的电流透入深度称为“冷态电流透入深度”,而把800 ℃时的电流透入深度δ_{800}称为“热态电流透入深度”。

(2)感应加热的物理过程

感应加热开始时,工件处于室温,电流透入深度很小,仅在此薄层内进行加热。电流及温度分布如图4.16所示(冷态)。表面温度升高,薄层有一定深度,且温度超过磁性转变点(或转变成奥氏体)时,此薄层变为顺磁体,μ值急剧下降,交变电流产生的磁力线移向与之毗连的内侧铁磁体处,涡流移向内侧铁磁体处,如图4.16所示的过渡状态。由于表面电流密度下降,而在紧靠顺磁体层的铁磁体处,电流密度剧增,此处迅速被加热,温度也很快升高。此时工件截面内最大密度的涡流由表面向心部逐渐推移,同时自表面向心部依次加热,这种加热方式称为透入式加热。当变成顺磁体的高温层的厚度超过热态电流透入的深度后,涡流不再向内部推移,而按着热态特性分布,如图4.16中标注“热态”的曲线。继续加热时,电能只在热态电流透入层范围内变成热量,此层的温度继续升高。与此同时,由于热传导的作用,热量向工件内部传递,加热层厚度增厚,这时工件内部的加热和普通加热相同,称为传导式加热。

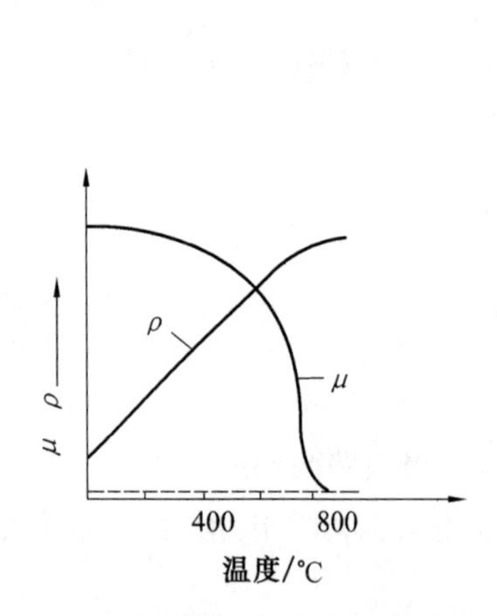

图4.15　钢的磁导率、电阻率与加热温度的关系

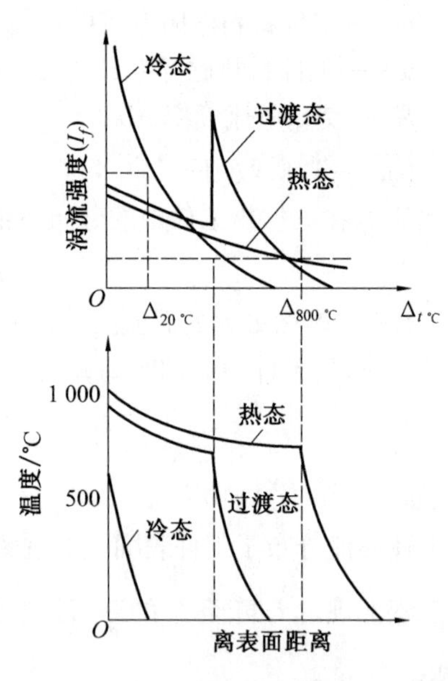

图4.16　高频加热时工件表面涡流密度与温度的变化

透入式加热较传导式加热有如下特点。

①表面的温度超过A_2点以后,最大密度的涡流移向内层,表层加热速度开始变慢,不易过热,而传导式加热随着加热时间的延长,表面继续加热容易过热。

②加热迅速,热损失小,热效率高。

③热量分布较陡,淬火后过渡层较窄,使表面压应力提高。

2. 感应加热表面淬火工艺

(1)根据零件尺寸及硬化层深度的要求,合理选择设备

①设备频率的选择。主要根据硬化层深度来选择。一般若采用透入式加热,则应符合

$$f<\frac{2\ 500}{\delta_x^2} \tag{4.10}$$

式中　δ_x——要求硬化层深度,cm。

但所选用频率不宜过低,否则需用相当大的比功率才能获得所要求的硬化层深度,且无功损耗太大。当感应器单位损耗大于 0.4 kW/cm² 时,在一般冷却条件下会烧坏感应器。为此规定硬化层厚度 δ_x 应不小于热态电流透入深度的1/4,即所选频率下限应满足

$$f>150/\delta_x^2 \tag{4.11}$$

式(4.10)为上限频率,式(4.11)为下限频率。当硬化层深度为热态电流透入深度的40% ~50%时,总效率最高,符合此条件的频率称最佳频率,可得

$$f_{最佳}=\frac{600}{\delta_x^2} \tag{4.12}$$

当现有设备频率满足不了上述条件时,可采用下述弥补办法:在感应加热前预热,以增加硬化层厚度,调整比功率或感应器与工件间的间隙等。

②比功率的选择。比功率是指感应加热时工件单位表面积上所吸收的电功率(kW/cm²)。

在频率一定时,比功率越大,加热速度越快;当比功率一定时,频率越高,电流透入越浅,加热速度越快。

比功率的选择主要取决于频率和要求的硬化层深度。在频率一定时,硬化层较浅的,选用较大比功率(透入式加热);在层深相同情况下,设备频率较低的可选用较大比功率。

因为工件上真正获得的比功率很难测定,故常用设备比功率来表示。

设备比功率为设备输出功率与零件同时被加热的面积比,即

$$\Delta P_{设}=\frac{P_{设}}{A} \tag{4.13}$$

式中　$P_{设}$——设备输出功率,kW;

　　A——同时被加热的工件表面积,cm²。

工件的比功率与设备比功率的关系是

$$\Delta P_{工}=\frac{P_{设}\cdot\eta}{A}=\Delta P_{设}\cdot\eta \tag{4.14}$$

式中　η——设备总效率,一般为0.4 ~0.6。

在实际生产中,比功率还要结合工件尺寸大小、加热方式以及试淬后的组织、硬度及硬化层分布等作最后的调整。

(2)淬火加热温度和方式的选择

感应加热淬火温度与加热速度和淬火前原始组织有关。

由于感应加热速度快,奥氏体转变在较高温度下进行,奥氏体起始晶粒较细,且一般不进行保温,为了在加热过程中能使先共析铁素体(对亚共析钢)等游离的第二相充分溶解,这些都允许并要求感应加热表面淬火采用较高的淬火加热温度。一般高频加热淬火温度可比普通加热淬火温度高 30 ~200 ℃。加热速度较快的,采用较高的温度。

淬火前的原始组织不同,也可适当地调整淬火加热温度。调质处理的组织比正火的

均匀,可采用较低的温度。

当综合考虑表面淬火前的原始组织和加热速度的影响时,每种钢都有最佳加热规范,这可参见有关手册。常用感应加热有两种方式:一种为同时加热法,即对工件需淬火表面同时加热,一般在设备功率足够、生产批量比较大的情况下采用;另一种为连续加热法,即对工件需淬火部位中的一部分同时加热,通过感应器与工件之间的相对运动,把已加热部位逐渐移到冷却位置冷却,待加热部位移至感应器中加热,如此连续进行,直至需硬化的全部部位淬火完毕。如果工件是较长的圆柱形,为了使加热均匀,还可使工件绕其本身轴线旋转。一般在单件、小批量生产中,轴类、杆类及尺寸较大的平面加热,采用连续加热法。

通常借控制加热时间来控制加热温度,在用同时加热法时,控制一次加热时间;在大批量生产条件下可用设备上的时间继电器自动控制;在连续加热条件下,通过控制工件与感应圈相对位移速度来实现。

(3)冷却方式和冷却介质的选择

最常用的冷却方式是喷射冷却法和浸液冷却法。喷射冷却法即当感应加热终了时把工件置于喷射器之中,向工件喷射淬火介质进行淬火冷却,其冷却速度可以通过调节液体压力、温度及喷射时间来控制。浸液淬火法即当工件加热终了时,浸入淬火介质中进行冷却。

对细、薄工件或合金钢齿轮,为减少变形、开裂,可将感应器与工件同时放入油槽中加热,断电后冷却,这种方法称为埋油淬火法。

常用的淬火介质有水、聚乙烯醇水溶液、聚丙烯醇水溶液、乳化液和油。聚乙烯醇水溶液的冷却能力随浓度增大而降低,通常使用的浓度为0.05%～0.30%。若浓度大于0.3%,则使用温度最好为32～43 ℃,不宜低于15 ℃。聚乙烯醇在淬火时于工件表面形成薄膜,从而降低水的冷速,在使用中应不断补充,以保持其要求浓度。

(4)回火工艺

感应加热淬火后一般只进行低温回火。其目的是为了降低残余应力和脆性,而又不致降低硬度。一般采用的回火方式有炉中回火、自回火和感应加热回火。

炉中回火温度一般为150～180 ℃,时间为1～2 h。

自回火就是当淬火后尚未完全冷却,利用在工件内残留的热量进行回火。由于自回火时间短,在达到同样硬度条件下回火温度比炉中回火要高80 ℃左右。

自回火不仅简化了工艺,而且对防止高碳钢及某些高合金钢产生淬火裂纹也很有效。自回火的主要缺点是工艺不易掌握,消除淬火应力不如炉中回火。

用感应加热回火时,为了降低过渡层的拉应力,加热层的深度应比硬化层深一些,故常用中频或工频加热回火。感应加热回火比炉中回火加热时间短,显微组织中碳化物弥散度大,因此得到的钢件耐磨性高,冲击韧性较好,而且容易安排在流水线上。感应加热回火要求加热速度小于15～20 ℃/s。

高频脉冲加热淬火与普通高频淬火主要区别在于高频电能是以一瞬间的脉冲形式输入工件,需淬火的工件在毫秒时间范围内几乎可以加热到熔化温度,并通过自冷却进行淬火。

3.感应器设计简介

感应器是将高频电流转化为高频磁场对工件实行感应加热的能量转换器,它直接影响工件加热淬火的质量和设备的效率。良好的感应圈应能保证工件有符合要求的均匀分布的硬化层、高的电效率、足够的机械强度以及容易制造和操作方便。

感应器中的电流密度可达 6 000 A/mm^2，故所用材料的电阻率必须尽可能小。一般感应器材料采用电解铜，通常是用紫铜管制成。在要求极高的情况下，例如脉冲淬火的感应器由银制成，有的感应器用紫铜制成，但外表面镀银。

常用感应器如图 4.17 所示，由有效线圈（感应圈）1、汇流条 2 及冷却装置 3 等所构成。此外还有与高频电源连接的连接板及附加装置，如导磁体、磁屏蔽等，其中感应圈是感应器中的核心部件。

（1）感应圈形状与结构的确定

感应圈的几何形状主要根据工件加热部位的几何形状、尺寸及选择的加热方式来确定。确定感应圈几何形状时必须考虑如下几种效应。

①邻近效应。如图 4.18 所示，当载有高频电流的两个导体互相靠近时，如果两导体中电流相反，将使两导体中电流分布不均匀，相邻两侧（内侧）电流密度大；如果两导体中电流方向相同，则相邻两侧电流密度减小，两外侧电流密度增大。这种现象称为邻近效应，利用邻近效应可实现局部平面的加热，频率越高，该现象越明显。

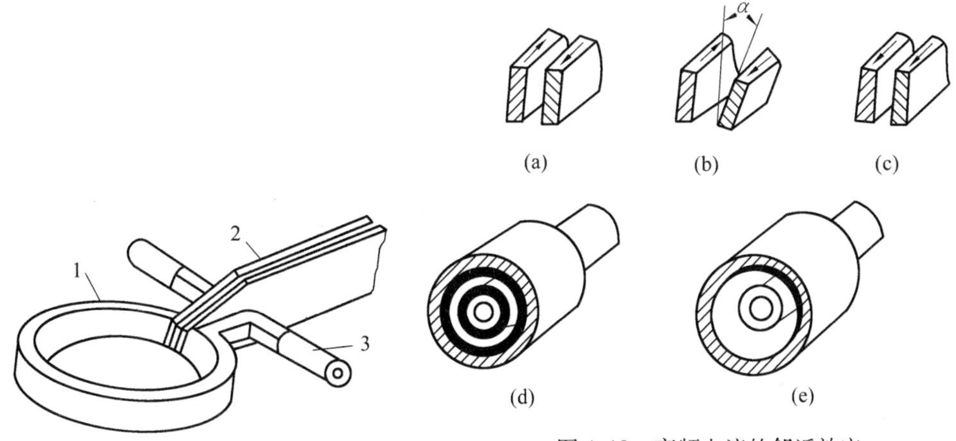

图 4.17　感应器示意图
1—感应圈；2—汇流条；3—冷却水管

图 4.18　高频电流的邻近效应
（a）相邻导体电流方向相反，高频电流走内侧；
（b）相邻导体间隙不同对邻近效应的影响；
（c）相邻导体电流方向相同，高频电流走外侧；
（d）、（e）邻近效应引起的加热层分布

感应加热时，感应圈中的电流和工件表面的感生电流方向总是相反的，因此电流集中于相对应的相邻表面。在环状感应圈中加热时，由于工件位置的偏移，邻近效应则表现为邻近区域电流的过分集中，如图 4.18（d）、（e）所示。在生产中为了避免这种现象，常采用旋转加热的方法来防止。

②环状效应。高频电流沿圆环状导体流过时，磁力线密度最大的地方是圆环内表面，电流集中于导体的内侧。这种环状导体的表面效应，称为环状效应，如图 4.19 所示。环状效应对圆柱体外表面进行感应加热时，起着有利的作用，对内孔进行感应加热时是不利的，为此必须采取相应措施（例如装导磁体）解决这一问题。环状效应的大小，与电流频率和圆环的曲率半径有关，频率越高，曲率半径越小，环状效应越显著。

③尖角效应。当形状不规则的工件置于感应器中加热时,尖角和凸起部分的加热速度比其他部位快,这一现象称为尖角效应。为了克服这一现象在设计感应器时,应将工件的尖角或凸起部位的间隙适当增大,以使各部位的加热温度均匀,如图 4.20 所示。

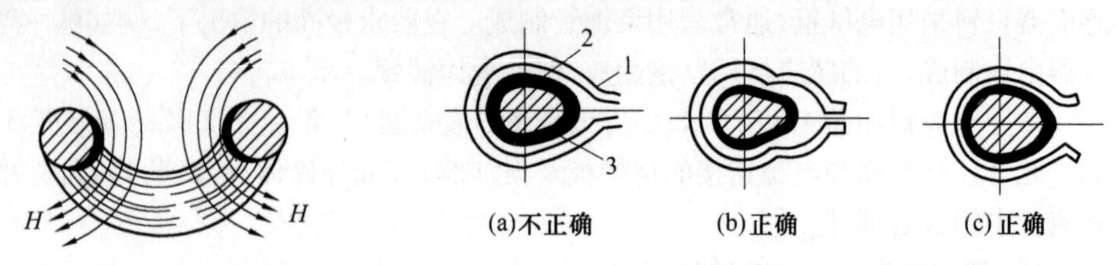

图 4.19 高频电流的环状效应

图 4.20 尖角效应对淬硬层深度的影响
1—感应器;2—凸轮;3—淬硬层

感应圈的匝数,一般采用单匝,当工件直径较小时可采用双匝或多匝。感应圈匝数增加,一方面增加了安匝数,有利于提高效率;另一方面则增加了感抗,增加了损耗。采用多少匝数有利,视具体情况而定。图 4.21 和 4.22 为根据工件直径或宽度选择感应圈匝数的图表,可供设计感应器时参考。

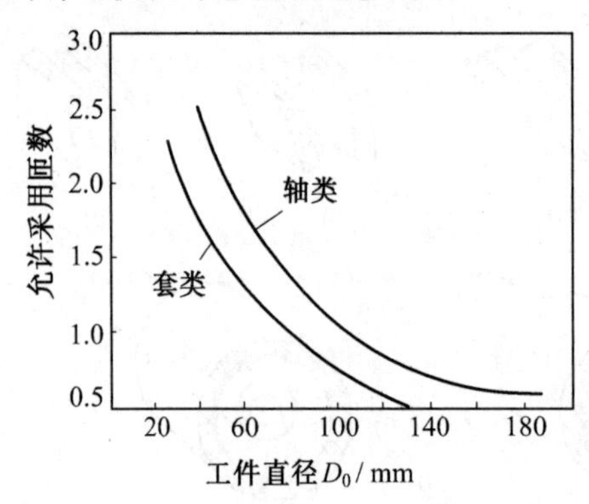

图 4.21 轴、套类感应圈匝数与工件直径的关系[9]

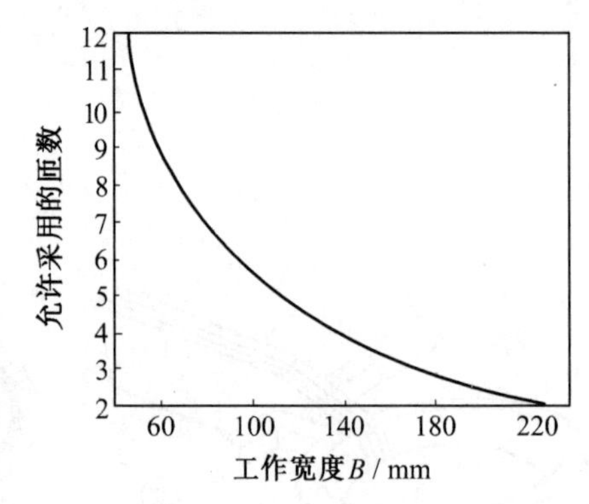

图 4.22 平面感应圈回线数与工件宽度的关系[9]

采用多匝感应圈时,匝间距离应在保证不接触前提下尽量缩小,以使加热均匀。对平面感应圈,由于相邻两导体的电流相反(见图 4.23),为了避免其产生的涡流相互抵消,两导体之间距离应大于感应器与工件之间间隙的 4 倍,通常为 6 ~ 12 mm。采用这种感应器,一般采用推进式连续加热淬火,第一回线用作预热,第二回线用作淬火加热。

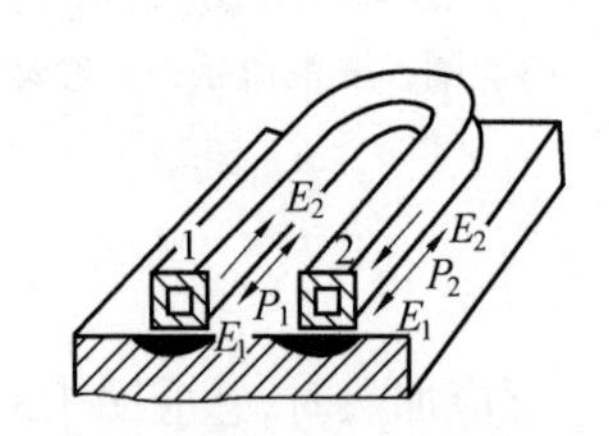

图 4.23 平面加热感应圈示意图
E_1—导体 1 产生的感应电势;
E_2—导体 2 产生的感应电势

(2)感应圈尺寸的确定

感应圈截面形状一般为矩形,以使加热均匀。截面高度 h 与宽度 B 之比(h/B)越大,圆环效应越显著,故一般为长方形截面。截面尺寸,可借计算求得。

设比功率已选定,则允许同时加热工件表面积为[10]

$$A \leqslant \frac{P_{设}}{\Delta P_{设}} = \frac{P_{设}\eta}{\Delta P_{工}} \tag{4.15}$$

式中　$\eta = 0.4 \sim 0.5$。

圆柱体加热感应圈的极限高度为

$$h_i \leqslant \frac{A}{\pi D} = \frac{P_{设} \cdot \eta}{\pi \cdot D \cdot \Delta P_{工}} \tag{4.16}$$

式中　D——工件直径,cm。

为了保证有均匀分布的硬化层,对长圆柱体局部段落表面淬火时,感应圈高度应比硬化区长度增长5% ~20%。对短零件一次加热时,为了避免尖角效应,感应圈高度应比工件高度低相当于一个感应圈与工件间的间隙。

感应圈管壁厚度,应略大于高频电流穿透深度

$$\delta/\text{mm} \approx 67/\sqrt{f} \tag{4.17}$$

为了保证感应圈有足够的冷却条件及机械强度,在正常水压情况下不应小于下列数值,即

高频200 ~300 kHz	8 000 Hz	2 500 Hz
$\phi5\times0.5$ mm	$\phi8\times1$ mm	$\phi10\times1$ mm

感应圈与工件间的间隙大小,影响感应加热效率,间隙增大,效率降低;但间隙小,要求感应圈的几何精度及安装精度增高。一般高频感应圈与工件间的间隙为:直径小于30 mm的工件,间隙$a=1.5 \sim 2.5$ mm;大于30 mm,$a=2.5 \sim 5$ mm。因内孔、平面感应加热用的感应圈效率较低,间隙应当尽量小,一般采用0.5 ~2 mm。

4. *感应加热时的驱流及屏蔽*

为了提高感应器效率,减少磁力线逸散,在内孔、平面表面加热时广泛采用导磁体。图4.24为内孔加热感应圈上卡上⨅形导磁体后,高频电流走向的变化,即由原来由于圆环效应的作用电流沿着圆环内侧流过变为沿着导磁体缺口(即圆环外侧)流动,这种效应称为导磁体的驱流作用。若沿着感应圈都卡上导磁体,则感应圈上电流全部沿着外侧流过,这在内孔加热时可以显著提高感应圈的效率。

高频导磁体用铁淦氧制成,中频可用硅钢片叠成,它们均为良好导磁物质。感应圈卡上导磁体后增大了内侧的电感,所以改变了电流分布,使高频电流沿着电感较小的缺口部位(外侧)通过。

感应加热时为了避免引起相邻部位的加热,可以采用屏蔽的方法。常用办法有两种,一种采用铜环屏蔽,如图4.25(a)所示。当感应加热时所产生的磁力线穿过铜环4时,铜环产生涡流,涡流所产生磁力线的方向与感应器产生的恰好相反,使上部不需加热部位没有磁力线通过,避免了加热。高频加热用铜环厚度应大于1 mm,中频加热时,其厚度为3 ~8 mm。另一种屏蔽方法是用铁磁材料(硅钢片)制成磁短路环,如图4.25(b)所示。由于它们的磁阻较工件小,逸散的磁力线优先通过磁短路环而达到屏蔽目的。

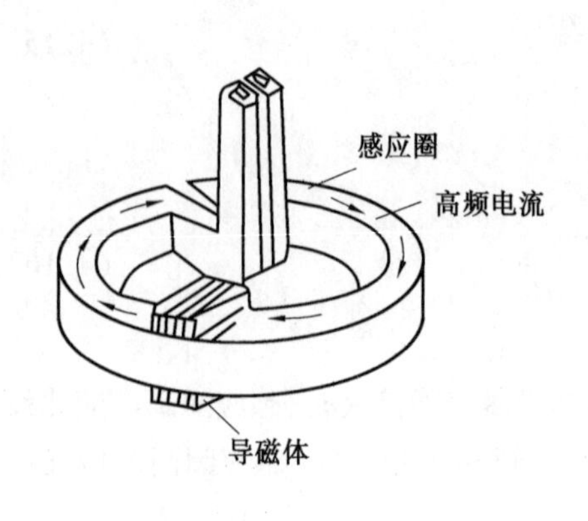

图 4.24 ⨅形导磁体的驱流作用

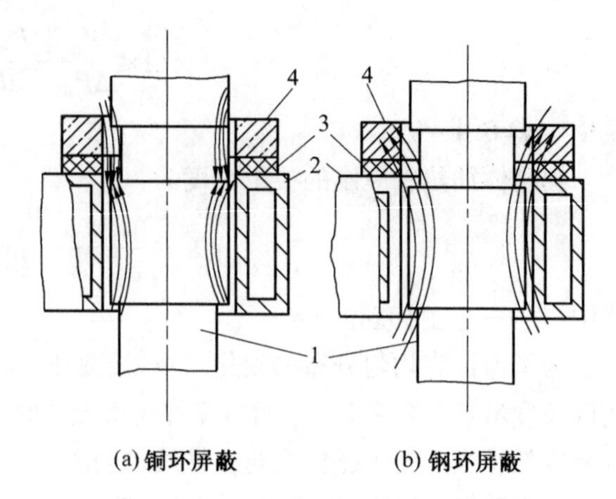

图 4.25 磁屏蔽原理示意图

1—工件;2—感应圈;3—绝缘垫;4—屏蔽环

4.3.2 火焰加热表面淬火

用一种火焰在一个工件表面上若干尺寸范围内加热,使其奥氏体化并淬火的工艺称为火焰表面淬火[1]。火焰淬火必须供给表面的热量大于自表面传给心部及散失的热量,以便达到所谓"蓄热效应",才有可能实现表面淬火。

火焰加热表面淬火的优点是:①设备简单、使用方便、成本低;②不受工件体积大小的限制,可灵活移动使用;③淬火后表面清洁,无氧化、脱碳现象,变形也小。其缺点是:①表面容易过热;②较难得到小于 2 mm 的淬硬层深度,只适用于火焰喷射方便的表层上;③所采用的混合气体有爆炸危险。

1. 火焰的结构及其特性

火焰淬火可用下列混合气体作为燃料:①煤气和氧气(1∶0.6);②天然气和氧气(1∶1.2~1∶2.3);③丙烷和氧气(1∶4~1∶5);④乙炔和氧气(1∶1~1∶1.5)。不同混合气体所能达到的火焰温度不同,最高为氧、乙炔焰,可达 3 100 ℃;最低为氧、丙烷焰,可达 2 650 ℃。通常用氧、乙炔焰,简称氧炔焰。

乙炔和氧气的比例不同,火焰的温度不同。图 4.26 为氧炔焰的温度与其混合比的关系。由图可见,当 O_2 与 C_2H_2 的体积比为 1 时,体积比略有波动,将引起火焰温度很大的变化;而体积比为 1~1.5 时,火焰温度最高,且温度波动较小。最常用的氧炔焰比例为 $\varphi_{O_2}/\varphi_{C_2H_2}=1.15\sim1.25$。

乙炔与氧气的比例不同,火焰的性质也不同,可分为还原焰、中性焰或氧化焰。图 4.27为中性氧炔焰的结构及其温度分布示意图。火焰分为:焰心、还原区和全燃区 3 个区,其中还原区温度最高(一般距焰心顶端 2~3 mm 处温度达最高值),应尽量利用这个高温区加热工件。

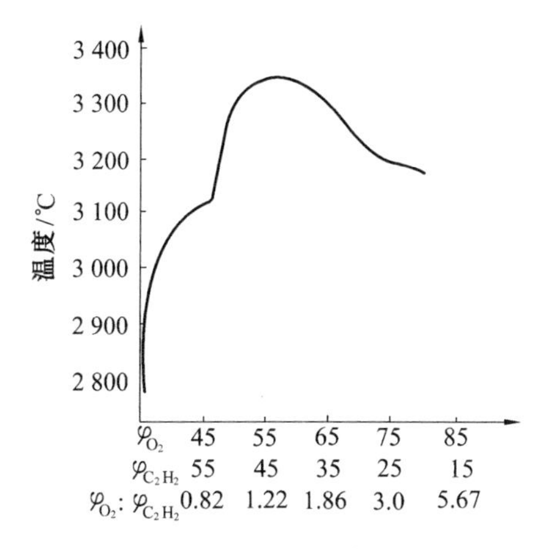

图4.26　氧炔焰温度与其混合比关系

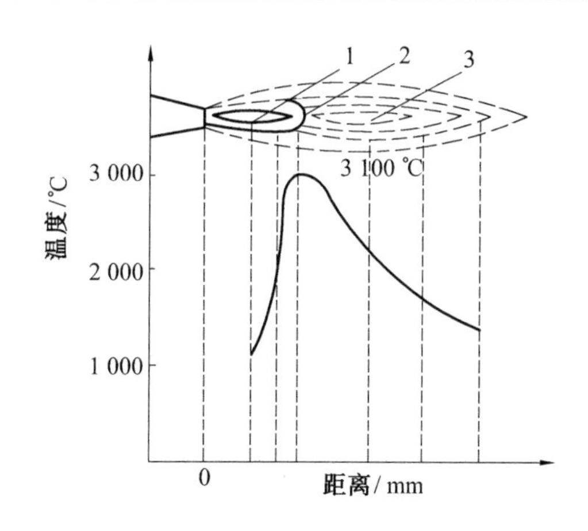

图4.27　氧炔焰结构及温度分布示意图

1—焰心;2—还原区;3—全燃区

2. 火焰淬火喷嘴

火焰淬火一般采用特别的喷嘴,基本上有如图4.28所示的3种类型。整个喷头由喷嘴、带混合阀的手柄管以及一个紧急保险阀组成。喷嘴必须通水冷却。

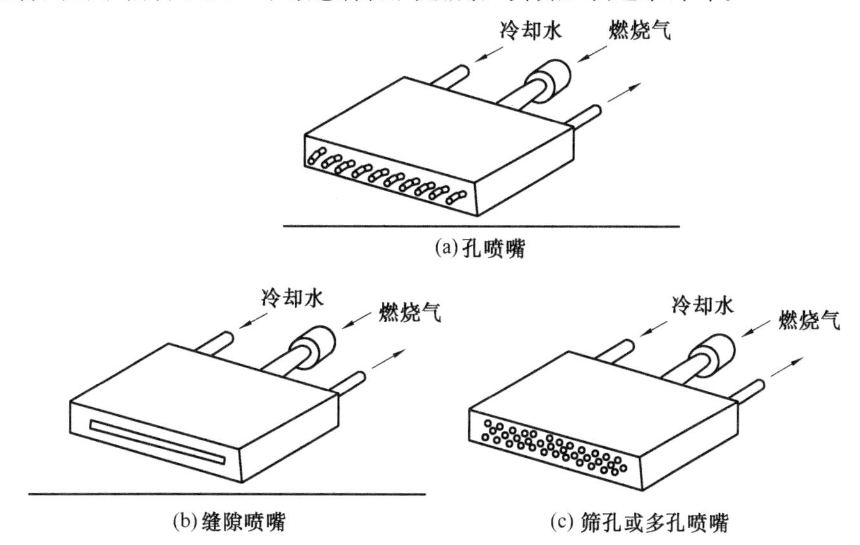

图4.28　不同类型的喷嘴

喷嘴还可根据工件的形状设计成不同的结构。图4.29为几种不同形状工件淬火用喷嘴。扁形喷嘴是平面淬火用的,环形及扇形喷嘴用于圆柱形工件淬火,特形喷嘴用于沿齿沟淬火。

3. 火焰淬火工艺

根据工件需淬火的表面形状、大小、淬火要求以及淬火工件的批量,火焰淬火操作方法有如图4.30所示6种。

(1)同时加热淬火。即欲淬火工件表面一次同时加热到淬火温度,然后喷水或浸入淬火介质中冷却(见图4.30(a))。它适用于较小面积的表面淬火,也适用于大批量生产,便于实现自动化。

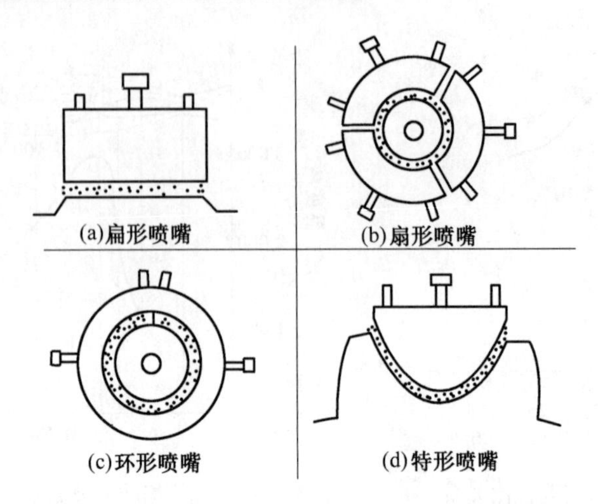

图 4.29　不同形状工件淬火用喷嘴

（2）旋架淬火法。也称旋转淬火法，即工件在加热和冷却过程中旋转，可使工件加热均匀。适用于圆柱形或圆盘形工件的表面淬火（见图 4.30（b））。

（3）摆动淬火法。靠喷嘴在工件上面来回摆动，以扩大加热面积。当欲加热部分表面均匀地达到加热温度时，采用和同时加热法一样的方法冷却淬火。它适用于较大面积、淬硬层深度较深的工件表面淬火（见图 4.30（c））。

（4）推进淬火法。即火焰喷嘴连续沿工件表面欲淬火部位向前推进加热，喷水器随后跟着喷水冷却淬火（见图 4.30（d））。它适用于导轨、机床床身的滑动槽等的淬火。

（5）旋转连续淬火。为旋转淬火与推进淬火法的组合，适用于轴类零件的表面淬火（见图 4.30（e））。

（6）周边连续淬火法。火焰喷嘴和喷水器沿着淬火工件的周边做曲线运动来加热工件周边和冷却（见图 4.30（f））。此法的主要缺点是开始加热淬火区与最终淬火加热区相遇时要产生软带。

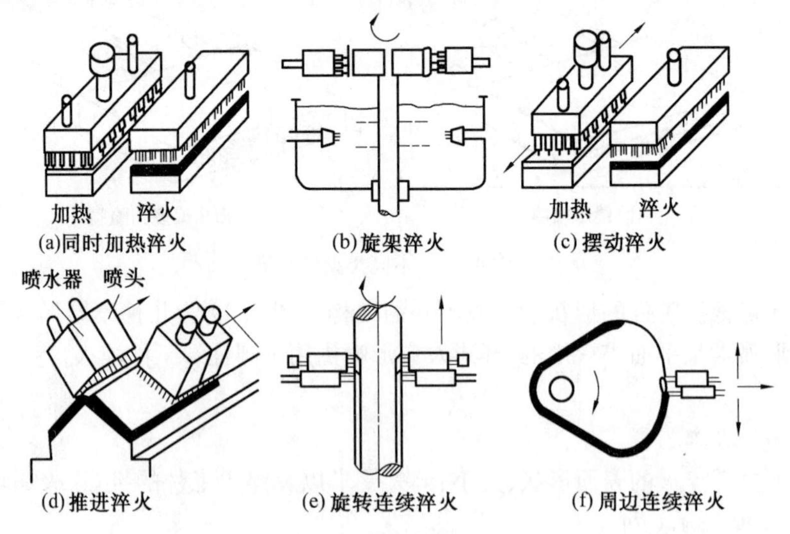

图 4.30　火焰淬火操作方法

火焰淬火时，沿工件截面产生一温度梯度，它与火焰给热速度有关。供给热量的速度越大，温度梯度越大，加热至淬火温度以上的层深越浅，淬硬层也越浅；反之亦然。

火焰淬火时,影响表面温度及淬硬层深度的有如下因素。

(1)火焰喷嘴与工件表面的距离。火焰最高温度区在距焰心顶2~3 mm处,工件表面离这个部位的远近,直接影响工件表面的加热速度。

(2)加热时间。加热时间越长,表面温度越高,加热深度越深。在推进式加热时,推进速度越慢,表面温度越高。一般推进速度为50~150 mm/min。

(3)加热停止与喷水冷却间隔时间。间隔时间越长,表面温度下降越多,加热深度加深。此应适当控制,一般以停留5~6 s为宜。在连续淬火或推进式加热淬火时,主要控制火焰喷嘴与喷水孔之间的距离,一般为10~15 mm。

火焰淬火后进行炉中回火或自回火。炉中回火温度为180~220 ℃,保温1~2 h。

4.3.3　其他表面淬火法

1. 电解液加热表面淬火

将工件放入盛有5%~15%碳酸钠水溶液的电解槽中,工件为阴极,电解槽为阳极,两极间加一定直流电压,使电解液电解,在阳极上放出氧气,阴极工件上析出氢气。包围工件的氢气膜使工件与电解液隔开,氢气膜具有很大电阻,当有很大电流通过时,将产生大量的热,达到很高的温度,工件浸入电解液部分迅速被加热,如图4.31所示。当工件表面被加热到淬火温度时,停止送电,氢气膜立即破裂,包围工件的电解液使工件迅速冷却淬火。电压在150~300 V之间调整,电流密度为3~4 A/cm^2,加热时间由试验确定。

电解液加热淬火工艺简单,生产率高,变形小,可纳入生产流水线,如内燃机阀杆的顶端淬火等。但对形状复杂,尺寸较大的工件不宜采用。

2. 电接触加热表面淬火

借一特制的可移动的电极与工件表面接触,并通以低电压大电流,借接触电阻加热工件表面而淬火的方法称为电接触加热表面淬火。图4.32为机床导轨电接触加热表面淬火线路图。电极用硬紫铜做成滚轮,在欲淬火部位滚轮缓慢滚过,滚轮与工件接触电阻产生的热量为

$$Q=I^2R\tau \tag{4.18}$$

式中　R——接触电阻,Ω;

I——电流强度,A;

τ——接触时间,s。

加热后可以水冷,也可以利用工件本身向未加热部位传热冷却淬火。

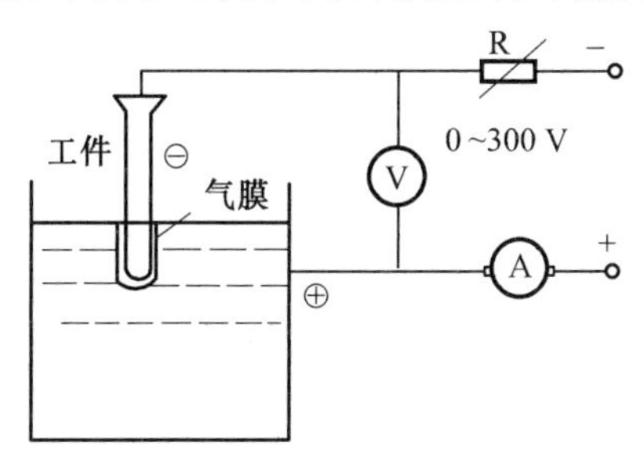

图4.31　电解液淬火示意图

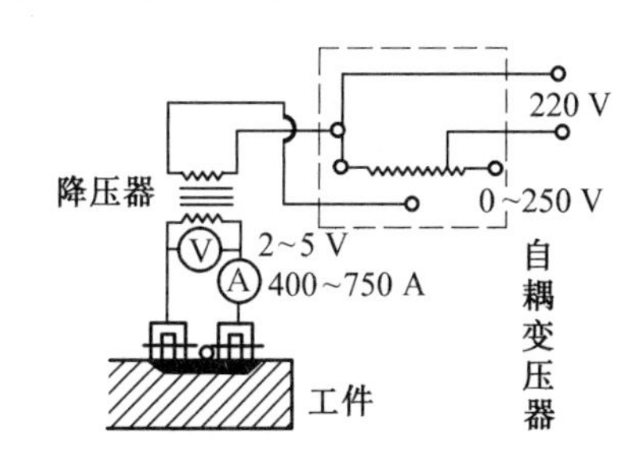

图4.32　机床导轨电接触加热表面淬火线路图

3. 激光和电子束加热表面淬火

激光和电子束加热表面淬火是20世纪70年代初发展起来的两种新技术，由于它们加热上的一些显著特点，为金属的表面热处理带来了一些新的概念和特点。

(1)激光热处理的基本原理[11,12]

激光是一种亮度极高，单色性和方向性极强的光源。激光加热和一般加热方式不同，它是利用激光束由点到线、由线到面的以扫描方式来实现。常用扫描方式有两种：一种是以轻微散焦的激光束进行横扫描，它可以单程扫描，也可以交叠扫描，如图4.33(a)、(b)所示。另一种是用尖锐聚焦的激光束进行往复摆动扫描，其热影响区如图4.33(c)所示。

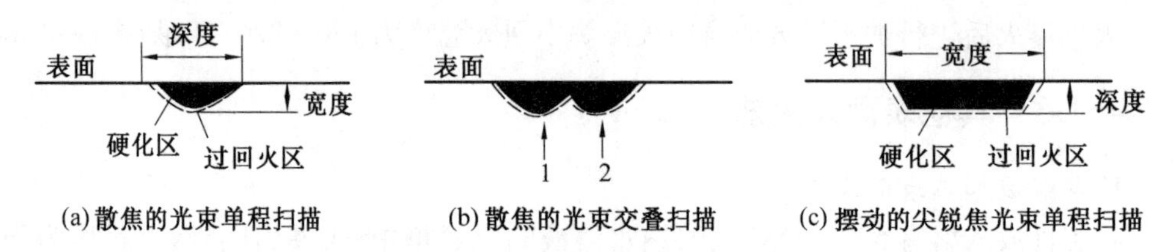

图4.33 不同聚集程度的激光束扫描产生的热影响区

表面淬火时最主要的是控制表面温度和加热深度，因而用激光扫描加热时关键是控制扫描速度和功率密度。如果扫描速度太慢，温度可能迅速上升到超过材料的熔点；如果功率密度太小，材料又得不到足够的热量，以致达不到淬火所需要的相变温度，或者停留时间过长，加热深度过深，以致不能自行冷却淬火。

由于激光加热是一种光辐射加热，因而工件表面吸收热量除与光的强度有关外，还和工件表面黑度有关。一般工件表面光洁度很高，反射率很大，吸收率几乎为零。为了提高吸收率，通常都要对表面进行黑化处理，即在欲加热部位涂上一层对光束有高吸收能力的薄膜涂料。常用涂料有磷酸锌盐膜、磷酸锰盐膜、碳黑、氧化铁粉等，但以磷酸盐膜为最好。厚为3～5 μm的磷酸盐膜对10.6 μm波长的激光束吸收率可达80%左右。

(2)激光热处理的特点、发展和应用

激光热处理的特点如下：①加热速度快，淬火不用冷却剂。因为激光具有高达10^6 W/cm^{2}的能量密度，故可使金属表面在百分之几甚至千分之几秒内升高到所需淬火温度。由于升温快加热集中，因而停止照射时可以把热量迅速传至周围未被加热金属，被加热处可以迅速冷却，达到自行淬火的效果。由于加热速度极快，故可以得到超细晶粒。②可以进行局部的选择性淬火。由于激光具有高的方向性和相干性，可控性能特别好，它可用光屏系统传播和聚焦。因此，可以按任何复杂的几何图形进行局部选择性加热淬火，而不影响邻近部位的组织和粗糙度。对一些拐角、狭窄的沟槽、齿条、齿轮、深孔、盲孔表面等用光学传导系统和反射镜可以很方便地进行加热淬火。③几乎没有变形。

由于激光热处理有上述特点，现在已在工业生产中应用。例如汽车上可锻铸铁转向器壳体内壁用激光淬火可得宽1.5～2.5 mm，深0.25 mm的硬化带，耐磨性可增加10倍。用15台CO_2连续激光热处理设备，每天可处理该种壳体30 000个。又如用10 kW CO_2激光器处理4140H结构钢轴，淬火深度为0.25 mm，硬度为HRC55。其他如曲轴颈圆弧处的局部淬火、阀座、阀门杆等均可采用激光热处理。可以预料，今后的激光热处理将会进一步发展。

(3)电子束加热表面淬火[13]

电子束加热是通过电子流轰击金属表面，电子流和金属中的原子碰撞来传递能量进行加热。由于电子束在很短的时间内以密集的能量轰击表面,表面温度迅速升高,而其他部位仍保持冷态。当电子束停止轰击时,热量快速向冷基体金属传播,使加热表面自行淬火。

电子束加热表面时,表面温度和淬透深度除和电子束能量大小有关外,还和轰击时间有关,轰击时间长,温度就高,加热深度也增加。

电子束可以聚焦和转动,因而有与激光相同的加热特性。

激光加热和电子束加热相比较,电子束加热效率高,消耗能量是所有表面加热中最小的;而激光加热的电效率低,成本较高,仅优于渗碳。大功率激光器维护也比较复杂,但除了激光器本身外,无特殊要求,而电子束系统需要有一定真空度。电子束加热工件表面不需特殊处理,而激光加热工件表面要进行黑化处理。激光具有极高的可控性能,可精确地瞄准加热部位,电子束的可控性则较激光差。由此可见,电子束加热热处理和激光热处理将成为在工业上应用中竞争的对手。

4. 等离子体束加热表面淬火

等离子体束加热表面淬火是一种利用常压气体中电弧放电产生等离子体,经压缩成高温高速等离子体束,加热工件表面,进行表面淬火的热处理工艺。

进行等离子体束表面淬火的主要装置是等离子枪及其供电电源。等离子枪的结构示意图如图4.34所示,电源连接示意图如图4.35所示。从进气管通入载气(例如氩气),充满枪体,在钨电极和喷嘴之间引发电弧产生等离子体,在孔道中压缩,从喷嘴喷射出等离子体束。[14]

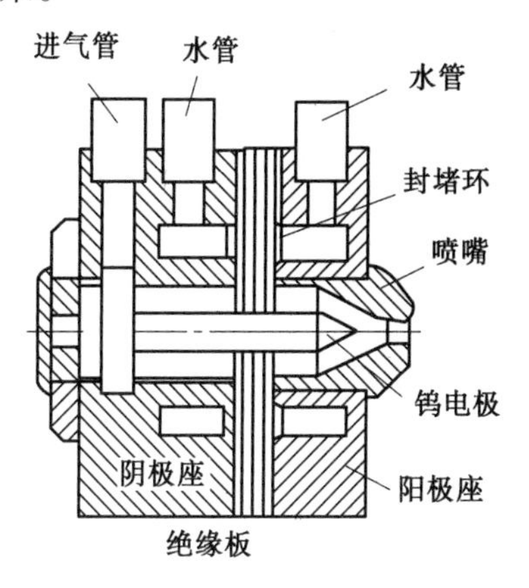

图4.34　等离子体枪结构示意图

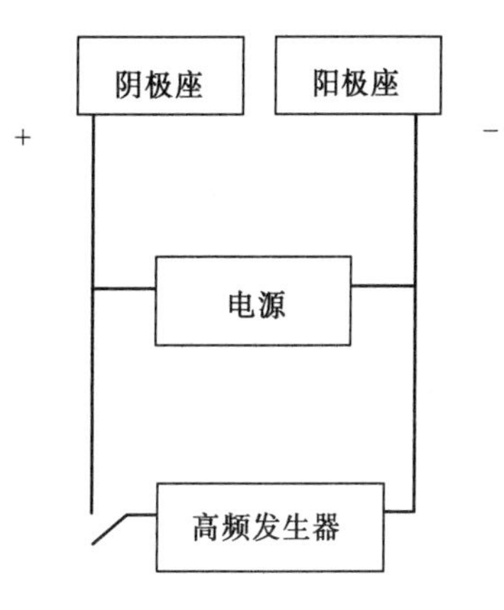

图4.35　等离子体枪电源连接示意图

由于钨极与喷嘴(阴极)有一段距离,故电源空载电压加上后并不能立即产生电弧,还需并联一高频引弧电源,高频电源接通后产生火花放电,于是电弧便被引发,随即切断高频电源。引燃后的电弧在孔道中产生压缩效应,温度升高,喷射速度加大。

常压电弧等离子体虽然是冷等离子体,但是等离子体中的电子温度高达 $10^3 \sim 10^4$ K,等离子体的温度也相当于 2 000 ~ 20 000 K。等离子体束压缩得越小,高能粒子密度越大,等离子体束的能量密度就越大。其横截面积能量密度可达 105 ~ 106 W/cm^2,故也是一种高能束。

与激光束、电子束加热表面淬火比较,等离子体束加热表面淬火有如下特点。

(1)制备简单,投资少。等离子体束枪发生装置主要包括产生电弧放电的电源和产生等离子体束的发射枪,其投资不到激光发生器的1/3。

(2)激光束加热前被加热工件表面需要进行黑化处理,电子束加热表面淬火需在真空室内进行,而等离子体束加热无须黑化处理,也不用在真空室内进行。

(3)可以处理异形截面工件。由于等离子体束枪可以任意移动,探入工件内部,加热工件内表面,如内圆柱面、沟槽等表面,而这些表面如用激光束加热,需要加设一种激光反射装置,而电子束则无法加热。

(4)等离子体束加热可以在惰性气体保护下进行,因而无氧化脱碳作用。如果用反应气体作载气,例如氮气,还可以在淬火加热同时掺杂氮元素,在表面形成氮化物,进一步提高淬硬层的硬度和耐磨性。

由于等离子体束加热也是一种外热源加热,在工件表面获得热量后也靠热传导向工件内部传热,故具有与激光束、电子束加热相类似的特点;但由于等离子体束加热设备简单,能量利用率高,不需要激光束加热的事先表面黑化处理,也不像电子束加热那样需在真空室内进行,故近年来等离子体束加热表面淬火有很大的发展。

图4.36为一般硼铸铁制汽缸套内表面经等离子体束加热表面淬火后的照片[15],基体硬度为HV300,经表面淬火后硬化层硬度可达HV800~900,硬化带宽2.5~4 mm,深0.1~0.2 mm,如此处理后,使用寿命提高1.5倍。

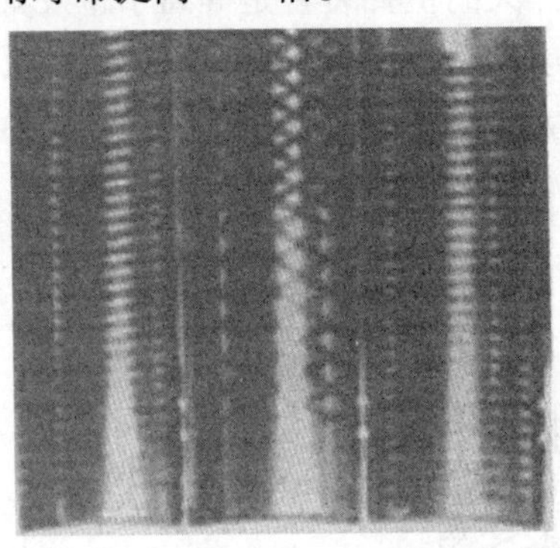

图4.36 汽缸套内表面等离子体束加热表面淬火照片

习 题

1. 何谓透入式加热和传导式加热?试比较它们的优缺点。如何选择这两种加热方式?

2. 有一种45钢制圆盘,直径100 mm,高10 mm,要求圆周淬火,淬硬层深1.5 mm,试选择感应淬火设备,并确定感应圈尺寸。

3. 试比较高频感应加热、火焰加热之异同点,以及它们在表面淬火时的特点。

参考文献

[1] WYSS U. Wärmebehandlung der Bau-und Werkzeugstähle[M]. 1978.

[2] 井口信洋,等. 日本金属学会志,1975,39.

[3] ГУДЯЕВ А П. Термическая обработка стали[M]. МАШГИЗ,1960.

[4] ESKSTEIM H J. Wärmebehandlung Von stahl[M]. Leipzing, 1971.
[5] КИДИН И Н. Технологические особенности термической обработки стали с применеием индукционного нагрева[M]. МАШГИЗ,1959.
[6]"钢铁热处理"编写组. 钢铁热处理——原理及应用[M]. 上海:上海科学技术出版社,1979.
[7]"钢的热处理裂纹和变形"编写组. 钢的热处理裂纹和变形[M]. 北京:机械工业出版社,1978.
[8] 樊东黎,徐跃明,佟晓辉. 热处理工程师手册[M]. 2版. 北京:机械工业出版社,2005.
[9] 哈尔滨工业大学. 感应热处理[M]. 哈尔滨:黑龙江人民出版社,1975.
[10] ГОЛОВИН Г Ф. Высокочастотная термическая обработка[M]. МАШГИЗ,1959.
[11] 李志忠. 激光热处理[M]. 北京:国防工业出版社,1978.
[12] 刘光曙. 金属热处理,1979,3.
[13] 于志勤,房为捷. 金属热处理,1982,6.
[14] 李银俊,尹华跃,张文静. 新技术新工艺,2005,3.
[15] 崔洪芝,尹华跃,张磊. 机械制造,2002,40(449).

第 5 章

合金的固溶处理、调幅分解处理和时效处理

固溶处理、调幅分解处理和时效处理是不同于前面所讲述的退火、正火、淬火、回火的另一类金属合金的整体热处理工艺,主要是为了满足对金属材料高强度、高韧性,以及一些特殊的物理、化学性能要求,适用于一些非铁合金,例如镍基、钛基、铝基和镁基合金,以及一些功能材料等。

本章主要讲述固溶处理、调幅分解处理和时效处理的基本含义、工艺原理和方法,以及工艺质量控制等问题。由于不同合金的固溶处理、时效处理的工艺差别很大,故本章主要讲述它们的共性问题,再结合几种典型合金,介绍一些特殊问题。

5.1 固溶处理

将合金加热到高温单相区一定温度,保温一定时间,使第二相充分溶解到固溶体中,随之迅速冷却至室温,以获得溶质原子在该基体相中的过饱和固溶体的热处理工艺,被称为固溶处理(solution treatment)。如图5.1所示,将成分为C_0的合金,加热到T_1的温度,使第二相β充分溶入α相,然后迅速冷却到室温,获得成分为C_0的α相过饱和固溶体。固溶处理与钢的淬火的本质差别在于固溶处理在加热时第二相要充分溶解到固溶体中;而钢的淬火加热时第二相可以不全都溶解到固溶体中。固溶处理冷却过程中不发生相变,仅是把高温相固定下来;而钢的淬火在冷却过程中发生相变,由奥氏体变成马氏体或贝氏体。

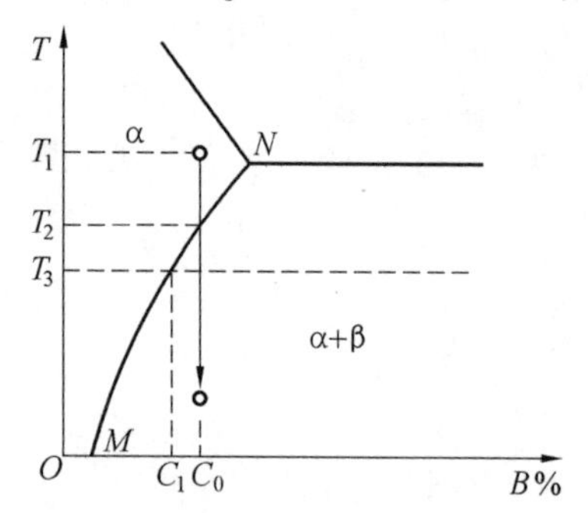

图5.1　固溶处理示意图

固溶处理的目的主要是使合金中第二相充分溶解,为沉淀硬化处理或调幅分解处理作组织准备;强化固溶体,并提高其韧性及抗蚀性能;获得适宜的晶粒度,以保证合金高温抗蠕变性能;消除应力与软化,以便继续加工或成型等。

这种热处理工艺适用于有色金属、高温合金、特殊性能合金。除了用于要求高的强韧性、高的强度质量比的工件外,还适用于热处理后需要再加工的零件,消除工件在成形工序间的冷作硬化等。

5.1.1　固溶处理的加热

固溶处理工件可以采用随炉加热，也可以热炉装料加热。加热介质则根据处理材料的合金成分，加热温度，对工件加热表面质量要求，以及加热后的冷却方式而定。

5.1.2　固溶处理的加热温度

固溶处理的加热温度首先根据处理合金的化学成分，按照该合金的状态图来选择。其选择原则是防止晶粒过分粗大（过热）及晶界氧化或局部熔化（过烧），要使第二相充分地溶入固溶体。具体加热温度的选择应根据原始组织状况（如组织均匀性、第二相大小等），以及工件大小及控温精度等确定。

5.1.3　固溶处理的加热保温时间

固溶处理的加热保温时间应根据加热方式、加热介质、工件大小、原始组织状态等确定，其考虑原则可参阅本书前几章相关内容，其基本原则是要使第二相充分溶解，例如第二相粗大、分布不均匀的，应取较长保温时间，第二相细小且均匀分布的可采用较短保温时间等。

5.1.4　固溶处理的冷却

加热后的冷却速度必须确保冷却过程中没有第二相的析出，得到完全的过饱和固溶体。采用何种冷却方式、何种冷却介质，视合金成分、固溶处理目的而定。

下面简单介绍几种合金的固溶处理：

1. 18-8 型铬镍奥氏体不锈钢的固溶处理

18-8 型铬镍奥氏体不锈钢的主要成分是 Cr（w_{Cr} = 17% ~ 19%），Ni（w_{Ni} = 8% ~ 11%）。图5.2为18-8铬镍钢平衡图的一角[1]，主要示出了碳含量的影响。该种钢固溶处理的目的是使碳化物充分溶解，奥氏体成分均匀，提高抗腐蚀性能；降低硬度，改善切削加工性能。因此该种钢的固溶处理加热温度应选在图中 *ES* 线以上，比较常用的是 1 050 ~ 1 100 ℃，使 $Cr_{23}C_6$ 碳化物充分溶解，奥氏体成分均匀。钢中碳含量越高，加热温度也越高。通常应在中性或稍有氧化性的气氛中加热，加热时间通常按直径或厚度每毫米保温 1 ~ 2 min，加热后应迅速冷却，以保证完全固定加热时得到的奥氏体组织状态。因此，除了薄壁零件可采用空气冷却外，一般多采用水冷。

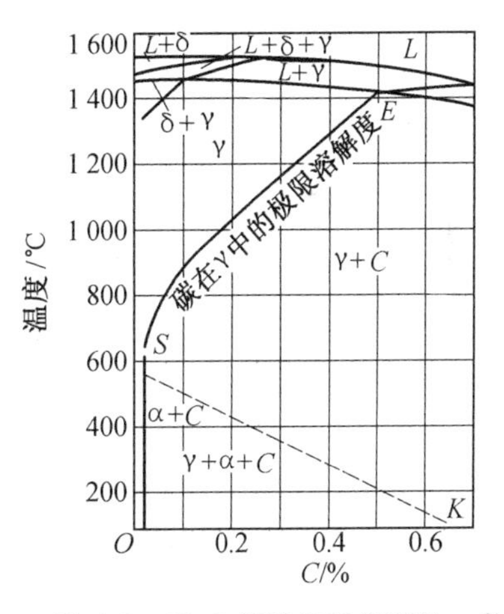

图5.2　18-8铬镍钢平衡图的一角

2. 铝合金的固溶处理

铝合金是航空航天工业最常用的金属材料，一般都要进行热处理强化，而其中最常用的是固溶处理。铝合金固溶处理的目的是固溶强化，改善切削加工性能，为后继时效处理沉淀强化作组织准备。

(1)加热温度

加热温度主要根据合金状态图确定。图5.3为铝铜状态图。如以4% Cu的铝合金为例,应加热到α相区以得到单相α固溶体。从固溶处理目的考虑,应选择较高温度,使第二相$CuAl_2$充分溶解,获得成分均匀的固溶体。其上限温度应防止α固溶体晶粒粗大,防止产生晶界氧化和晶界局部熔化等缺陷。一般加热温度为495~505 ℃。对于铝铜镁系三元合金,其变温三元合金垂直截面图如图5.4所示。设为LY12合金(化学成分:$w_{Cu}=3.8\%\sim4.9\%$,$w_{Mg}=1.2\%\sim1.8\%$,$w_{Mn}=0.3\%\sim0.9\%$,$w_{Zn}=0.3\%$,$w_{Ni}=0.1\%$),其S(Al_2CuMg)和θ($CuAl_2$)相完全溶入α固溶体的温度非常接近于三相共晶(α+S+θ)的熔点507 ℃,所以固溶处理加热的过烧敏感性很大。为获得最大固溶度的过饱和固溶体,LY12合金最理想的加热温度为(500±3)℃,但实际生产上很难办到,所以其常用加热温度仍为495~505 ℃。

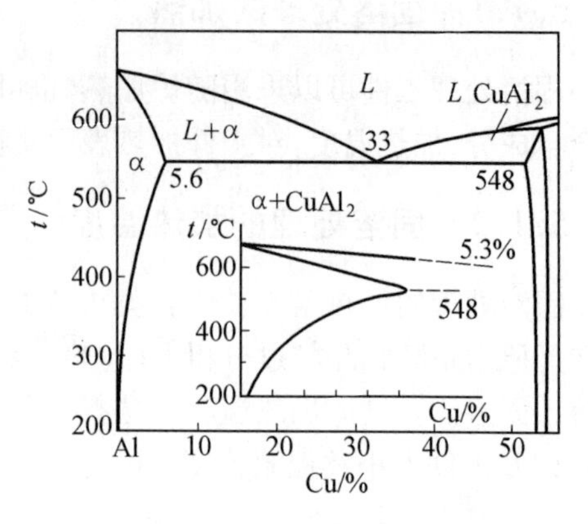

图5.3 铝-铜二元合金状态图

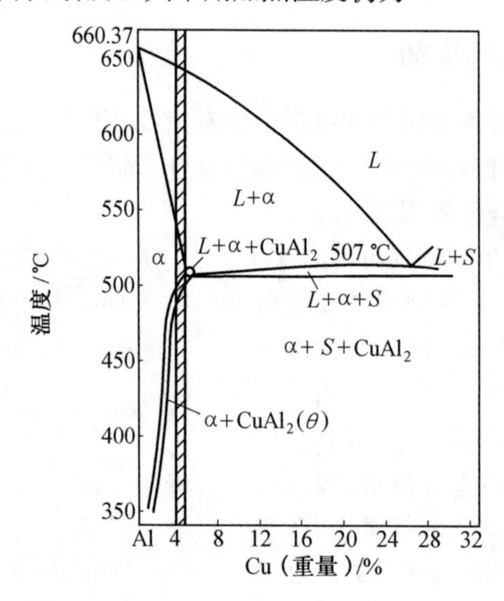

图5.4 铝-铜-镁三元合金变温垂直截面图

(2)加热时间(保温时间)

固溶处理加热时间从加热炉炉温到达加热温度开始计算,用于使工件透烧,以及第二相的充分溶解,并使固溶体均匀化。除了与合金成分有关外,还应考虑加热方式、加热介质、工件尺寸以及原始组织。目前铝合金固溶处理加热介质多用气氛炉,热炉装料加热。

(3)冷却

铝合金固溶处理加热后冷却的控制非常重要,冷却不当,将会严重影响后续时效处理强化效果,还会引起工件的变形,甚至开裂,因此要正确选择冷却方式和冷却介质,以获得恰当的冷却效果。总的原则是要确保在冷却过程中不产生成分的局部偏聚,影响后续的时效处理时强化相的沉淀析出过程,同时又要工件各部位冷却均匀,避免产生应力变形。一般应考虑以下问题:

①转移时间。即工件从加热区转移至入冷却介质前所经历的时间,在这转移过程中发生冷却可能引起固溶体内成分结构微细的变化,如成分起伏、空位的迁移等,影响以后时效处理时沉淀相的成核,从而影响时效处理合金的组织结构,影响强化效果。表5.1为LC4合金板材固溶处理加热后冷却转移时间对时效处理后合金力学性能的影响[2]。

转移时间的影响,实质是转移过程中工件的冷却对合金时效处理后力学性能所产生的影响。显然,转移过程中冷却得越快,影响越大。由此可以推知,工件厚度越厚,同时处理工件批量越大,允许转移时间越长。一般规定,铝合金厚度小于4 mm时,转移时间不得超过30 s,成批工件同时冷却时,转移时间可增长,对硬铝和锻铝为20~30 s,对超硬铝为25 s[3]。

表5.1　LC4合金板材固溶处理加热后冷却转移时间对时效处理后合金力学性能的影响

转移时间/s	σ_b/MPa	$\sigma_{0.2}$/MPa	延伸率/%
3	522	493	11.2
10	515	475	10.7
20	507	452	10.3
30	480	377	11.0
40	418	347	11.0
60	396	310	11.0

为了缩短转移时间,生产上常针对固溶处理工件,制造合适的设备去满足要求。例如上面为加热室,下面为冷却水槽,中间用活动门隔开的专用铝合金固溶处理设备,当工件加热结束后,打开中间隔离门,使工件直接落入冷却水槽中进行冷却,可把转移时间缩短至最小。

②冷却方式和冷却介质。其考虑方法和处理原则与前面钢的淬火冷却相类似,即根据固溶体冷却时第二相析出动力学曲线,推知抑制第二相析出所需要的冷却速度,寻找能满足该冷却速度要求的冷却介质和冷却方式。铝合金固溶处理冷却介质常用普通清水或有机聚合物的水溶液,此处不再叙述。

5.2　调幅分解处理

过饱和固溶体在一定温度下分解成结构相同、成分不同的两个相的过程,称为调幅分解。它按扩散偏聚机制进行分解,分解过程中,新相与母相总是保持着完全共格关系,分解产物只有溶质的富区与贫区,二者之间没有清晰的相界面。调幅分解的新相将择优长大(选择弹性变形抗力较小的晶向),因此大多数调幅组织具有定向排列的特征。图5.5所示为$x_{Cu}=51.5\%$,$x_{Ni}=33.5\%$,$x_{Fe}=15\%$合金的调幅组织[4]。

将合金加热到第二相完全溶入到母相中得到成分均匀的固溶体后,随之以一定的冷却速度冷却至调幅分解温度以下,然后在冷却过程中,进行调幅分解,或由固溶处理加热温度快速冷却得到室温获得过饱和固溶体(即固溶处理),然后再加热到一定温度,进行调幅分解,从而获得定向排列且具有一定性能的组织的热处理工艺,称为调幅分解处理。

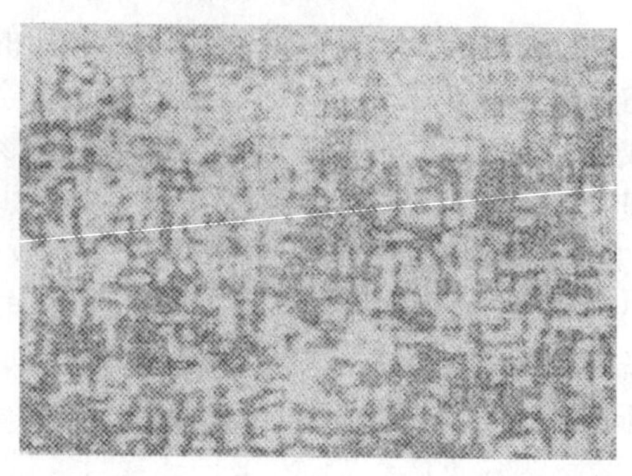

图 5.5　$x_{Cu}=51.5\%$，$x_{Ni}=33.5\%$，$x_{Fe}=15\%$ 合金的调幅组织
（亮区为富 Cu 区，暗区为富 Ni 区。×70000）

要进行这种热处理的合金应具有如图 5.6 所示的状态图，即加热到一定温度能形成单一固溶体，其下为能分解成成分不同但结构相同的两相，且两相的成分自由能曲线是连续的。溶解度曲线下的虚线为每一温度下成分自由能曲线上拐点的连线，称为调幅分解线，只有冷却至该虚线以下的温度且成分在虚线所包含的范围内的过饱和固溶体可以自发进行调幅分解。因此，只有成分在调幅分解线所包含的范围内的合金，才能进行调幅分解处理。

调幅分解前，固溶处理加热温度的选择原则与其他合金相似，即应该获得成分均匀的单相固溶体。固溶处理加热后的冷却速度，以确保固溶体在冷却过程中不发生分解，在调幅分解时能获得所需调幅分解组织及性能。

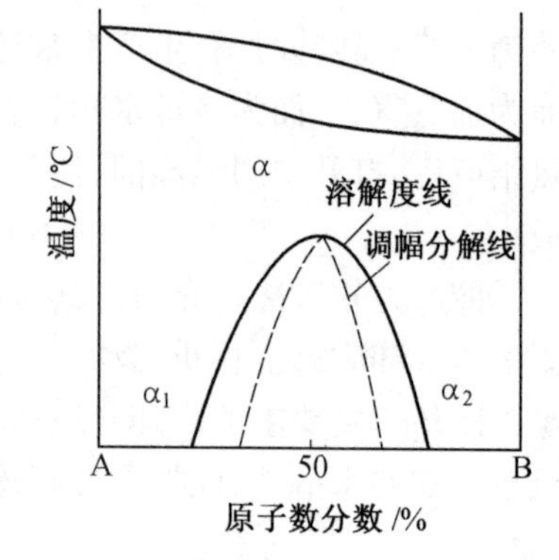

图 5.6　具有调幅分解的二元合金状态图

调幅分解处理可以直接从固溶处理温度连续冷却时进行调幅分解，也可以从固溶处理温度快冷至室温获得过饱和固溶体，再加热至一定温度进行调幅分解。

一般来说，固溶体内总有成分波动，设成分波动曲线按正弦曲线规律变化，若其成分波动幅度与溶解度曲线相交时将析出新相。设有一合金，有如图 5.7 所示的能发生调幅分解的相图，则成分为 50% B 的固溶体过冷到温度 T_1 时，其成分波动曲线如图 5.8 所示，因其温度和成分处于能进行调幅分解区域，当其成分波动的幅度 A 与析出新相的平衡浓度有偏差时，A 将能自动调整，即发生所谓成分调幅，达到 C_a 和 C_b 时，将析出 α_1 相和 α_2 相，即调幅分解。成分波动曲线的波长 λ 可以用来作为新相大小的度量。根据合金成分等条件不同，波长 λ 在 50 ~ 1 000 Å 范围内波动，波长 λ 与相对调幅分解线的过冷度有关。例如溶质浓度 $C=0.5$，调幅分解温度 $T_c=1\ 000$ K 时过冷度与波长的关系如图 5.9 所示。由图可见过冷度越大，波长越短，也就是说，析出新相越细小；但是过冷度越大，溶质原子的扩散越困难，调幅分解越难进行。

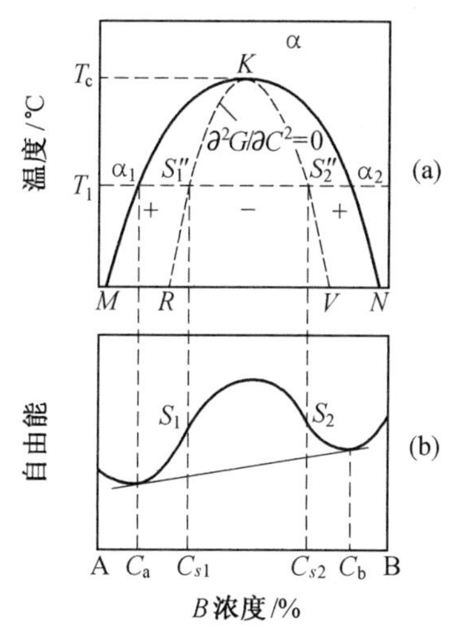

图5.7　调幅分解示意图
(a)相图调幅分解区；
(b)温度 T_1 时成分自由能曲线

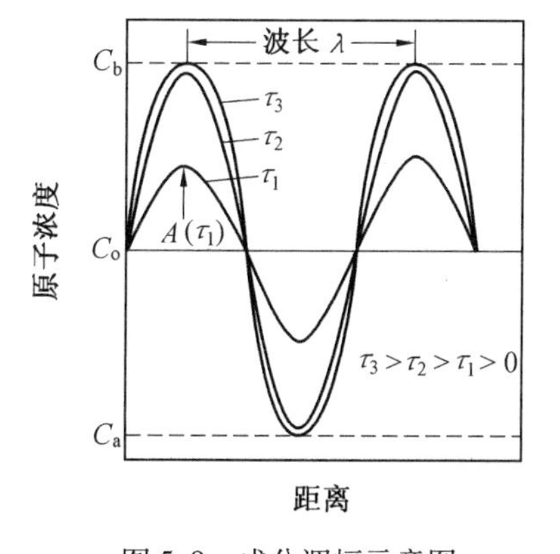

图5.8　成分调幅示意图

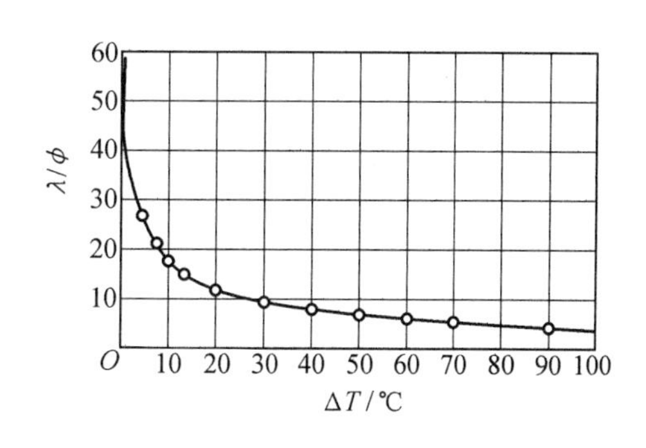

图5.9　调幅分解时成分波动波长 λ 与过冷度 ΔT 的关系

5.2.1　连续冷却调幅分解处理

连续冷却调幅分解处理只适用于合金基底成分(原子数分数)在50%左右的合金,只有这种合金,其调幅分解温度较高,可不用很快冷却速度直接从固溶处理温度冷却至调幅分解溶解度曲线以下,其间不发生固溶体分解。例如铁镍铝磁性合金,图5.10为Fe角到NiAl点的相图垂直截面[5],在铁的原子数分数为50%处,在成分上处于调幅分解区中心,只需适当的冷却速度连续冷却,即可进行调幅分解。

连续冷却调幅分解处理时,冷却速度应控制恰当, 由图5.10可以看到,固溶体分解的 $\alpha_1+\alpha_2$ 两相区是不对称的,当以恰当冷却速度由高温单相区冷却至两相分解区时,在冷却过程中 α 相逐步调幅分解为 $\alpha_1+\alpha_2$ 两相,因分解初期温度高(约800 ℃), α_1 相总量比 α_2 相总量少,因此能形成片状富铁的 α_1 相嵌在富镍铝的 α_2 相基体中的调幅结构。随着温度逐渐下降,铁原子向 α_1 相富集,使 α_1 相的铁磁性增加,镍、铝原子向 α_2 相富集,于是两相的成分及磁性差别越来越大,最后形成具有形状各向异性的单畴粒子 α_1 相嵌在弱铁磁

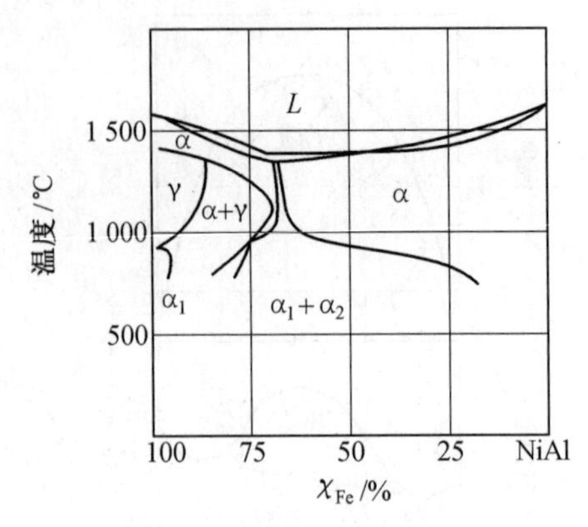

图 5.10 铁铝相图自 Fe 角至 NiAl 点的垂直截面

性 α_2 相基体的组织,使合金具有较高的 H_c 值。冷却速度太慢时 α_1 相易粗化长大,超过单畴尺寸,使 H_c 值降低;冷却速度太快时,两相分解没有达到合适的配比,合金的 H_c 值也降低,图 5.11 为 $x_{Ni}=27\%$,$x_{Al}=15\%$ 的铁镍铝合金连续冷却调幅分解时冷却速度对 H_c 值的影响[5],由图可见当冷却速度为 10 ℃/s 时 H_c 值最高。一般称使合金获得最佳永磁性能的冷却速度为临界冷却速度 V_c。合金的临界冷却速度主要与其成分有关,镍含量增加,临界冷却速度增大;铝则反之。

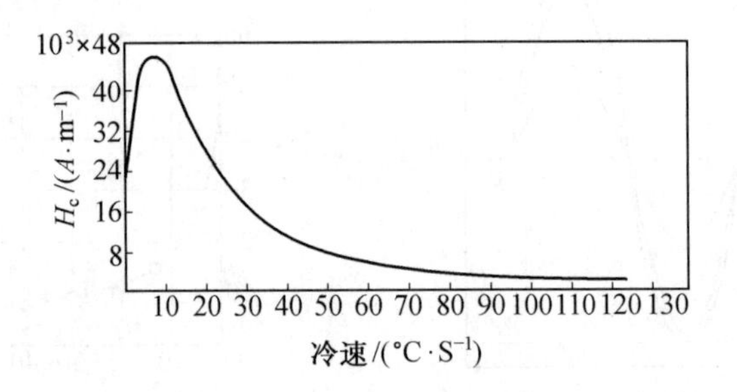

图 5.11 $x_{Ni}=27\%$,$x_{Al}=15\%$,其余为 Fe 合金的 H_c 与冷却速度的关系

5.2.2 固溶处理加再次加热调幅分解处理

含铁量与 50% 偏离较大时,例如 Fe 的原子数分数为 35% 左右的合金应先采用固溶处理,获得过饱和固溶体,然后在调幅分解线以下的温度加热,进行调幅分解,获得调幅结构。应适当选择调幅分解加热温度和保温时间,以获得合适的调幅结构和所需的性能。

调幅分解处理是采用由固溶温度直接连续冷却进行调幅分解还是采用由固溶温度直接快冷获得过饱和固溶体再加热进行调幅分解,视合金成分及所需性能而定。例如上述铁的原子数分数为 50% 的合金,若采用固溶处理获得过饱和固溶体再加热进行调幅分解,将不能获得高的永磁性能。如果在高的加热温度(约 800 ℃),虽然 α_1 相较少,形成 α_1 相嵌在 α_2 相基体中的组织,但其两相成分差别不大,磁性差别也不大,故不能很好发挥单畴作用,H_c 值也较低;降低调幅分解温度。如前所述,因 $\alpha_1+\alpha_2$ 两相区不对称,温度越低,两相区越偏向镍铝一边,则 α_1 相越多,成为基体而不呈单畴态,H_c 值很差。对于 Fe 的原子数分数为 35% 的合金,采用固溶处理再加热调幅分解的方法,适当选择调幅分解加热温度和加热时间,可以控制 α_1 相单畴尺寸,使合金成为形状各相异性的单畴集合体,从而具有高的 H_c 值。

由于调幅分解只有溶质的富区与贫区,二者之间没有清晰的相界面,新相与母相之间一直保持着共格关系,因而有很好的强韧性。对调幅分解组织的强化机制研究表明,调幅分解产物二相成分差对强化有重要作用,二相成分差越大,强化效果越显著。对这类合金一般采用固溶处理加再次加热调幅分解处理,加热温度较低。例如 Cu-15Ni-8Sn 合金采用固溶处理再加热进行调幅分解处理,调幅分解处理加热温度为 350～450 ℃[6]。

调幅分解处理具体加热温度和时间通过试验确定。

5.3　时效处理

时效处理（ageing treatment）是指合金工件经固溶处理,冷塑性变形或铸造、锻造后,在较高的温度保温或室温放置,使之发生强化相的沉淀,或保持其性能,而形状、尺寸随时间而变化的热处理工艺。将工件加热到较高温度,在较短时间进行时效过程的时效处理工艺,称为人工时效处理;若将工件放置在室温或自然条件下长时间存放而发生时效过程的时效处理工艺,称为自然时效处理。

时效处理的目的是提高合金的力学性能,改善切削加工性能,消除内应力,稳定工件尺寸,防止变形。

对过饱和固溶体通过加热使之进行强化相的沉淀过程的时效处理与淬火钢的回火不同,它的基体不发生相变,仅有固溶度的变化,沉淀相多为金属间化合物,而不是碳化物。

为了消除工件内内应力,防止工件在长期使用中形状和尺寸变化的时效处理,属消除应力退火范畴,已在第2章中叙述,此处不再涉及。

5.3.1　铝合金的时效处理

铝合金的时效是沉淀强化时效处理的典型例子。如4% Cu-Al 合金,经固溶处理后,过饱和固溶体在某一温度加热依次发生如下过程:经过一定准备过程,即孕育期后,溶质原子 Cu 在铝基体{100}晶面上偏聚,形成铜原子富集区,称 GP Ⅰ 区,晶体结构类型与母相相同,与母相保持共格关系;保温时间进一步延长,铜原子进一步富集,区域进一步扩大并有序化,称 GP Ⅱ 区;随着时效过程进一步发展,铜原子进一步偏聚至较高比例（Cu∶Al=1∶2）时,形成过渡相 θ',过渡相已具有正方点阵,与基体（母相）共格关系开始破坏,由完全共格变为局部共格;时效后期,过渡相从铝基固溶体中完全脱溶,与基体共格完全破坏,形成与基体有明显相界面的稳定相 $CuAl_2$,称 θ 相。故其基本时效过程可以概括为:过饱和固溶体→形成铜原子富集区（GPI 区）→铜原子富集区有序化（GP Ⅱ 区）→形成过渡相 θ'→析出稳定相 θ（$CuAl_2$）+平衡的 α 固溶体。在时效发展过程中,经历着成分分布、组织结构等的不同变化,也将发生不同的强化机制和不同的强化效果。

该类铝合金过饱和固溶体在不同温度加热时效时,其等温分解动力学曲线示意图如图5.12所示。由图可见,不同加热温度,时效发展过程不完全一样,例如在 t_1 温度加热时效时,随着保温时间延长,时效过程将如前述由 GP Ⅰ 区向最后形成 θ 稳定相依次变化。当在 t_2 温度加热等温时,没有形成 GP 区阶段,而直接形成 θ' 相,然后随着等温时间的延长,最终将产生稳定相 θ 相。当在低于 t_1 温度加热时,在相当于 GP 区开始形成的 C 曲线鼻部时,GP 区形成前的孕育期最短,而过渡相和稳定相较难形成。加热温度进一步降低,则脱溶过程随着加热温度的降低,进行越慢。在较低温度进行时效处理,其形成的 GP Ⅱ

区,若在仅形成过渡相或稳定相的温度区间再加热,则 GP 区会很快溶解,回到过饱和固溶体状态,即产生所谓“回归现象”。

铝合金的时效处理工艺,应根据工件服役条件,所选合金成分及后续工序进行确定。

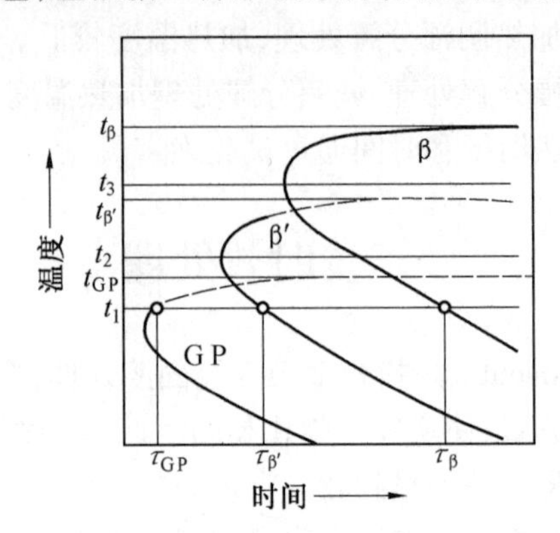

图 5.12 铝合金过饱和固体加热时效时,其等温分解动力学曲线(示意图)

1. 时效加热温度和保温时间

图 5.13 为硬铝合金在不同温度时效时强度随时间变化曲线。由图可见这种铝合金的最佳时效温度为 20 ℃,即室温、自然时效。当加热温度过高,例如图中 200 ℃的时效曲线,由于时效温度过高,直接析出过渡相,因而很快就达到峰值强度,其后就很快降低,而且其峰值强度远低于比它低的温度的时效曲线;又如 150 ℃的时效曲线,虽然其峰值强度不算低,但如保温时间超过峰值所需时间,因而强度降低,这种由于时效温度过高或时间过长,造成时效后强度不足的现象,称为“过时效”。又如时效温度为-5 ℃ 和-50 ℃的时效曲线,由于时效温度太低,溶质原子扩散困难,很难形成 GP 区,因而强度很低;在时效温度为 100 ℃和 20 ℃的时效曲线上,如保温时间不够,也没有到达峰值强度,这种由于加热温度过低或保温时间不足造成时效后强度不足的时效称为“欠时效”。

进行人工时效处理时,固溶处理后不宜在室温长期放置,以免影响人工时效的强化效果。铝合金自然时效或低于 100 ℃的人工时效处理后,抗晶间腐蚀能力提高。在较高温度进行人工时效,可提高抗应力腐蚀能力。

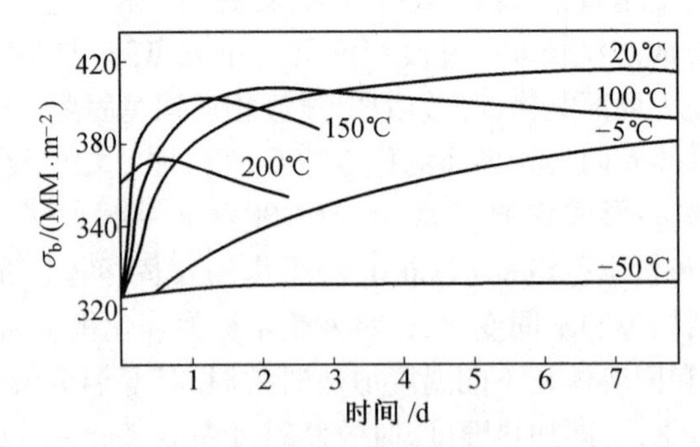

图 5.13 硬铝合金在不同温度时效时强度随时间变化曲线

2. 分段时效

先在室温或比室温稍高的温度下进行第一次时效,接着在更高的温度下再保温一段时间进行第二次时效,这种进行两次时效处理的工艺称为分段时效。这样处理有时会得到较好的效果。

对同一种合金,在较低温度时效时,固溶体过饱和度增加,析出物成核数增多,故第一次时效在较低温度进行,其目的在于获得弥散度较大的析出物;第二次在较高温度时效的目的在于温度较高,溶质原子较易扩散,使时效过程进行得较充分,沉淀物成长至一定尺寸,以获得弥散度较大且较均匀的析出物。

采用这种工艺的实例是 Al-Zn-Mg 合金,第一次时效处理加热温度 100 ℃左右,保温 10 ~20 h;第二次时效处理加热温度 175 ℃,时间视具体情况而定。

表 5.2 为常用铝合金的热处理工艺规范。

表 5.2　常用铝合金的热处理工艺规范

合金名称	合金牌号	固溶处理工艺		时效处理工艺		
		加热温度/℃	冷却介质	加热温度/℃	加热时间/h	冷却方式
硬铝	LY_1	450 ~505	水	室温	不少于4昼夜	空冷
	LY_{11}	450 ~505	水	室温	不少于4昼夜	空冷
	LY_{12}	450 ~505	水	室温	不少于4昼夜	空冷
				(板材 125 ~135)	20	空冷
				(型材 195)	6	空冷
	LY_{14}	497 ~503	水	室温	不少于4昼夜	空冷
超硬铝	LC_4	465 ~485	≤40 ℃水	板材 120 ~125	24	空冷
				型材 135 ~145	16	空冷
				分级时效 120±2	3	空冷
				升温至 160±2	3	
	LC_5	465 ~475	水	140	16	空冷
锻　铝	LD_2	515 ~525	水	150	6 ~15	空冷
		505 ~515	水	150 ~165	6 ~15	空冷
		505 ~525	水	150 ~165	6 ~15	空冷
		490 ~505	水	150 ~165	6 ~15	空冷

5.3.2　马氏体时效钢的时效处理

马氏体时效钢中碳含量极微,规定不得超过 0.03%,实际上是以 Ni 为主加合金元素的铁基合金。最典型的是 18Ni 型钢,此类钢一般含 w_{Ni} = 17% ~19 %,w_{Co} = 7% ~9%,w_{Mo} =4.5% ~5%,w_{Ti} =0.6% ~0.9 %,w_{Al} =0.1% ~0.25%。奥氏体化后空冷即可得到马氏体,这种马氏体是板条马氏体,是含有大量合金元素的过饱和固溶体。把这种马氏体再次加热到 450 ~500 ℃,保温,进行时效过程,析出弥散度极大、颗粒极细、与母相保持部分共格的 Ni_3M(M 代表 Mo,Ti 等金属元素)金属间化合物。经这样时效处理后,强度极大地提高,而又具有很好的韧性,在航天航空工业中获得广泛应用。马氏体时效钢的时效过程的细节,目前尚不十分清楚,基本上亦按照溶质原子偏聚、脱溶形成与母相保持一定共格关系的过渡相等顺序进行,当沉淀相与母相保持共格关系时,强度达到最大值。目前已有不少工作发现 18Ni 马氏体时效钢在时效过程初期,先进行调幅分解,然后在调幅结构中溶质原子富集区析出金属间化合物的过渡相[7]。

当时效温度超过 500 ℃时,马氏体开始逆转变形成奥氏体,金属间化合物重新溶入奥氏体中。

图 5.14 为 18Ni 马氏体时效钢的热处理工艺规程。此处固溶处理实际上发生马氏体相变,应该称它为淬火。

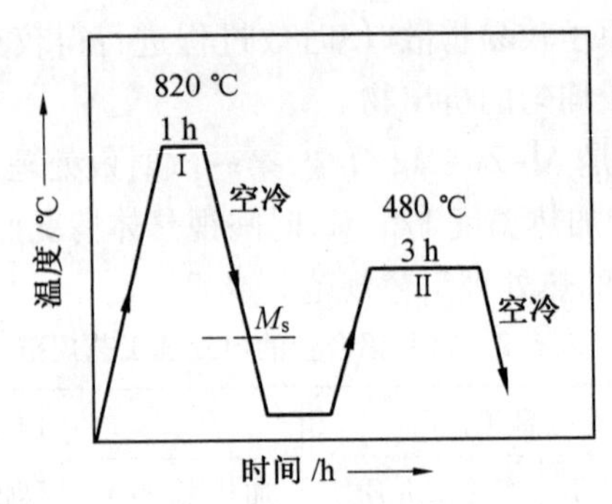

图 5.14　18Ni 马氏体时效钢的热处理工艺规程

习　　题

1. 试述合金的固溶处理与钢的淬火的异同点。
2. 试述合金的时效处理与钢的回火的异同点。
3. 试述合金的调幅分解与时效处理的异同点。

参 考 文 献

[1]崔崑. 钢铁材料及有色金属材料[M]. 北京:机械工业出版社,1980.
[2]樊东黎, 徐跃明, 佟晓辉. 热处理工程师手册[M]. 2 版. 北京: 机械工业出版社, 2005.
[3]热处理手册编委会. 热处理手册 第 1 卷[M]. 3 版. 北京: 机械工业出版社,2001.
[4]赵连城. 金属热处理原理[M]. 哈尔滨: 哈尔滨工业大学出版社,1987.
[5]马莒生. 精密合金及粉末冶金材料[M]. 北京:机械工业出版社,1982.
[6]祁红璋,等. Cu-15Ni-8Sn 合金的开发与应用现状[J]. 金属功能材料,2009,16(4):57 ~60.
[7]徐祖耀. Spinodal 分解始发形成调幅组织的强化机制[J]. 金属学报,2011,47(1):1 ~6.

第6章

金属的化学热处理

金属制件放在一定的化学介质中，使其表面与介质相互作用，吸收其中某些化学元素的原子(或离子)并通过加热，使该原子自表面向内部扩散的过程称为化学热处理。化学热处理的结果是改变了金属表面的化学成分和性能。简言之，所谓金属的化学热处理就是改变金属表面层的化学成分和性能的一种热处理工艺。

金属的化学热处理的目的是通过改变金属表面的化学成分及热处理的方法获得单一材料难以获得的性能，或进一步提高金属制件的使用性能。例如低碳钢经过表面渗碳、淬火后，该种钢制工件表面具有高硬度、高耐磨性的普通高碳钢淬火后的性能，而心部却保留了低碳钢淬火后所具有的良好的塑性、韧性的性能，显然，这是单一的低碳钢或高碳钢所不能达到的。又如高速钢刀具，在进行一般热处理后，再进行软氮化或离子渗氮，则可进一步提高耐磨性和抗腐蚀性能，从而进一步提高刀具的使用寿命。

根据不同元素在金属中的作用，金属表面渗入不同元素后，可以获得不同的性能，因此，金属的化学热处理，常以渗入不同的元素来命名。常用化学热处理方法及其使用范围见表6.1。

表6.1　常用化学热处理方法及其适用范围

名　　称	渗入元素	适用范围
渗　　碳	C	用来提高钢件表面硬度、耐磨性及疲劳强度，一般用于低碳钢零件，渗层较深，一般为1 mm左右
渗　　氮	N	用来提高金属的硬度、耐磨性、耐腐蚀性及疲劳强度，一般常用于中碳钢耐磨结构零件，不锈钢，工、模具钢，铸铁等也广泛采用渗氮。一般渗层深度在0.3 mm左右，渗氮层有较高的热稳定性
碳氮共渗(包括低温碳氮共渗)	C、N	用来提高工具的硬度、耐磨性及疲劳强度，高温碳氮共渗一般适用于渗碳钢，并用来代替渗碳，低于渗碳温度，变形小。低温碳氮共渗适用于中碳结构钢及工模具上
渗　　硫	S	减磨，提高抗咬合磨损能力，适用钢种较广，可根据钢种不同，选用不同渗硫方法
硫氮共渗	S、N	兼有渗N和渗S的性能，适用范围及钢种与渗氮相同
硫氰共渗	S、N、C	兼有渗S和碳氮共渗的性能，适用范围与碳氮共渗相同
碳氮硼三元共渗	C、N、B	高硬度、高耐磨性及一定的耐蚀性能，适用于各种碳钢、合金钢及铸铁
渗　　铝	Al	提高工件抗氧化及抗含硫介质腐蚀的能力
渗　　铬	Cr	提高工件抗氧化、抗腐蚀能力及耐磨性
渗　　硅	Si	提高工件抗各种酸腐蚀的性能
渗　　锌	Zn	提高铁的抗化学腐蚀及有机介质中的腐蚀的能力

6.1 化学热处理的基本原理

6.1.1 化学热处理的基本过程

化学热处理过程是一个比较复杂的过程，一般常把它看成由渗剂中的反应、渗剂中的扩散、渗剂与被渗金属表面的界面反应、被渗元素原子的扩散和扩散过程中相变等过程所构成[1]。

这些过程相互交叉进行，其中相界面反应与被渗元素在金属中的扩散是主要过程，例如渗碳的相界面反应

$$CH_4 = 2H_2 + [C]$$

产生活性碳原子，这活性碳原子就是钢表面渗碳碳原子的来源。

又如气体渗氮时，通入氨气与钢表面产生相界面反应

$$2NH_3 = 3H_2 + 2[N]$$

产生活性氮原子，渗入钢件表面进行渗氮。

渗金属时也可以类似反应表示。

扩散是相界面反应产生的原子渗入金属表面后向钢件内部的迁移过程。

化学热处理过程有时可以只有扩散过程，例如用热浸法渗金属时，就是把工件浸在熔融的金属中，直接吸附金属原子并向内部扩散。

6.1.2 化学热处理渗剂及其在化学热处理过程中的化学反应机制

化学热处理的渗剂一般由含有欲渗元素的物质组成，有时还需按一定比例加入一种催渗剂，以便从渗剂中分解出含有被渗元素的活性物质。但不是所有含有被渗元素的物质均可作为渗剂，而作为渗剂的物质应该具有一定的活性，渗剂的活性就是在相界面反应中易于分解出被渗元素原子的能力。例如普通气体渗氮就不能用 N_2 作为渗氮剂，因为 N_2 在普通渗氮温度不能分解出活性氮原子。

催渗剂是促进含有被渗元素的物质分解或产生出活性原子的物质，它仅是一种中间介质，本身不产生被渗元素的活性原子。例如固体渗碳时，除了炭粒以外，还尚需加碳酸钡和碳酸钠，这碳酸钡和碳酸钠就是催渗剂，渗碳过程的基本反应为

在渗碳温度时 $$Na_2CO_3 \xlongequal{\triangle} Na_2O + CO_2$$

$$BaCO_3 \xlongequal{\triangle} BaO + CO_2$$

分解出的 CO_2 与炭粒表面作用

$$CO_2 + C = 2CO$$

生成 CO 至钢件表面发生界面反应

$$2CO = CO_2 + [C]$$

C 渗入 γ-Fe 中。

在冷却时 $$Na_2O + CO_2 = Na_2CO_3$$

$$BaO + CO_2 = BaCO_3$$

显然，碳酸钡和碳酸钠在渗碳前后没有变化，仅在渗碳过程中把炭粒变成活性物质 CO。

化学热处理时分解出被渗元素的活性原子的化学反应有如下几类。

1. 分解反应

普通气体渗碳及气体渗氮都属于这一类,例如用甲烷渗碳

$$CH_4 = 2H_2 + [C]_{Fe中}$$

用 NH_3 渗氮

$$2NH_3 = 3H_2 + 2[N]_{Fe中}$$

2. 置换反应

例如渗金属时,常按下列反应进行

$$MeCl_x + Fe \longrightarrow FeCl_3 + Me$$

在钢表面沉积出金属。

3. 还原反应

例如渗金属时有时按下列反应进行

$$MeCl_x + H_2 \longrightarrow Me + HCl$$

不论何种反应,其分解出被渗元素的能力均可根据质量作用定律确定。根据质量作用定律,每一反应的平衡常数,在常压下,取决于温度;而当温度一定时,平衡常数也一定,则主要取决于参加反应物质的浓度(液态反应)或分压(气态反应)。因此,影响渗剂活性的因素首先是渗剂本身的性质,在渗剂一定条件下,则影响渗剂活性的因素是温度和分解反应前后参与反应物质的浓度或分压。

在第1章中已讲述了渗碳脱碳条件,以及在 $CO-CO_2$ 介质和 CH_4-H_2 介质中碳势变化规律,气氛碳势越高,渗碳能力越强,活性越高。由图1.8可以看出,当以CO作为渗碳剂时,随着CO的含量增加,渗碳能力增强。当含CO量一定时,随着温度的提高,渗碳能力降低。由图6.1可以看出以甲烷作为渗碳剂时,随着甲烷的增加,渗碳能力增加;随着加热温度的提高,渗碳能力也提高。比较图1.8和图6.1可以看出,甲烷含量很低时,其渗碳能力就很强,例如在900 ℃、甲烷含量为5%(体积分数),其碳势相当于渗碳体的碳浓度,而在同样温度一氧化碳含量要达到98%(体积分数)左右时,才能达到相当于渗碳体浓度的碳势。因此,甲烷的活性很强,在渗碳时只能通入少量甲烷,否则碳势太高,分解出来的碳来不及被钢件表面吸收,则将在工件表面沉积碳黑,阻碍渗碳过程的进行。

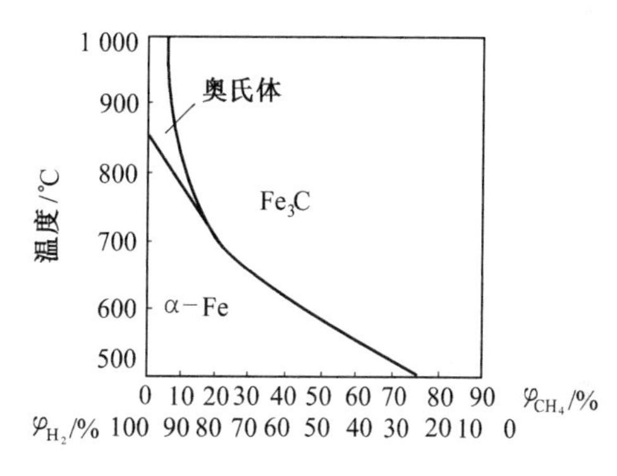

图6.1 碳钢在 CH_4 和 H_2 气氛中加热时的平衡图

6.1.3 化学热处理的吸附过程及其影响因素

化学热处理时,相界面反应是和金属表面对渗剂的吸附过程紧密相关的。现以CO在钢表面的相界面反应为例,来说明这一问题。

作热运动的CO分子不断冲刷钢件表面,当具有一定能量的CO分子冲入到Fe晶格表面原子的引力场范围之内时,将被铁表面晶格捕获而发生吸附。碳原子和氧原子均与Fe原子发生电子交互作用,是一种化学吸附。但是Fe晶格中Fe原子间距几乎比CO分子中碳、氧原子间距大一倍,一旦化学吸附发生,C-O被强烈变形,从而削弱了C和O间

原有的结合力,为破坏 C-O 键提供了有利条件。当气相中的 CO 分子碰撞在已被吸附在铁表面上的 CO 分子中的氧原子时,被吸附而变形的 CO 分子就很容易地与气相中的 CO 作用,成为 CO_2 和[C],吸附的[C]侵入铁的晶格而溶解于铁中。因为这种反应是可逆的,即还有 Fe 中的 C 与 CO 作用形成 CO_2,这两个正反过程进行直至平衡,对应的 Fe 表面有一平衡碳浓度,反映在该反应的平衡常数中为该状态下碳在 Fe 中的活度 α_C。

一般固体表面对气相的吸附分成两类,即物理吸附和化学吸附。物理吸附是固体表面对气体分子的凝聚作用,吸附速度快,达到平衡也快。吸附大多数为多分子层,固体晶格与气体分子间没有电子的转移和化学键的生成,随着温度的升高,吸附在固体表面上的分子离开固体表面(即解吸现象)越多。化学吸附则不同,它在吸附过程中的结合力类似化学键力,而且有明显选择性。化学吸附只能是单分子层,吸附的发生需要活化能,吸附速度随着温度的提高而增大。一般化学热处理的吸附过程随着温度的提高而增大。

吸附能力还和工件表面活性有关,工件表面活性就是吸附和吸收被渗活性原子能力的大小。

工件表面粗糙度越差,吸附和吸收被渗原子的表面越大,活性越大。

工件表面越新鲜,即工件表面既没有氧化也没有被玷污,则表面原子的自由键力场完全暴露,增加了捕获被渗元素气体分子的能力,因而增大了表面活性。目前化学热处理常采用卤化物作净化物,在化学热处理过程中靠其对工件表面的轻微侵蚀作用,除去工件表面氧化膜等玷污物,降低工件表面粗糙度,以提高表面活性,促进化学热处理过程。

6.1.4 化学热处理的扩散过程

金属表面溶入被渗元素的原子后,表面该种元素的浓度增加。因而表面与内部存在着浓度差,要发生原子迁移现象,被渗元素的原子由浓度高处向低处迁移,即发生了扩散现象。

1. 纯扩散与反应扩散

在化学热处理中发生的扩散现象一般有下列几种。

(1)纯扩散

渗入元素原子在母相金属中形成固溶体,在扩散过程中不发生相变或化合物的形成和分解,这种扩散过程称为纯扩散。这种扩散现象多数发生在化学热处理过程的初期,或发生在渗剂活性不足以使渗入元素在工件表面达到钢中饱和浓度的场合,例如一般碳钢的渗碳。渗碳温度取 930 ℃,根据铁碳状态图,930 ℃时碳在奥氏体中溶解度极限约为 1.2%。而一般渗碳层表面碳浓度为 0.9% ~1.0%,因而在渗碳过程中,为碳在奥氏体中的扩散,不发生相变。

在化学热处理中,渗入元素原子在金属中形成的固溶体有两种:C、N、B 与铁形成间隙固溶体;Cr、Al、Si 等渗入奥氏体中形成置换式固溶体。

关于纯扩散问题已在热处理原理课中讲述,这里只根据化学热处理过程中所需要了解的有关问题,引入其结果。

在化学热处理中扩散过程是一个不稳定扩散过程,因为渗层内各区域的浓度是随时间而变化的,沿扩散方向的浓度梯度也不相等,因而其扩散过程只能用扩散第二定律来描述。在扩散系数 D 与浓度 C 无关时,有

$$\frac{\partial C}{\partial \tau}=D\frac{\partial^2 C}{\partial X^2} \tag{6.1}$$

式中　$\frac{\partial C}{\partial \tau}$——浓度变化速率；

$\frac{\partial C}{\partial X}$——在 X 方向的浓度梯度；

D——扩散系数。

在化学热处理时，有如下两种情况。

一种是被渗元素渗入很快，表面浓度很快达到界面反应平衡浓度，这时化学热处理过程主要取决于扩散过程，称为扩散控制型。此时对方程(6.1)有下列初始条件和边界条件

$$\begin{array}{ll} C=0 & C=0 \\ \tau=0 & \tau=0 \\ x=0 & x=\infty \\ C=C_0 & C=0 \\ \tau=\tau & \tau=\tau \\ x=0 & x=\infty \end{array}$$

则微分方程(6.1)有解为

$$C(x,\tau)=C_0\left[1-\mathrm{erf}\left(\frac{x}{2\sqrt{D\tau}}\right)\right] \tag{6.2}$$

式中　$\mathrm{erf}\left(\frac{x}{2\sqrt{D\tau}}\right)$——高斯误差积分函数。

由方程(6.2)可以求得化学热处理的一定时间 τ，离表面 x 处的渗入元素的浓度 $C(x,\tau)$。为了使用方便，有人已经把$\frac{x}{2\sqrt{D\tau}}$值所对应的$\frac{C}{C_0}$值计算出来，制成图表，因此不用计算式(6.2)就可直接查表得知 $C(x,\tau)$。

由式(6.2)还可以推出如下结果。

①渗层深度与扩散时间的关系

$$\delta^2=K_1\tau \tag{6.3}$$

式中　δ——渗层深度；

K_1——常数；

τ——扩散时间。

这是在化学热处理时，扩散时间对渗层深度的影响规律，即通常所说的抛物线定律。

②渗层深度与温度的关系

$$\delta^2=K_2\mathrm{e}^{-\frac{Q}{RT}} \tag{6.4}$$

式中　K_2——常数；

Q——被渗元素的扩散激活能；

R——气体常数；

T——绝对温度。

可见渗层深度与温度成指数关系，因而温度对渗层深度的影响，远比时间的影响强烈。

③表面浓度 C_0 越高，在相同扩散时间条件下，渗层深度越深。

另一种情况是化学热处理过程中表面不能立即达到平衡浓度，此时渗层的增长速度

取决于界面反应速度(即溶于表面被渗元素原子的速度)和金属中该元素的扩散速度,这种化学热处理过程称为混合控制型的。此时的初始条件和边界条件为[8]

$$C=C_0 \qquad \tau=0 \qquad x>0$$

$$-D\frac{\partial C}{\partial x}=\beta(C_\infty-C_s) \quad x=0$$

其中　β——比例常数,又称为"传递系数";

C_∞——界面反应平衡时,被渗元素在金属表面的浓度。在气体渗碳时即为气体介质的碳势;

C_s——被渗元素在金属表面的浓度。

则方程(6.1)有解

$$\frac{C_x-C_0}{C_\infty-C_0}=\mathrm{erfc}\left(\frac{x}{2\sqrt{D\tau}}\right)-\left[\exp(hx+h^2D\tau)\right]\cdot\mathrm{erfc}\left\{\frac{x}{2\sqrt{D\tau}}+h\sqrt{D\tau}\right\} \tag{6.5}$$

式中　$h=\beta/D$;

erfc——补误差函数,erfc=1-erfu。

(2)带来相变的扩散和反应扩散

当渗剂的活性高,与之平衡的渗入元素的浓度大于该温度下的饱和极限时,可能出现如下几种情况。一种是发生相变,即由溶解度较低的固溶体转变成溶解度较高的固溶体,例如铁的渗铬过程,这种扩散称为带来相变的扩散。图6.2为Fe-Cr二元状态图,Cr是封闭γ区的元素。在1 050 ℃进行渗Cr时,若渗剂能提供充足的Cr原子,而且渗入Fe表面的Cr原子数大于Cr原子向里扩散时,则随扩散时间的延长,最初Fe在该温度下为具有面心立方晶格的γ-Fe,Cr溶入于γ-Fe,表面Cr在γ相中的浓度不断提高,至c',达到了Cr在γ相中的溶解度极限,继续提高其浓度,则在表面发生γ→α的相变,在铁的表面出现了α相。随着扩散过程的进行,Fe的表面Cr的浓度继续提高,同时α相长大。γ→α转变也是成核和长大过程。表面α晶粒彼此相遇后,则随着Cr原子向内部扩散,相界面向内部推移,在表面形成了α相的柱状晶体。图6.2右面为渗铬后的渗铬层Cr的浓度分布曲线,$a'\to b'$曲线代表相当于α相的柱状晶体层的沿层深的Cr浓度分布,该区域在冷却时没有同素异构转变,α相柱状晶体在冷却过程中不发生相变(由Fe-Cr状态图可以看出,若在比这更高温度渗铬时,毗邻γ固溶体的α固溶体在冷却过程中将发生α→γ→α的二次同素异构转变)。

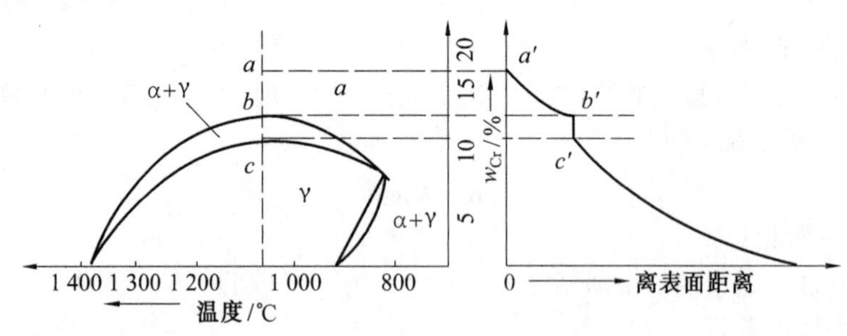

图6.2　Fe-Cr二元状态图及渗层Cr浓度分布曲线

当纯铁渗铬时,在扩散过程中不可能出现α+γ的双相区。因为根据相律,在双相层的固溶体中,各固溶体内的浓度应该严格不变,在每一固溶体中浓度梯度都应该等于零,因此通过双相层的扩散是不可能的。所以,按照Fe-Cr状态图,在1 100 ℃渗铬时,在该

温度虽有 $\alpha+\gamma$ 双相区,但在渗层中不出现该双相区,而在浓度分布曲线中有相当于 b' 至 c' 的浓度突变。

与渗剂平衡的浓度高于该温度固溶体的饱和极限时的另一种情况是,由溶解度较低的固溶体转变成浓度更高的化合物,这种扩散称为反应扩散。例如钢的渗氮形成 ε 相氮化物,Fe 渗硼形成 Fe_2B 或 FeB 都属于这一类。

第三种情况是合金钢渗碳或在铁中同时进行渗入碳、氮二元素的扩散过程。当合金钢渗碳时(例如铬钢),若碳浓度超过该渗碳温度下碳在 γ 铁中的溶解度极限,则将出现碳化物。但此时碳化物可以从奥氏体(γ 铁)中析出而成奥氏体和碳化物二相共存状态存在于扩散层中,因为此时根据相律,尚允许奥氏体成分发生变化,即在奥氏体中存在浓度梯度,维持碳扩散的进行。因为渗碳温度一般较高,故碳化物呈球状分布于奥氏体基底上。随着碳浓度的提高,碳化物数量增加,直至与渗碳剂平衡的浓度。

为了讲述上的方便,下面把带来相变的扩散和反应扩散统称为反应扩散。

反应扩散时新相的长大速度不仅取决于渗入元素在新相中的扩散,而且还取决于渗入元素在与其毗邻的相中的扩散。

设在扩散过程中,渗层有如图 6.3 所示 3 个毗邻相区存在。设在渗剂一定、扩散温度一定的情况下,表面渗入元素的浓度为与渗剂平衡浓度,且为定值,设为 C_0。相界面上两相间的平衡浓度,可根据扩散温度由状态图确定。如图中 γ-β 两相界面 Ⅰ 上平衡浓度在 γ 相为 C_1,在 β 相为 C_2。同样,在 β-α 相界面 Ⅱ 上平衡浓度分别为 C_3 和 C_4。因为在每一相内均有浓度梯度,均有从浓度高处向低处的扩散,如图箭头所示。由于扩散,在 γ 相内与 β 相毗邻处的浓度要高于 C_1,而在 β 相内与之毗邻处的浓度又要降至低于 C_2,γ 和 β 相间失去平衡。为了维持平衡,只有溶质原子 B 由 γ 相通过相界面 Ⅰ 向 β 相扩散,于是推动了 γ-β 二相间相界面的移动。相界面的移动方向和移动速度取决于溶质原子 B 在该二相中的扩散强度。以 γ-β 相界面为例,当在 γ 相内扩散至 γ-β 相界面的强度大于 β 相内扩散强度时,则相界面 Ⅰ 将向右移动,因而 γ 相将长大,增厚。同理,对相界面 Ⅱ 的移动方向,也可按此类推。显然 β 相的增厚速度决定于相界面 Ⅰ 和 Ⅱ 的移动方向及速度。当二相界面都向右移动时,若相界面 Ⅱ 的移动速度大于相界面 Ⅰ 的移动速度,β 相将增厚,增厚速度为二相界面移动速度之差。在这里不难推知,溶质原子扩散强度最大的相将增厚。γ 相要增厚,必需 B 元素在 γ 相中扩散强度大于 β 相中扩散强度;而 β 相要增厚,必需 B 元素在 β 相中扩散强度大于在 α 相中扩散强度,还需 γ 与 β 相中扩散强度差所引起的相界面Ⅰ的移动速度较相界面Ⅱ的移动小。

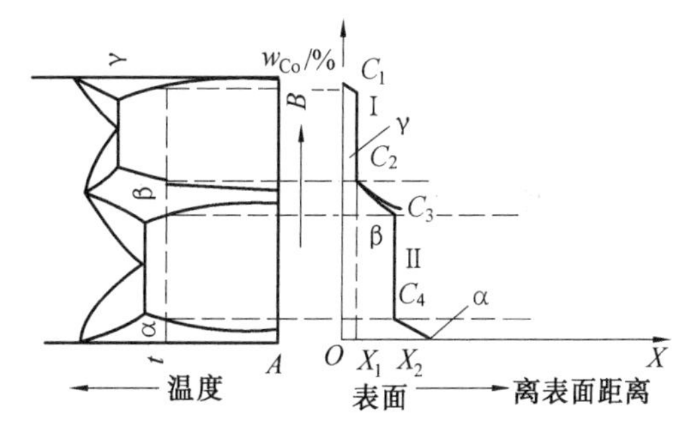

图 6.3 反应扩散时相界面的移动

为了定量地解决这一问题,现作如下推算[2]。

设在极短时间 $d\tau$ 内相界面 Ⅰ 沿 x 方向移动距离 dL,则有

$$dL=\frac{dm_{\gamma}-dm_{\beta}}{C_1-C_2} \tag{6.6}$$

式中 dm_{γ}、dm_{β} 分别为在 $d\tau$ 时间内 B 元素在 γ 相中迁移至相界面 Ⅰ 的质量及 β 相中由相

界面迁移走的质量。

若 dm_γ、dm_β 作一级近似,按费克第一定律表示,则有

$$dL=\frac{-D_\gamma \frac{\partial C_\gamma}{\partial x}d\tau-(-D_\beta \frac{\partial C_\beta}{\partial x}d\tau)}{C_1-C_2}=\frac{[D_\beta \frac{\partial C_\beta}{\partial x}-D_\gamma \frac{\partial C_\gamma}{\partial x}]d\tau}{C_1-C_2} \tag{6.7}$$

令

$$\lambda=\frac{x}{\sqrt{\tau}}$$

则

$$\frac{\partial C}{\partial x}=\frac{\partial C}{\partial \lambda}\cdot\frac{\partial \lambda}{\partial x}=\frac{1}{\sqrt{\tau}}\cdot\frac{dC}{d\lambda} \tag{6.8}$$

在渗剂、温度一定的条件下,表面浓度、相界面浓度均一定,所以 $\frac{dC}{d\lambda}=K$(常数),则

$$dL=\frac{(D_\beta K_\beta-D_\gamma K_\gamma)}{C_1-C_2}\frac{1}{\sqrt{\tau}}d\tau=A\cdot\frac{1}{\sqrt{\tau}} \tag{6.9}$$

故在 τ 时间内相界面移动距离,即 γ 相增厚值为

$$L=\int_0^\tau A\cdot\frac{d\tau}{\sqrt{\tau}}=A\sqrt{\tau} \tag{6.10}$$

可见 γ 相的厚度与时间 τ 成抛物线关系。

β 相层的厚度变化,如前所述,取决于相界面Ⅰ和相界面Ⅱ的移动。如果计算求出在时间 τ 内相界面Ⅰ移动的距离 L_1,及相界面Ⅱ移动距离 L_2,则可求得 β 相在时间 τ 内的厚度变化 ΔL。

设相界面Ⅰ及Ⅱ均向内(图示 X 方向)移动,在 τ 时间内移动 L_1 和 L_2,则 β 相在 τ 时间内的厚度变化为

$$\Delta L=L_2-L_1=B_j\sqrt{\tau} \tag{6.11}$$

式中 B_j 称为反应扩散的速率常数。B_j 若为正数,则 β 相随着时间的延长而增厚,否则将减薄,甚至消失。

由此可以得出这样的规律,当 A 金属渗以 B 元素时,随着元素 B 浓度的变化,根据状态图自表面向心部可能顺次出现不同相结构的渗层,例如 $\gamma\rightarrow\beta\rightarrow\alpha$,但在渗层中不一定这些相都能出现,它们还取决于反应扩散的速率常数 B_j。当 $B_j>0$ 时,则该相渗层能长大,其厚度的增长与时间成抛物线关系;若 $B_j=0$,说明该相与其两侧毗邻的二相界面移动速度相等,此时不能出现该相;若 $B_j<0$,则说明该相层随着时间的增长而缩小,因而也不可能出现该相层。在纯铁渗氮时,虽然根据 Fe-N 状态图应该看到 γ' 相层,但在普通气体渗氮时却看不到,此即为一例。

2. *扩散层的组织结构*

化学热处理时,扩散层的组织结构可以根据基体金属与渗入元素的合金状态图及扩散条件来确定。

例如前面所讨论的 B 元素在 A 金属中的渗入层(见图 6.3),根据状态图,设在温度 t 扩散,在表面浓度足够高的情况下,从表面到心部的渗层结构将如图 6.4 所示,即表面为 γ 相,次层为 β 相,最里面为 α 相,根据状态图,虽然在 γ 与 β 之间有二相区 $\gamma+\beta$,在 α 与 β 之间有二相区 $\alpha+\beta$,但根据相律

$$F=C-P+1 \tag{6.12}$$

式中　F——自由度(变数);

C——合金组元数,此处为2;

1——表示温度是一个变数,此处温度一定,则这个自由度应除去。

因此,若取相数 $P=2$,则 $F=0$,将没有变数,即在各相内不能有浓度(成分)的变化及浓度梯度,扩散过程就不能进行,故不能出现二相区,如图6.4(a)所示。

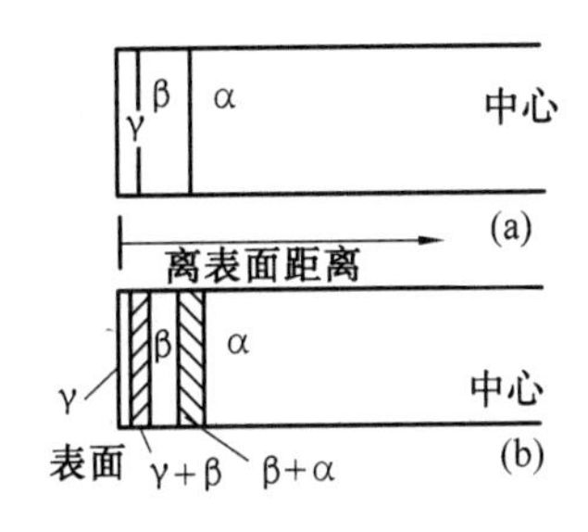

图6.4　相应于图6.3的渗层组织结构
(a)在扩散温度时的渗层组织结构;
(b)缓冷至室温时的渗层组织结构

但在缓冷至室温时,由于γ、β及α相中都有溶解度的变化,相应的都将析出第二相,则在状态图所确定的浓度变化范围内,均将出现双相区,故在缓冷至室温时,在渗层中将看到两相区,如图6.4(b)所示。

如前所述,当扩散层中某一相的渗层的速率常数 $B_j \leqslant 0$ 时,该相将消失。例如,假设图6.3中的β相层的 $B_j \leqslant 0$,则尽管状态图中有β相层,但在实际渗层中将没有β相层,即在图6.3中中间的β相层应消失。

对其他类型状态图的纯金属渗入第二元素的渗层组织结构也可做类似的分析。

在生产上可遇到更复杂的情况,例如合金钢渗碳或渗金属,此时遇到的是至少二元合金;再渗入第三元素,或者是两种元素同时渗入金属或合金中,例如碳氮共渗、铬钒共渗等,此时要确定扩散层的组织必须用三元或多元状态图来进行分析。

设成分为 x 的A、B二元合金中渗入第三元素C,渗入温度的等温截面如图6.5所示。若渗剂活性足够大,则渗层渗入元素C的成分由 $C-x$ 截面决定。若表面的浓度达到相应于γ区中 Cx 线上的点 C,则自表面向心部的渗层成分、相组织结构将变化如下:最表面为单一的γ相层,其浓度沿 $C-4'$ 降至 $4'$ 点;再往里开始出现γ+α的二相区,其平均成分按 $4'-d$ 下降,而α相中的成分按4→3线变化,γ相成分按 $4'\to3''$ 方向变化;再往里,其平均浓度将发生 $d\to c$ 的突降,而组织上由α+γ突变为α+ C_nB_m,α相的成分相当于3点,而 C_nB_m 的成分相当于 $3'$ 点;再往里平均成分由 $c\to b$ 方向降低,而α相成分按3→2方向变化,C_nB_m 按 $3'\to2''$ 方向变化,在 b 点又发生平均浓度的突降,由 b 降至 a,而组织中 C_nB_m 相突然消失,而变成α+β二相区,α相的成分为2点的成分,β相的成分为相当于 $2'$ 的成分;再往里平均成分由 a 降至 x,组织为α+β相区,α相成分由2变至1,β相成分由 $2'$ 变至 $1'$;再往里成分为 x 的二元合金的心部(非渗层)组织,为α+β二相区。其平均成分的变化及自表面至中心的组织结构示意图如图6.6所示。

与纯金属中渗入第二元素不同,合金的饱和能够引起两相层的形成,但不能在渗入温度形成三相层。其理由和纯金属渗入第二元素不能形成二相层相同。

在这里,当在扩散温度出现二相层时,该两相处于平衡状态,扩散在此二相中同时进行,当然C元素在该二相中扩散速度是不同的。但是,由于合金必须按状态图规定的条件进行,即渗层必须按上述渗层结构变化或推进,所以扩散的全速度将取决于进行得比较缓慢的那一相内的扩散速度。例如,若C元素在α相中的扩散速度比在β相中的慢,但当C元素在α相中的浓度尚未达到2点时(见图6.5),化合物 C_nB_m 还不能形成,因为 C_nB_m 相不可能与浓度为1-2的α相处于平衡。

上述分析是在C元素于AB二元合金中扩散时,渗层中各点合金成分不变条件下获

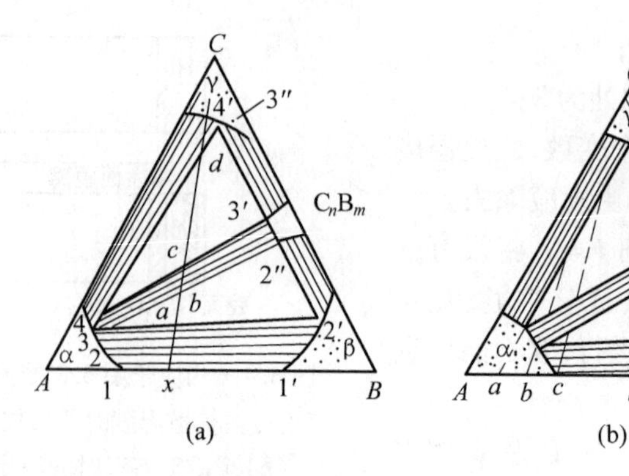

图6.5　形成有限固溶体和二元化合物的三元系等温截面

得的。对一般与铁以置换式原子存在的合金元素可以近似地这样处理，但是要考虑钢中的碳变化。因为碳在铁中扩散非常快，而碳对不同合金元素具有不同亲和力，所以当碳钢渗金属时，在与金属元素扩散的同时，还会发生碳的重新分布。

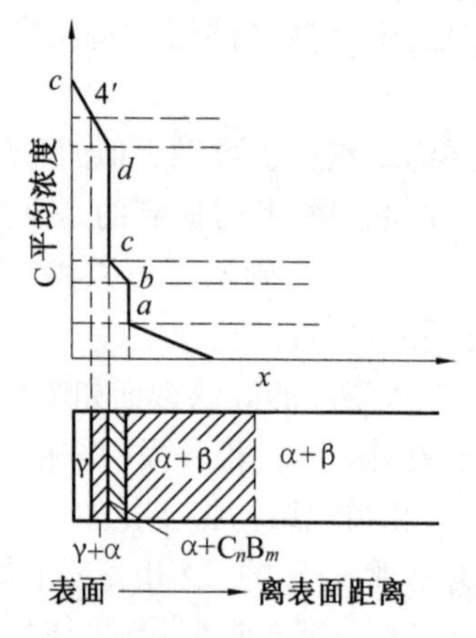

图6.6　二元合金渗入第三元素时，相应于图6.5状态图的成分及组织结构变化

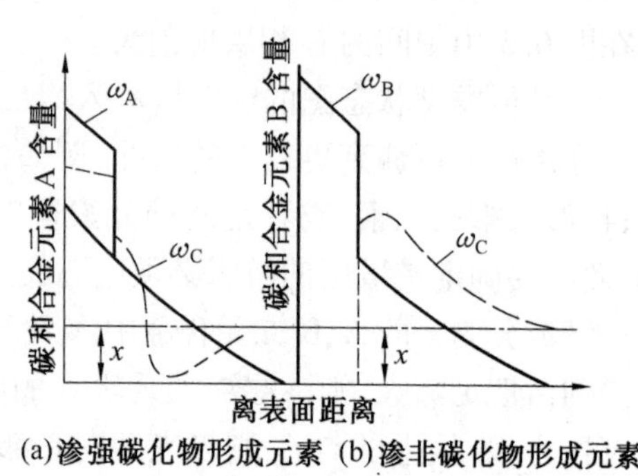

图6.7　渗金属时金属元素和碳的浓度分布

可能发生如下两种情况。一种是向钢中渗铬、钒、钛、钨、铌等强碳化物形成元素。在钢表面渗入这些元素的同时，碳发生由内层向表面作上坡扩散，而在表面形成高碳相，如图6.7(a)所示。最外层是碳化合物层，紧接此层是非常薄的富碳层，随后是贫碳层(表面的碳化物层就是从此处夺去碳而形成的)。

另一种情况是钢的表面渗Si、Al等非碳化物形成元素。此时碳被排挤到深处，表面贫碳，而内层含碳量提高，如图6.7(b)所示。

这里看到碳的扩散是由浓度低处向高处扩散，称为“逆扩散”；而向浓度低处的扩散称为“顺扩散”。这是因为决定扩散的因素是热力学化学位梯度，其扩散方向应是从化学位(μ)较高处向着化学位较低处。只有当化学位梯度与扩散元素的浓度梯度方向一致时，才发生由浓度高处向低处扩散。

当对纯金属进行二元共渗时，也可用三元状态图进行渗层结构分析，其所出现的组织也应该符合上述原则，但此时很难预测。因为两种被渗元素的扩散速度不可能相等，而且它们的浓度往往相互对扩散速度有影响，即扩散条件发生变化。所以此时最简单的方法是结合三元相图，通过试验来进行分析。遗憾的是迄今这样的相图尚很少。

6.1.5　加速化学热处理过程的途径

由于化学热处理过程一般持续时间较长，耗费大量能源，因此如何加速化学热处理过程，多年来一直是化学热处理研究的重要方向之一。

化学热处理过程的加速，可以从加速化学热处理的基本过程来达到。加速化学热处理基本过程的方法可以是物理的方法，也可以是化学的方法，因而出现物理催渗法与化学催渗法。

物理催渗法是利用改变温度、气压，或者利用电场、磁场及辐射，或者利用机械的弹塑性变形及弹性振荡等物理方法来加速渗剂的分解，活化工件表面，提高吸附和吸收能力，以及加速渗入元素的扩散等。

化学催渗的方法是在渗剂中加入一种或几种化学试剂或物质，促进渗剂的分解过程，去除工件表面氧化膜等阻碍渗入元素吸附和吸收的物质，利用加入的物质与工件表面的化学作用，活化工件表面，提高渗入元素的渗入能力。

一般来说，化学催渗的方法只能加速渗剂的分解，提高工件表面的吸收能力，从而提高工件表面渗入元素的浓度。它对扩散过程的加速作用，由式(6.2)可知，仅是工件表面渗入元素的浓度，即式中 C_0 提高的间接结果，对扩散过程起决定作用的扩散系数 D 无直接作用。一般化学热处理对渗入元素表面的浓度均有一定要求，不能过高，故一般化学催渗方法常和物理催渗方法结合使用，即利用化学催渗方法提高渗入元素的表面浓度，利用物理方法提高扩散系数，加速扩散过程。

1. 物理催渗法

目前利用物理方法加速化学热处理过程的基本方法有如下几种。

(1)高温化学热处理

高温化学热处理是提高化学热处理的加热温度，来促进化学热处理过程。

一般来说，对某一种化学热处理过程如果提高加热温度，都将促进吸附和扩散。特别是对扩散过程，因为扩散系数 D 与化学热处理过程的绝对温度成指数关系，故提高温度将显著加速化学热处理过程。

必须注意，提高化学热处理的温度不是随意的。首先它受到该种化学热处理的目的及过程的性质所限制。例如以渗氮为例，若渗氮的目的是为了提高表面硬度和耐磨性，提高疲劳强度，同时对工件变形又有严格限制，一般渗氮温度就不能高于共析温度 590 ℃；否则，渗层中将出现共析组织硬度剧降，表面 ε 相过厚，出现脆性，同时变形也将增大。其次受到钢种的限制，例如把渗碳温度提高到 1 000 ℃以上，则可显著加速渗碳过程。但是这只能适用于含有细化奥氏体晶粒 V、Ti 等元素的钢，对本质粗晶粒钢，将引起奥氏体晶粒的急剧长大，使渗碳后钢中出现非正常组织，使机械性能变坏。第三，受到设备的限制。温度过高时，可使发热元件、炉内耐热元件寿命降低。

(2)高压或负压化学热处理

高压指炉内气体压力高于一般大气压，而负压指炉内气压小于普通大气压而言，它只适于采用气体介质的化学热处理。

一般用气体介质进行化学热处理时，炉内气压总是略高于大气压，这样，炉内废气才有可能从排气管排出。高压化学热处理则是在几十个大气压条件下进行。提高炉内气压对渗剂分解速度的影响应根据判断化学平衡移动方向的吕・查德里原理“当压力增加时,平衡移向生成气体分子数较少的一方,减低压力则移向生成气体分子数较多的一方”来判断。但提高炉内压力,会提高介质密度,因而将提高工件表面吸附能力,加速化学热处理过程。例如用氨气进行气体渗氮,从氨气的分解反应来看,提高气压,不利于氨的分解,但提高气压的结果却使渗氮的开始阶段加速。在美国,为了强化石油工业用的泵及管子,采用压力渗氮,加速了渗氮过程,还减少了氨的消耗。

由于压力高,设备需要严格密封,因而此法没有得到普遍应用,只有对一些特殊件,才用一些特殊方法进行。例如上述石油钢管需内壁渗氮,把装有液氨并用易熔塞密封的容器放在管腔内,把管子密封,放在炉内加热。在渗氮温度下,易熔塞熔化,液氨流至管内受热并汽化,管内压力升高,在高压下进行渗氮。

负压下的化学热处理为一定真空度的化学热处理。

(3)高频化学热处理[3]

高频化学热处理是用高频加热的化学热处理。实验表明,无论渗氮或渗碳及其他化学热处理,用高频感应加热均能显著加速其过程。但是其加速原因至今尚未十分清楚,有的认为高频加热提高了工件表面吸收渗入元素的能力;有的则认为工件在高频交变磁场作用下,降低了溶质原子的扩散激活能,加速了扩散过程。

高频化学热处理最简单的方法是采用糊膏状渗剂,把它涂在工件表面上,然后高频加热,使渗剂在加热过程中分解,被工件表面吸收并向心部扩散。对气体介质,一般要使工作室密封,因此带来不少困难。它只适用于流水作业大批生产。

(4)采用弹性振荡加速化学热处理[4]

弹性振荡加速化学热处理是在化学热处理时,施加弹性振荡(声频、超声频)来加速化学热处理过程。此种方法不论采用何种集聚状态的介质均可使用,但对液体介质的化学热处理更为有利。由于弹性振荡的传播,当由固相传至气相,或由气相传至固相时,效率很低,几乎不能通过界面传入另一相。固体与固体之间传播,只有在接触面非常光滑,接触良好的情况下,效率才较高。否则,若接触不好,中间有气隙,则固相与固相之间的传播变成固相—气相—固相的传播,效率就非常低。而液相与液相,或液相与固相弹性振荡通过相界面时损失较少。

化学热处理时,弹性振荡对气体介质的作用,可以促进分解,提高介质的活性。弹性振荡对工件的作用是降低溶质原子的扩散激活能,提高扩散速度。

此外,在化学热处理前,如对工件表面给予适当的塑性变形,增加工件内晶体缺陷,或者采用表面机械研磨处理技术,使表面获得纳米晶,在表面纳米晶之间形成高体积分数的界面,为渗入元素的扩散提供了理想通道,实验表明,也可以加速化学热处理过程[5~7]。

2. 化学催渗法

目前采用的化学催渗法基本上有如下几种。

(1)卤化物催渗法

即在化学热处理时与渗剂同时加入氟、氯等化合物。卤化物既可作为渗入元素的提供者或携带者,也可以是专门为活化工件表面而加入。例如渗金属时,常用金属的卤化物作为渗剂,或用卤化物和金属粉末作用,生成金属卤化物气体,把金属原子携带至被渗金属工件表面,析出该元素并渗入工件。在该两种情况下,卤化物均使渗入元素能有效地被工件表面吸附和吸收,促进了渗入过程。另一种情况是卤化物专门为活化工件表面而加入。例如普通气体渗氮时,加入氯化铵或四氯化碳,在渗氮时加热分解出氯化氢或氯气,破坏工件表面的氧化膜，活化了工件表面。此种渗氮法国内称为洁净渗氮法。在前两种情况中卤化物携带渗入元素的同时，对工件表面也有去氧化膜的作用。

(2)提高渗剂活性的催渗方法

提高渗剂活性的方法已早在化学热处理中应用。例如固体渗碳时，用炭粒进行渗碳的效果很差，但如果在炭粒中掺入 $BaCO_3$($w_{BaCO_3}=4\%$)和 Na_2CO_3($w_{Na_2CO_3}=15\%$)，则显著提高渗剂的活性，使工件的表面浓度及渗层深度大为提高，已如前所述。

在渗氮时按反应

$$2NH_3 = 3H_2 + 2[N]$$

进行，如果能不断除去炉内 H_2，则也将促使氨气分解反应向右进行，分解出更多的活性氮，提高了渗氮气氛的活性。因而有人曾在气体渗氮时，在渗氮工件附近放置一些铝屑，用以除去炉内 H_2，加速渗氮过程。

6.2　钢的渗碳

6.2.1　渗碳的目的、分类及应用

钢的渗碳就是钢件在渗碳介质中加热和保温，使碳原子渗入表面，获得一定的表面含碳量和一定碳浓度梯度的工艺[1]。这是机器制造中应用最广泛的一种化学热处理工艺。

渗碳的目的是使机器零件获得高的表面硬度、耐磨性及高的接触疲劳强度和弯曲疲劳强度。

根据所用渗碳剂在渗碳过程中聚集状态的不同，渗碳方法可以分为固体渗碳法、液体渗碳法及气体渗碳法三种。

(1)固体渗碳法

固体渗碳法是把渗碳工件装入有固体渗剂的密封箱内（一般采用黄泥或耐火粘土密封），在渗碳温度加热渗碳。固体渗碳剂主要由一定大小的固体炭粒和起催渗作用的碳酸盐组成，常用渗剂成分及其化学反应原理已如前所述。

常用固体渗碳温度为 900～930 ℃。因为据铁碳状态图，只有在奥氏体区域，铁中碳的浓度才可能在很大范围内变动，碳的扩散才能在单相的奥氏中进行。900～930 ℃这个温度恰好较渗碳钢的 Ac_3 点稍高，保证了上述条件的实现。

扩散速度与温度的关系为温度越高，扩散速度越快。按理可以采取比上述更高的温度进行渗碳，但温度过高，奥氏体晶粒要发生长大，因而将降低渗碳件的机械性能。同时，温度过高，将降低加热炉及渗碳箱的寿命，也将增加工件的挠曲变形。

固体渗碳时，由于固体渗碳剂的导热系数很小，传热很慢，更由于渗碳箱尺寸往往又不相同，即使是尺寸相同，可是工件大小及装箱情况（渗碳剂的密实度、工件间的距离等）也不全相同，因而渗碳加热时间对渗层深度的影响往往不能完全确定。在生产中常用试棒来检查其渗碳效果，一般规定渗碳试棒直径应大于 10 mm，长度应大于直径。

固体渗碳时，渗碳温度、渗碳时间和渗层深度间的经验数据可在有关热处理手册中查到，但这些数据只能作为制订渗碳工艺时参考，实际生产时应通过试验进行修正。

(2)液体渗碳法

液体渗碳是在能析出活性碳原子的盐浴中进行的渗碳方法。其优点是加热速度快，

加热均匀，便于渗碳后直接淬火；缺点是多数盐浴有毒。渗碳盐浴一般由三部分组成。第一部分是加热介质，通常用 NaCl 和 $BaCl_2$ 或 NaCl 和 KCl 混合盐。第二部分是活性碳原子提供物质，常用的是剧毒的 NaCN 或 KCN，我国有的地区采用“603”渗碳剂，其配方是粒度为 100 目的木炭粉、5% NaCl、10% KCl、15% Na_2CO_3 和 20% $(NH_2)_2CO$（质量分数），达到原料无毒，但反应产物仍有毒。第三部分是催渗剂，常用的是占盐浴总量 5% ~30% 的碳酸盐（Na_2CO_3 或 $BaCO_3$）。

当用“603”渗剂时，渗碳盐浴配方为：“603”渗碳剂为 10%，KCl 为 40% ~50%，NaCl 为 35% ~40%，Na_2CO_3 为 10%（质量分数）。使用时盐浴控制成分为：碳为 2% ~8%，KCl 为 40% ~45%，NaCl 为 35% ~40%，Na_2CO_3 为 2% ~8%（质量分数）。

基本化学反应为

$$Na_2CO_3+C \longrightarrow Na_2O+2CO \tag{6.13}$$

$$2CO \rightleftharpoons CO_2+[C] \tag{6.14}$$

$$3[NH_2]_2CO+Na_2CO_3 \longrightarrow 2NaCNO+4NH_3+2CO_2 \tag{6.15}$$

$$2NaCNO \longrightarrow 2NaCN+Na_2CO_3+CO+2[N] \tag{6.16}$$

液体渗碳的温度一般为 920 ~940 ℃，其考虑原则和固体渗碳相同。

液体渗碳速度较快，在 920 ~940 ℃渗碳时，渗碳层深度与时间的关系见表 6.2。

表 6.2 液体渗碳的渗碳层深度与时间的关系

渗碳温度/℃	渗碳时间/h	渗碳层深度/mm		
		20 钢	20Cr	20CrMnTi
920 ~940	1	0.3 ~0.4	0.55 ~0.65	0.55 ~0.65
	2	0.7 ~0.75	0.90 ~1.00	1.0 ~1.10
	3	1.0 ~1.10	1.40 ~1.50	1.42 ~1.52
	4	1.28 ~1.34	1.56 ~1.62	1.56 ~1.64
	5	1.40 ~1.50	1.80 ~1.90	1.80 ~1.90

（3）气体渗碳法

气体渗碳是工件在气体介质中进行碳的渗入过程的方法，可以用碳氢化合物有机液体，如煤油、丙酮等直接滴入炉内汽化而得。气体在渗碳温度热分解，析出活性碳原子，渗入工件表面。也可以用事先制备好的一定成分的气体通入炉内，在渗碳温度下分解出活性碳原子渗入工件表面来进行渗碳。

用有机液体直接滴入渗碳炉内的气体渗碳法称为滴注法渗碳。而事先制备好渗碳气氛然后通入渗碳炉内进行渗碳的方法，根据渗碳气的制备方法分为吸热式气氛渗碳、氮基气氛渗碳，等等。

随着科学技术的发展，渗碳方法也有很大的发展。

固体渗碳虽然是一种最古老的渗碳方法，但是迄今，即使是工业技术先进的国家，仍不乏使用固体渗碳工艺，这是因为固体渗碳仍有其独特的优点。例如像柴油机上一些细小的油嘴、油泵芯子等零件，以及其他一些细小或具有小孔的零件，如果用别的渗碳方法很难获得均匀渗层，也很难避免变形，但用固体渗碳法就能达到这一要求。目前固体渗碳法渗剂已经制成商品出售，仅需根据渗层表面含碳量要求，选用不同活性渗剂即可。由于渗剂生产的专业化，其制造可以实现机械化，克服了固体渗碳许多生产操作中的缺点。

气体渗碳是近年来发展最快的一种渗碳方法，目前不仅实现了渗层的可控，而且逐渐实现了生产过程的计算机群控。渗碳工艺上正在发展节能的气体渗碳法,尽量使渗剂简单,不仅在制备过程中节省能源,而且尽量节省石油气体的消耗,如前所述的发展氮基气氛的渗碳等。此外如真空渗碳、辉光离子渗碳及真空离子渗碳等工艺的研究与应用也引起各国的注视,正在迅速地发展。

对非渗碳面采用镀铜或预留加工余量、渗碳后把该处切削掉等办法进行防护。

渗碳主要适用于承受磨损、交变接触应力或弯曲应力和冲击载荷的机器零件,如轴、活塞销、齿轮、凸轮轴等,亦即表面要求有很高的硬度及心部要求有足够的强度和韧性。渗碳一般用于碳的质量分数为0.1% ~0.3%的低碳钢和低碳合金钢。

渗碳件在淬火低温回火状态下使用,因而不能在较高温度条件下工作。

6.2.2 滴注式可控气氛渗碳与吸热式气氛气体渗碳工艺原理

1. 滴注式可控气氛渗碳原理

当用煤油、焦苯作为渗碳剂直接滴入渗碳炉内进行渗碳时,由于在渗碳温度热分解时析出活性碳原子过多,往往不能全部被钢件表面吸收,而在工件表面沉积成碳黑、焦油等,阻碍渗碳过程的继续进行,造成渗碳层深度及碳浓度不均匀等缺陷。为了克服这些缺点,近年来发展了滴注式可控气氛渗碳,这种方法无需特殊设备,只要对现有井式渗碳炉稍加改装,配上一套测量控制仪表即可。

滴注式可控气氛渗碳一般采用两种有机液体同时滴入炉内,一种液体产生的气体碳势较低,作为稀释气体;另一种液体产生的气体碳势较高,作为富化气。改变两种液体的滴入比例,可使零件表面含碳量控制在要求的范围内,这已在第1章中述及。

滴注式渗剂的选择原则如下。

(1)应该具有较大的产气量

产气量是指在常压下每立方厘米液体产生气体的体积。产气量高的渗碳剂,当向炉子内装入新的工件时,可以在较短时间内把空气尽快地排出。

(2)碳氧比应大于1

当分子中碳原子数与氧原子数之比大于1时,高温下除分解出大量CO和H_2外,同时还有一定量的活性碳原子析出,因此可选作渗碳剂。碳氧比越大,析出的活性碳原子越多,渗碳能力越强。当分子中的碳氧比等于1时,如甲醇(CH_3OH),则高温下分解产物主要是CO和H_2,而CO又是一种极弱的渗碳气体,故可选作稀释剂。

(3)碳当量

碳当量是指产生一克分子碳所需该物质的质量。有机液体的渗碳能力除用碳氧比作比较外,通常还以碳当量来表示。碳当量越大,则该物质的渗碳能力越弱。

根据碳当量计算所得的渗碳能力按丙酮>异丙醇>乙酸乙酯>乙醇>甲醇顺序降低。

在一定条件下,应尽量选择碳当量较小的物质作渗碳剂。

(4)气氛中CO和H_2成分的稳定性

如前所述,当用CO_2红外仪或露点仪进行碳势控制时,是基于炉气中CO和H_2的成分不变这一前提。在滴注式可控气氛渗碳时,也是基于同一原理,利用红外仪或露点仪进行碳势控制。因此,当用甲醇作稀释剂,并用其他碳氧比大于1的有机液体作渗碳剂,在改变二者之间滴入比以改变炉气碳势时,炉气中的CO和H_2成分应尽可能维持不变。图6.8为不同渗碳剂与甲醇以不同比例混合时对CO含量的影响。由图可以看出,如用异丙醇和甲醇作滴注剂，则随着它们配比的改变，气氛中 CO 含量也随之改变；相反，改用乙酸乙脂或用乙酸甲脂与丙酮的混合液作为渗碳剂，改变与甲醇的配比，炉气中 CO 含量基本不变。这样，在实际生产中易于调整和控制渗碳气氛。

(5)价格低廉，货源丰富

能使 CO 和 H_2 的含量基本不变，而价格又比较低廉的渗碳剂通常为丙酮和甲醇的混合物。

采用红外仪控制碳势时，往往采用固定总滴量，调整稀释剂与渗碳剂相对滴量的办法来调整炉内碳势。

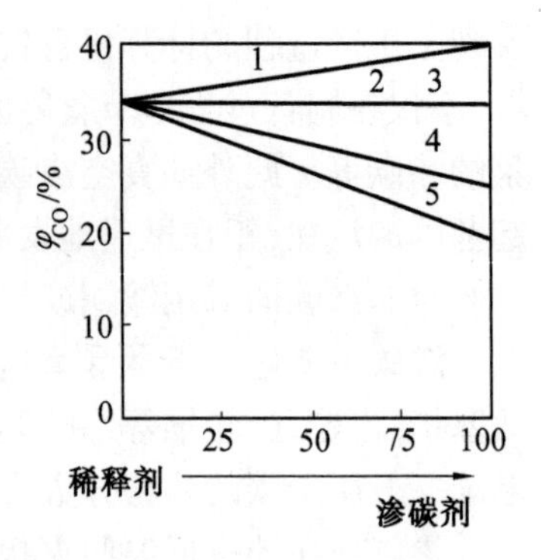

图 6.8　不同渗碳剂与甲醇按不同比例混合时对 CO 含量的影响

1—乙酸甲酯；2—乙酸乙酯；3—乙酸甲酯十丙酮；4—丙酮；5—异丙醇

图 6.9 为几种钢材的碳势与 CO_2 浓度的关系。由图 6.9可以看出：炉气碳势随着 CO_2 含量的增加而减小；在相同温度和 CO_2 含量条件下，不同钢材的碳势不同；不同渗碳温度，同一 CO_2 含量所得碳势不同，炉温较高时，碳势较低。

如果要获得一定含碳量的渗碳层，必须根据工件的材料和具体要求来选择合适的渗碳温度和 CO_2 含量。

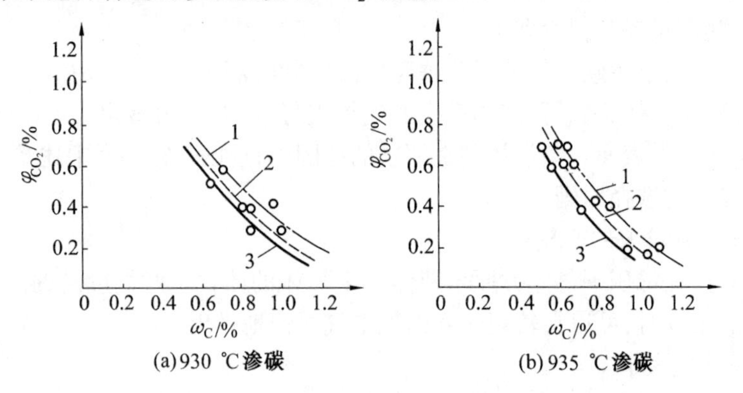

图 6.9　不同钢材的碳势与 CO_2 浓度的关系

1—20CrMnTi；2—20Cr；3—15 钢

图 6.10 为某种零件的渗碳工艺规范曲线；图 6.11 为相应于该工艺的红外线气氛控制记录。

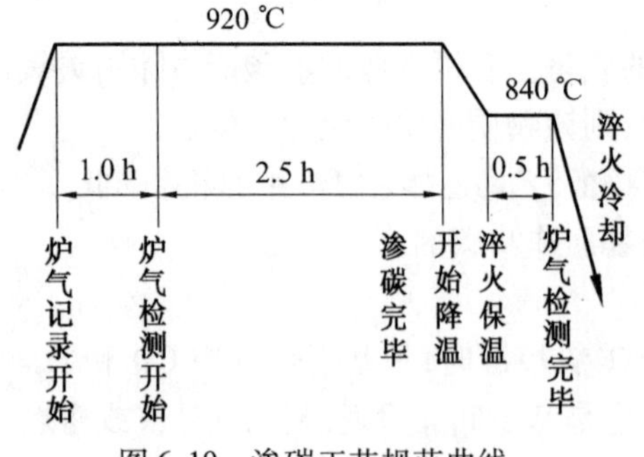

图 6.10　渗碳工艺规范曲线

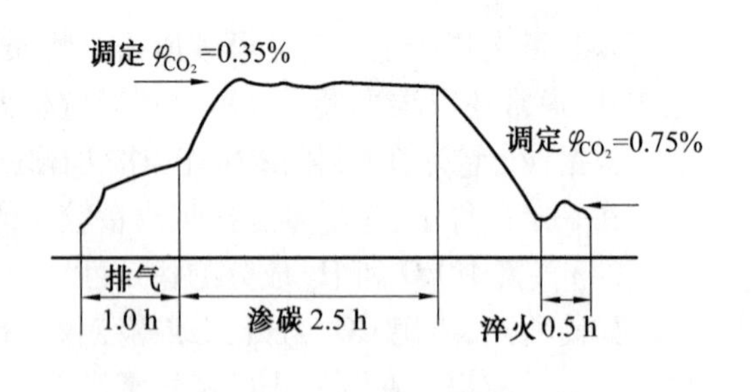

图 6.11　CO_2 红外线气氛控制记录

2. 吸热式渗碳气氛渗碳

用吸热式气氛进行渗碳时,往往用吸热式气氛加富化气的混合气进行渗碳,其碳势控制靠调节富化气的添加量来实现,一般常用丙烷作富化气。当用 CO_2 红外线分析仪控制炉内碳势时,其动作原理基本上与滴注式相同,不过在此处只开启富化气的阀门,调整富化气的流量来调节炉气碳势。

由于吸热式气氛需要有特设的气体发生设备,其启动需要一定的过程,故一般适用于大批生产的连续作业炉。

连续式渗碳在贯通式炉内进行。一般贯通式炉分成4个区,以对应于渗碳过程的4个阶段(即加热、渗碳、扩散和预冷淬火)。不同区域要求气氛碳势不同,以此对其碳势进行分区控制。图6.12为连续作业可控气氛渗碳炉基本结构,以及炉中不同区域渗碳气体通入量和炉气碳势测定结果。由于设置了双拱结构及合理排布了进气孔位置,使气氛在不同区域内自行循环,区与区之间气体流动速度极小。前室、后室均进行排气,前、后室排气量之比为1:2,再加上不同区域通入吸热性气氛及富化气量不同,因而保证了炉内不同区域的碳势。

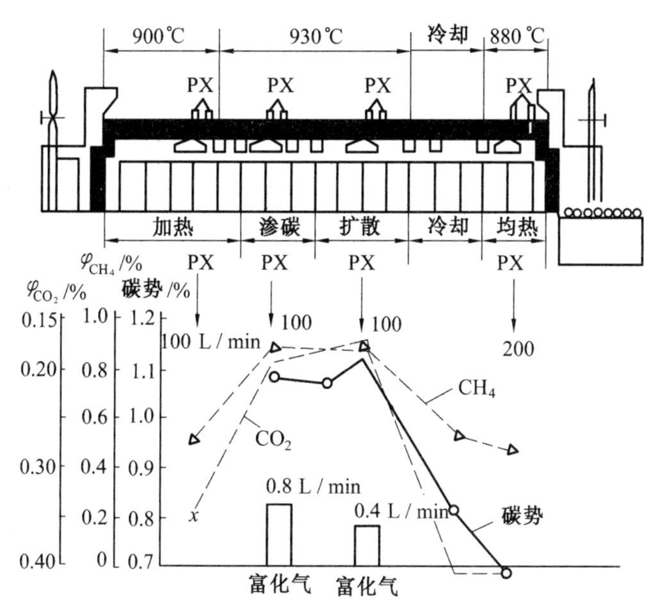

图6.12 连续作业可控气氛渗碳炉及其碳势分布

3. 渗碳工艺规范的选择

渗碳的目的是在工件表面获得一定的表面碳浓度、一定的碳浓度梯度及一定的渗层深度。选择渗碳工艺规范的原则是如何以最快的速度,最经济的效果获得合乎要求的渗碳层。

可控气氛渗碳的工艺参数包括渗剂类型及单位时间消耗量、渗碳温度、渗碳时间(在连续作业炉中表现为送料周期)。

(1)渗剂耗量

关于滴注式渗剂耗量的影响因素已如前所述。在滴注式可控气氛渗碳时,首先把滴注剂总流量调整至使炉气达到所需碳势,然后在渗碳过程中根据炉气碳势的测定结果稍加调整稀释剂(甲醇)与渗碳剂(丙酮)的相对含量(也可只调整渗碳剂流量)。

一定配比的滴注剂的总流量与炉气碳势的关系，如图6.13所示。滴注剂应该取相当于B点的流量，不应取A点的流量。因为在B点的滴注剂的总流量的变化，不至于引起炉气碳势的很大波动，这样便于控制。当然需要事先调整好稀释剂与渗碳剂的配比，使滴注剂流量与碳浓度的关系曲线中的相当于B点的碳浓度，恰好为所要求的工件表面的碳浓度。

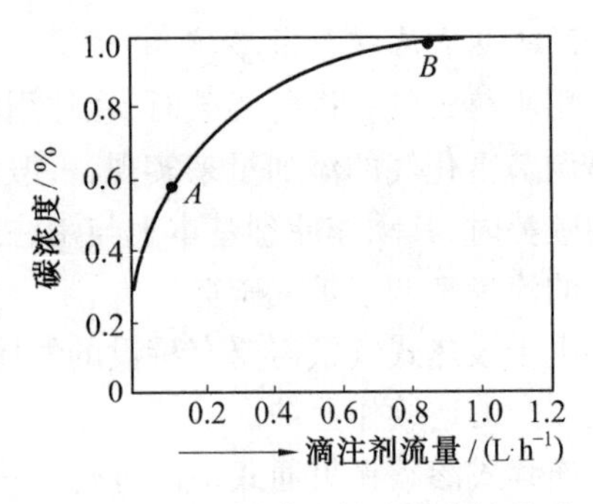

图6.13 滴注剂流量与碳浓度的关系

对每一种炉子和一定的渗剂，都有相应的滴注剂流量与碳浓度的关系曲线，在具体生产时再根据装入炉内工件渗碳总表面积进行修正。

吸热式可控气氛渗碳时，吸热式气体作为载体，而用改变富化气的流量来调整炉内碳势。一般载体（即前述稀释气）气体以充满整个炉膛容积，并使炉内气压较大气压高10 mm水柱，使炉内废气能顺利排出，即认为满足要求。一般每小时供气的气体体积约为炉膛容积的2.5～5倍，即通常所谓的换气倍数。富化气根据碳势要求而添加，若用丙烷作为富化气，在渗碳区的加入量一般为稀释气的1/1 000～1.5/1 000。

（2）温度和时间

其考虑原则和普通渗碳相同。但是在可控气氛渗碳时，由于气氛碳势被控制在一定值，因而渗碳温度和时间对渗层的影响，完全反映在对渗层深度及碳浓度的沿层深分布曲线上。温度越高，时间越长，渗层越深，碳浓度沿层深的分布越平缓，其影响关系已如前述。

（3）最佳工艺规范的获得

由于可控气氛渗碳表面碳浓度可控，因而可以通过在渗碳过程中调整碳势，合理选择加热温度和时间，从而达到过程时间短，渗层层深及碳浓度分布曲线合乎要求的最佳工艺。

例如，为了缩短渗碳过程时间，在设备及所用材料的奥氏体晶粒长大倾向性允许的条件下，可以适当提高渗碳温度。除此之外，由于炉内碳势可控，可在渗碳初期把炉气碳势调得较高，以提高工件表面的碳浓度，从而使扩散层内浓度梯度增大，加速渗碳过程。而在渗碳后期，降低炉气碳势，使工件表面碳浓度达到要求的碳浓度。又如，为了获得一定碳浓度分布曲线的渗层，也可以通过调整渗碳过程中不同阶段的炉气碳势及其维持时间来达到。

下面为某厂20CrMnTi齿轮，渗层为1.2～1.8 mm深的滴注式（用甲醇作稀释剂，丙酮作渗碳剂）可控气氛渗碳工艺实例。

工件装炉后，打开排气口，通入大滴量甲醇，迅速排出炉内空气。当炉温到达870 ℃时加滴少量丙酮，以便进一步降低炉内CO_2含量。

当炉温达到渗碳温度（910 ℃）并持续一段时间后，接通红外仪自动控制炉气碳势，进行渗碳。渗碳初期把红外仪CO_2调定在0.2%位置，相应炉气碳势为1.1%～1.2%，进行强渗，经过3 h后，把红外仪CO_2控制量调定到0.35%位置，相应的控制炉气碳势在0.9%左右，此时为渗碳的扩散期，经1～2 h后出炉。

经如此渗碳后，工件表面含碳量控制在要求范围内，渗层碳浓度分布也较平缓，而且渗碳时间缩短。

6.2.3 氮基气氛渗碳

这是一种以纯氮作为载气，添加碳氢化合物进行气体渗碳的工艺方法。采用这种方法能使天然气消耗量降低约85%，热处理成本节省50%以上，且生产安全、无毒、无环境污染。

近年来出现的几种氮基渗碳气氛的成分见表6.3。

表6.3 几种氮基渗碳气氛的成分

序号	原料气	炉气成分(体积分数)/%					碳势(w_C/%)	备注
		CO_2	CO	CH_4	H_2	N_2		
1	甲醇+氮+碳氢化合物	0.4	15~20	0.3	15~20	余量	—	Eudomix法
2	$N_2+CH_4(\frac{\varphi_{CH_4}}{\varphi_{空气}}=0.7)$	—	11.6	6.9	32.1	49.4	0.83	—
3	$N_2+CH_4+CO_2(\frac{\varphi_{CH_4}}{\varphi_{CO_2}}=6.0)$	—	4.3	2.0	18.3	75.4	1.0	NCC法

1. 氮-甲醇渗碳气氛

这是一种纯氮和甲醇裂解气的混合气体，其成分和吸热式气体基本相同。可采用甲烷或丙烷作富化气，也可采用丙酮或醋酸乙酯的裂解气作为富化气。上述两种混合气体已成功地代替了吸热式气氛，省去了吸热式气体的发生装置，并可使滴注式气体渗碳方法推广到连续式作业炉的大批量生产中去。

这类气体有如下特点。

(1)具有与吸热式气氛相同的点燃极限。由于氮气能自动安全吹扫，故采用该种气体的工艺有更大的安全性。

(2)适宜用反应灵敏的氧探头作碳势控制。

(3)在满负荷生产条件下，该气氛碳势的重现性与渗碳层深度的均匀性和重现性，至少与吸热式气氛相当。

(4)渗碳速度与用丙烷或甲烷制成的吸热式气氛相当。

该种气氛中，氮气与甲醇分解产物的比例以氮气($\varphi_{N_2}=40\%$)+甲醇($\varphi_{甲醇}=60\%$)裂解气为最佳。

这种气体的渗碳工艺，大致与吸热式气氛渗碳相当。换气倍数也大致相同，周期式作业炉为4~6倍，推杆式炉为4倍。

2. $N_2+CH_4+CO_2$(或空气)

添加氧化气氛CO_2或空气的目的是使气氛中有足够的CO和H_2含量。钢箔称重法实验证明，渗碳反应式(1.30)的速度约为渗碳反应式(1.31)的59倍，约为渗碳反应式(1.29)的31倍。在渗碳过程中，如果能保持足够高的CO和H_2含量，将可促进渗碳过程。显然，采用适当的$\frac{\varphi_{CH_4}}{\varphi_{空气}}$或$\frac{\varphi_{CH_4}}{\varphi_{CO_2}}$值和合适的炉气流量，即可实现获得一定表面含碳量的快速渗碳工艺。

6.2.4 气体渗碳过程的计算机数值模拟和渗碳层碳浓度分布曲线的自适应调整

如前所述,气体渗碳过程实质上是在一定加热温度下,渗碳介质热分解出活性碳原子,进入工件表面,然后向工件内部热扩散,从而获得一定碳浓度分布的渗碳层。

按照气体渗碳的工艺过程,碳的传输方程应如式(6.5)。若把 C_{∞} 以炉气碳势 C_p 表示,则在气体渗碳过程中某一时刻 t,渗层中离表面 x 处的碳浓度 $C(x,t)$ 可用下式表示

$$C(x,t)=(C_p-C_0)\{\mathrm{erfc}(\frac{x}{2\sqrt{Dt}})-\exp\frac{\beta x+\beta^2 t}{D}\mathrm{erfc}[\frac{x}{\sqrt{4Dt}}+\beta\sqrt{\frac{t}{D}}]\}+C_0 \qquad (6.17)$$

式中 C_0——渗碳前钢的原始含碳量;

β——传递系数,与渗碳温度和炉气成分有关,可通过钢箔试样实验求得[8];

D——碳的扩散系数;

erfc——补误差函数。

显然,在一定气体渗碳条件下,即已知碳势 C_p、传递系数 β 和碳的扩散系数 D,就可按式(6.17)计算出渗碳过程中任一时刻的渗碳层碳浓度深度分布曲线。

由于式(6.17)中有复杂的误差函数,因此在计算机进行数值模拟时常用差分方程的数值解[9]。为了加速渗碳过程而又获得合乎要求的渗碳层表面碳浓度和渗层深度,传统气体渗碳工艺常采用两段法,即先用较高碳势炉气进行渗碳一段时间,这段时间称为强渗期;然后再在较低碳势炉气中渗碳一段时间,使表面碳浓度降低到所要求的浓度,同时渗碳层的深度也达到要求值,这段时间称为扩散期。当用有限差分解对这种渗碳过程进行计算机数值模拟时,在模拟过程中,只要在强渗期结束、扩散期开始那一时刻,把炉气碳势值由强渗期的碳势改为扩散期的碳势值,接着进行运算即可[9]。

一般对渗碳层的技术要求,仅为渗碳层表面浓度和渗碳层深度。为了测量方便,渗碳层深度又往往定义为自渗碳层表面至一定碳浓度处的距离。这样的技术要求,实际上对渗碳层的浓度深度分布曲线只有通过表面碳浓度值和规定层深处的浓度值这两点的要求(即两个目标碳浓度点或目标值),而通过这两点的碳浓度分布曲线可以有很多种,从渗碳层的工作性能要求来说,满足技术要求的不一定是最佳碳浓度分布曲线。图 6.14 为对渗碳层只有表面碳浓度和层深的可能几种碳浓度分布曲线,图 6.14(a)为技术条件对渗碳层两点碳浓度要求,图 6.14(b) ~ (d)为通过要求两点碳浓度的 3 条不同的碳浓度分布曲线,可见差别很大。

为了使渗碳层的碳浓度分布曲线能更好地满足使用性能要求,有人提出了渗碳层碳浓度分布曲线三目标点自适应调整和控制[10],即除了表面碳浓度和渗碳层深度外,还规定了这两点之间的第三点碳浓度要求,要求碳浓度分布曲线通过这第 3 点,以 C_k 表示,如图 6.15(a)所示。

碳浓度自适应调整如下进行。炉气碳势仍按强渗期的高碳势和扩散期的较低碳势设定。开始按强渗期进行渗碳,随着渗碳的进行,计算机按前述数学模式不断地计算不同渗碳时刻的碳浓度分布曲线,直至该曲线通过 C_k 点,如图 6.15(b)曲线 1 所示。然后降低炉气碳势至扩散期的碳势时行渗碳,直至计算出的碳浓度分布曲线表面达到要求碳浓度,层深达到要求的渗碳层深度,而又通过 C_k 点,如图 6.15(b)曲线 3 所示。如果在层深未达到要求深度时,表面已达到要求碳浓度,但计算出碳浓度分布曲线低于 C_k 点,则应提高

炉气碳势至强渗期碳势，至计算出的碳浓度分布曲线通过 C_k 点，再降低炉气碳势至扩散期碳势渗碳，直到渗层深度达到要求深度。

一般第三目标点 C_k 这样确定，$C_k = C_s - C(w_C = 0.1\%)$，其位置在离表面距离约为要求层深的40%处，$C_s$ 是要求的表面碳浓度。

根据上述碳浓度分布曲线的自适应调整计算结果，在渗碳过程中对炉气碳势进行自适应控制，以获得要求的渗碳层碳浓度分布曲线。

基于这种处理方法，还可以扩展为以整个要求碳浓度分布曲线为目标，自适应调整渗碳过程中碳浓度分布曲线，使渗碳层最终达到所要求的碳浓度分布曲线。

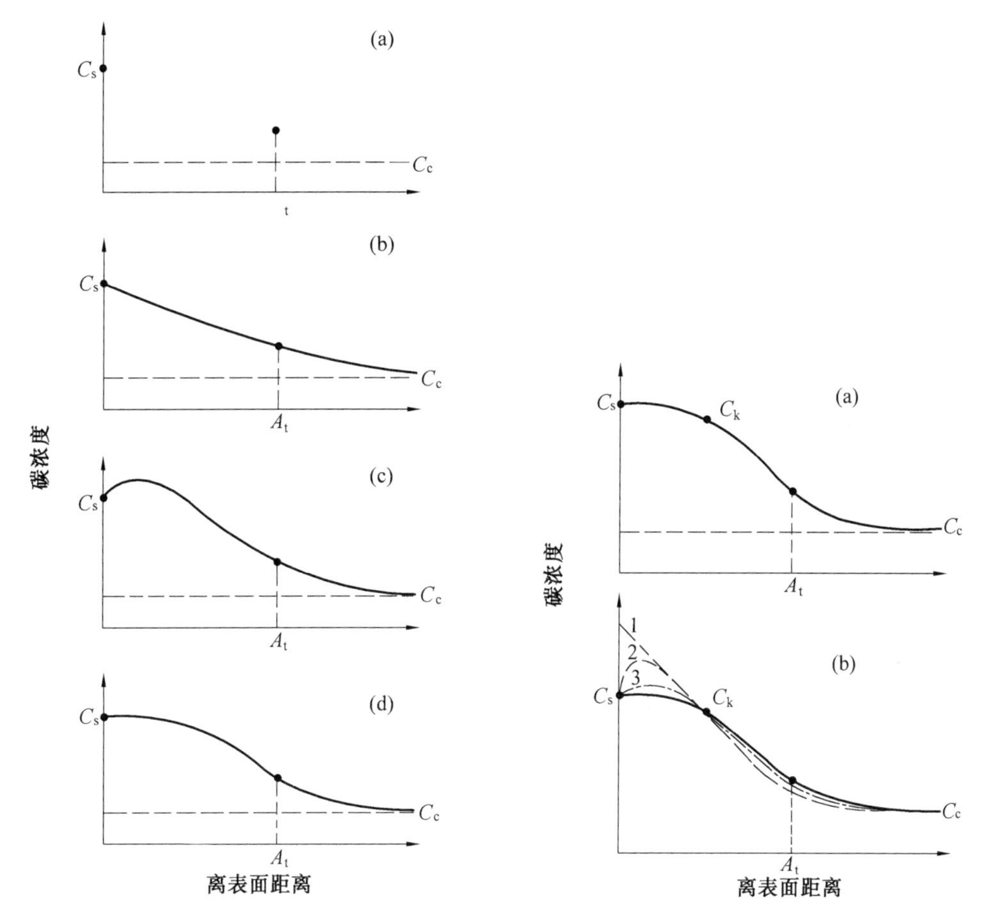

图6.14　只有两点碳浓度要求的可能的渗碳层碳浓度分布曲线

图6.15　三目标点要求碳浓度分布曲线(a)和自适应应调整过程中的碳浓度分布曲线(b)

从上面的讨论知道，在强渗期，渗碳层的表面碳浓度随着渗碳时间的延长，逐渐提高，直至炉气碳势对应的碳浓度，此后，表面碳浓度不再升高，而渗碳层的深度继续加深。此时的碳浓度分布曲线将和目标碳浓度分布曲线相交，从表面到交点处，实际碳浓度分布曲线高于目标碳浓度分布曲线，而在交点以内离表面更远处，则目标碳浓度分布曲线高于实际碳浓度分布曲线，如图6.16所示。两曲线之间，包络两块面积，以交点分界，在交点以外离表面较近部分在目标曲线之上，而在交点之内离表面较远部分则在目标曲线之下，如阴影线所示区域。离表面近的部分面积以 S_1 表示，离表面较远的部分以 S_2 表示。在开始渗碳时，在强渗期，表面碳浓度逐渐提高，当表面碳浓度高于目标碳浓度曲线的表面碳浓度时，实际碳浓度曲线与目标碳浓度曲线相交，出现上述 S_1、S_2 两块面积。随着渗碳时间延长，S_1 面积逐渐增大，S_2 面积逐渐减小。不难看出，从对渗碳层的碳浓度分布要求来说，S_1 面积所代表的渗入碳量部分是多余的，而 S_2 面积所代表的碳量部分是不足的。显然，在一维情况下，当 $S_1=S_2$ 时，如果在渗碳表面不再渗碳也不脱碳情况下，靠表层多余的碳量 S_1 来补充内部不足部分 S_2 即可达到渗碳要求。

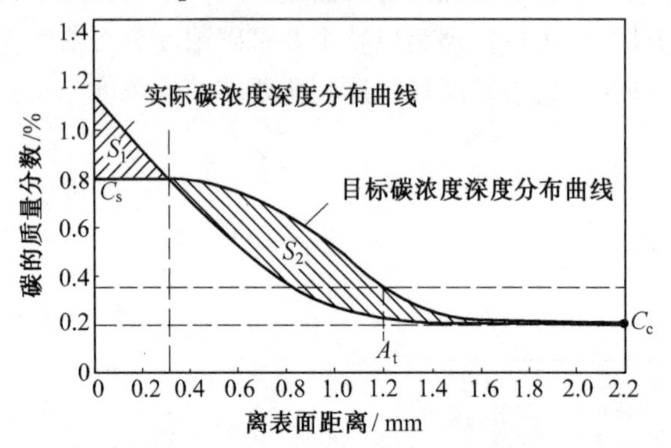

图6.16 渗碳层目标碳浓度分布曲线和实际碳浓度分布曲线

基于上述考虑，提出了面积积分法进行渗碳层碳浓度分布曲线自适应调整的方法。即在强渗期，随着渗碳过程的进行，不断地进行实际碳浓度分布曲线、实际碳浓度分布曲线与目标碳浓度分布曲线的交点以及该两曲线所包络的面积 S_1、S_2 的计算，直至 $S_1=S_2$；然后把炉气碳势降到扩散期的碳势进行渗碳，在扩散期渗碳条件下，再不断地进行上述计算，直至 $S_1=S_2=0$ 时，即实际碳浓度深度分布曲线达到目标碳浓度深度分布曲线时，渗碳终了。如果在扩散期的渗碳进行中，当 S_1 已达到零，但 S_2 尚未达到零，即尚未达到目标碳浓度分布曲线时，再提高炉气碳势至强渗期的碳势进行渗碳，直至 $S_1=S_2$；再降低炉气碳势至扩散期碳势进行渗碳，如此反复进行，直至 $S_1=S_2=0$，实际碳浓度深度分布曲线达到目标碳浓度分布曲线。

实际上，当 $S_1=S_2$ 时由强渗期进入扩散期，其 S_1 所代表的渗碳量不一定能恰好补充 S_2 代表的不足的碳量。一方面当炉气碳势由强渗期的碳势降至扩散期的碳势时，渗碳层表面要脱碳，因而要失去一部分碳量，此时渗碳就会不足，出现要求炉气碳势再次提高至强渗期的碳势，进行补碳的局面。另一方面，在二维情况下，例如圆柱体渗碳，S_1 和 S_2 所代表的应该是表层和内层体积内所含碳量，当 $S_1=S_2$ 时，S_1 所代表的表层体积显然要大于 S_2 所代表的内层体积，因而 S_1 所代表的总碳量要大于 S_2 的，用表层过多的碳量来补充内层不足的碳量将过多，所以计算时都应加以修正。

6.2.5 真空渗碳

真空渗碳是近年来新发展起来的一种高温渗碳技术，同普通气体渗碳相比具有下述优点。

(1)由于将渗碳温度由普通气体渗碳时的920 ~930 ℃提高到1 030 ~1 050 ℃，以及由于真空加热的表面净化作用所造成的表面活化状态，使渗碳时间显著缩短(见图6.17)。

(2)渗碳表面质量好，渗碳层均匀，没有过度渗碳的危险等。

(3)能直接使用天然气作渗碳剂,不需要气体发生炉。

(4)作业条件好,如排除了烟、热对环境的污染等。

在真空渗碳过程中温度与炉内压力的变化如图6.18所示。工件装入炉中后,先排气使真空度达到133 Pa(时间约为15 min),以后通电加热使温度达到渗碳温度(1 030~1 050 ℃)。在升温过程中,由于工件与炉壁脱气会使炉内真空度降低,待净化作用完成后炉内真空度又上升至1.33×10^{-1} Pa,经过一段均热保温后,通入天然气(渗碳介质)使工件渗碳,这时炉内真空度又下降;而停止供给天然气数分钟则真空度再次上升。如此反复数次使渗碳及扩散过程充分进行,直到渗碳完了。随后送入氮气,并把工件移入炉内冷却室中,待冷至550~660 ℃后重新于真空条件下加热到淬火温度以细化晶粒。当淬火加热保温结束后,再一次通入氮气,随后将工件进行油淬。

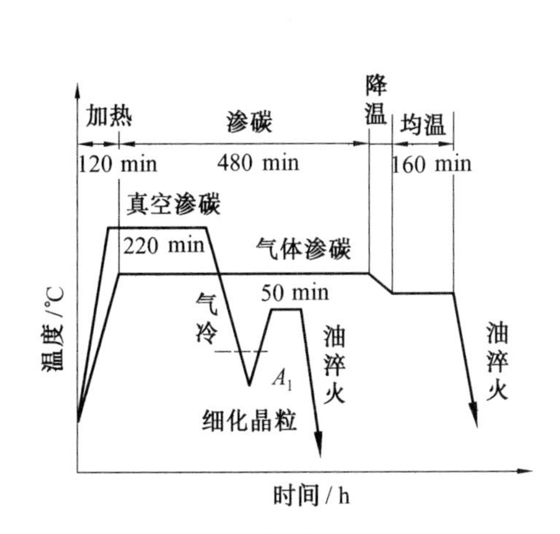

图6.17 真空渗碳与普通渗碳工艺参数的比较

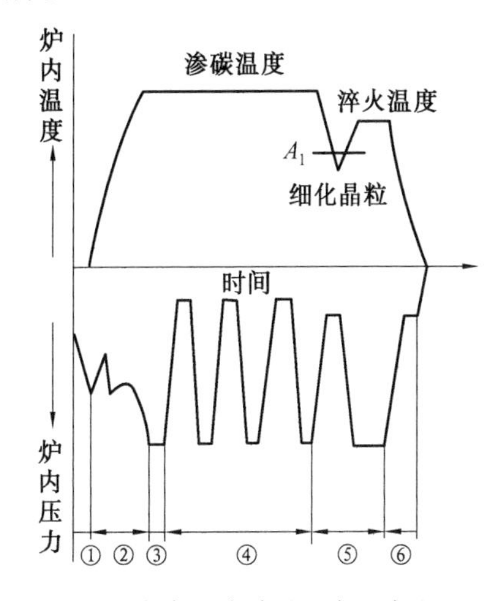

图6.18 在真空渗碳过程中温度和炉内真空度的变化

1—排气使真空度达到133 Pa;
2—升温伴随有脱气发生;
3—均热;4—渗碳及扩散;
5—淬火加热以细化晶粒;6—淬火冷却

由于在真空渗碳过程中采取使碳的渗入与扩散反复交替进行的操作方式,而且在每一次循环中渗碳时间又很短,使渗碳层分布均匀,渗碳层中碳的浓度梯度变得缓和(见图6.19),并消除了过度渗碳的危险。与普通渗碳不同之处,真空渗碳是在达到渗碳温度后才开始通入渗碳气体,使工件与渗碳气体的接触时间很短,有可能获得很薄的渗碳层。例如,对10钢在1 200 ℃渗碳5 min(碳的渗入时间为3 min,扩散时间为2 min)渗碳层深度为0.25 mm。

图6.20为20MnMo钢轴(长为375 mm)的真空渗碳热处理规程。在1 038 ℃渗碳1.5 h后冷至相变点以下,再加热到816 ℃油淬,表面硬度为HRC63~64。有效渗碳层深度为1.25 mm,而且渗碳热处理周期由普通气体渗碳的6.5 h缩短为4.5 h。

真空渗碳淬火后,需进行180~200 ℃的低温回火。

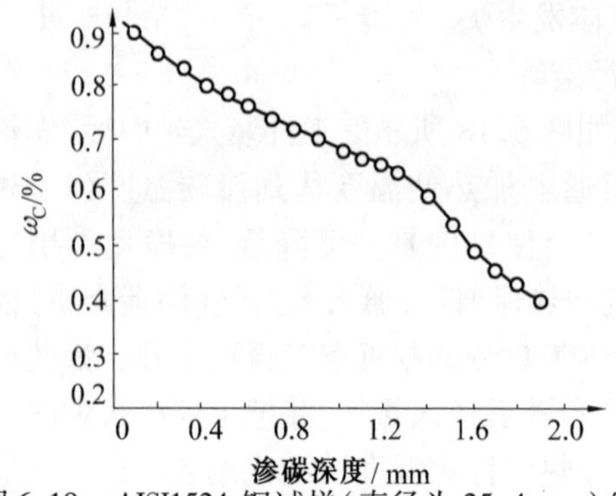

图 6.19 AISI1524 钢试样(直径为 25.4 mm)经真空渗碳后的碳浓度梯度分布曲线[31]

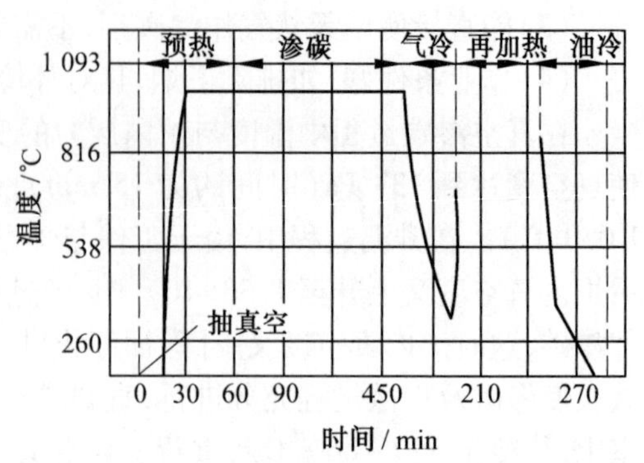

图 6.20 20MnMo 钢轴(长为 375 mm)的真空渗碳热处理规程

6.2.6 渗碳后的热处理

工件渗碳后,提供了表层高碳、心部低碳这样一种含碳量的工件。为了得到合乎理想的性能,尚需进行适当的热处理。常见的渗碳后的热处理有下列几种。

1. 直接淬火

直接淬火是在工件渗碳后,预冷到一定温度,然后立即进行淬火冷却。这种方法一般适用于气体渗碳、真空渗碳或液体渗碳。固体渗碳时,由于工件装于箱内,出炉、开箱都比较困难,较难采用该种方法。

淬火前的预冷可以是随炉降温或出炉冷却。预冷的目的是使工件与淬火介质的温度差减少,减少应力与变形。预冷的温度一般取稍高于心部成分的 Ar_3 点,避免淬火后心部出现自由铁素体,获得较高的心部强度。但此时表面温度高于相当于渗层化学成分的 Ar_3 点,奥氏体中含碳量高,淬火后表层残余奥氏体量高,硬度较低。

直接淬火的优点为:减少加热、冷却次数,简化操作,减少变形及氧化脱碳。缺点为:由于渗碳时在较高的渗碳温度停留较长的时间,容易发生奥氏体晶粒长大。直接淬火虽经预冷也不能改变奥氏体晶粒度,因而可能在淬火后机械性能降低。只有本质细晶粒钢,在渗碳时不发生奥氏体晶粒的显著长大,才能采用直接淬火。

2. 一次加热淬火

一次加热淬火是渗碳后缓冷,再次加热淬火。再次加热淬火的温度应根据工件要求而定,一般可选在稍高于心部成分的 Ac_3 点,也可选在 Ac_1 和 Ac_3 之间。对心部强度要求较高的合金渗碳钢零件,淬火加热温度应选为稍高于 Ac_3 点的温度。这样可使心部晶粒细化,没有游离的铁素体,可获得所用钢种的最高强度和硬度,同时,强度和塑性韧性的配合也较好。这时对表面渗碳层来说,先共析碳化物溶入奥氏体,淬火后残余奥氏体较多,硬度稍低。

对心部强度要求不高,而表面又要求有较高的硬度和耐磨性时,可选用稍高于 Ac_1 的淬火加热温度。如此处理,渗层先共析碳化物未溶解,奥氏体晶粒细化,硬度较高,耐磨性较好,而心部尚存在有大量先共析铁素体,强度和硬度较低。

为了兼顾表面渗碳层和心部强度,可选用稍低于 Ac_3 点的淬火加热温度。在此温度淬火,即使是碳钢,在表层由于先共析碳化物尚未溶解,奥氏体晶粒不会发生明显粗化,硬度也较高。心部未溶解铁素体数量较少,奥氏体晶粒细小,强度也较高。

一次加热淬火的方法适用于固体渗碳。当然,液体、气体渗碳的工件,特别是本质粗晶粒钢,或渗碳后不能直接淬火的零件也可采用一次加热淬火。

对20Cr2Ni4A、18Cr2Ni4WA等高合金渗碳钢制零件,在渗碳后保留有大量残余奥氏体,为了提高渗碳层表面硬度,在一次淬火加热前应进行高温回火。回火温度的选择应以最有利于残余奥氏体的转变为原则,对20Cr2Ni4A钢采用640~680 ℃、6~8 h的回火,使残余奥氏体发生分解,碳化物充分析出和集聚。对18Cr2Ni4WA钢,有的采用与20Cr2Ni4A相同的回火工艺;但有人经试验认为,在540 ℃回火2 h更能促进冷却过程中的残余奥氏体向马氏体转变。为了促使残余奥氏体的最大限度地分解,采用3次回火。

高温回火后,在稍高于Ac_1的温度(780~800 ℃)加热淬火。由于淬火加热温度低,碳化物不能全部溶于奥氏体中,因此残余奥氏体量较少,提高了渗层强度和韧性。

3. 两次淬火

在渗碳缓冷后进行两次加热淬火。第一次淬火加热温度在Ac_3以上,目的是细化心部组织,并消除表面网状碳化物。第二次淬火加热温度选择在高于渗碳层成分的Ac_1点温度(780~820 ℃)。二次加热淬火的目的是细化渗碳层中马氏体晶粒,获得隐晶马氏体、残余奥氏体及均匀分布的细粒状碳化物的渗层组织。

由于两次淬火法需要多次加热,不仅生产周期长、成本高,而且会增加热处理时的氧化、脱碳及变形等缺陷。以前两次淬火法多应用于本质粗晶粒钢,但是现在的渗碳钢基本上都是用铝脱氧的本质细晶粒钢,因而目前两次淬火法在生产上很少应用,仅对性能要求较高的零件才偶尔采用。

不论采用哪种淬火方法,渗碳件在最终淬火后均经180~200 ℃的低温回火。

6.2.7 渗碳后钢的组织与性能

1. 渗碳层的组织

根据前一节的讲述得知,在碳素钢渗碳时,当渗碳剂的碳势一定,在渗碳温度只可能存在单相奥氏体,其碳浓度分布曲线自表面相当于介质碳势所对应的浓度向心部逐渐降低,如图6.21(a)所示。自渗碳温度直接淬火后,渗层组织无过剩碳化物,仅为针状马氏体加残余奥氏体,如图6.21(b)所示。残余奥氏体量自表面向内部逐渐减少如图6.21(c)所示,渗层硬度符合淬火钢硬度与含碳量的关系,在高于或接近于含碳0.6%处硬度最高,而在表面处,由于残余奥氏体较多,硬度稍低如图6.21(d)所示。

合金钢渗碳时,渗层组织可以根据多元状态图及前述反应扩散过程来进行分析,但是这里应考虑合金元素的扩散重分配过程。

图6.22为20CrMnTI钢920 ℃渗碳6 h直接淬火后的渗层碳浓度、残余奥氏体量及硬度沿截面的变化。这里看到一个特殊现象,即在离表面0.2 mm处奥氏体中含碳量最高、残余奥氏体量最多,硬度最低,除此以外,越靠近表面,奥氏体中含碳量越低,相应的残余奥氏体量减少,硬度提高。出现这一现象同渗碳过程中剧烈形成碳化物有关,这种钢中含有Ti、Cr碳化物形成元素,但含量比较少,而且合金元素的扩散又极缓慢,在时间较短的渗碳过程中,很难看出它们的扩散重新分布,但由于它们的存在,在渗碳过程中,一旦碳的浓度达到奥氏体的饱和极限浓度,则强烈地析出合金渗碳体,其剧烈程度甚至表面渗剂提供碳原子都来不及,因而出现奥氏体中碳浓度低于该温度下平衡浓度的现象[12]。

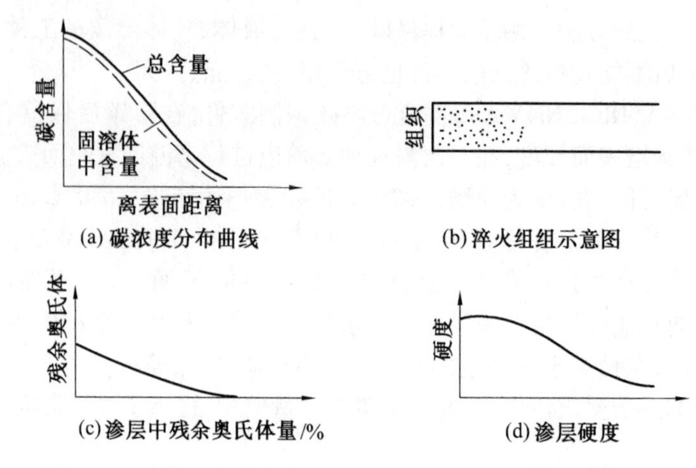

图 6.21　碳素钢渗碳后渗层的碳浓度分布及渗层组织示意图

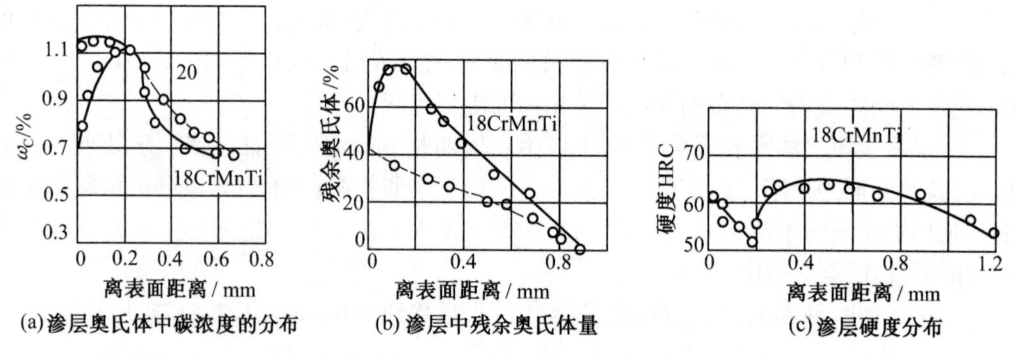

图 6.22　20CrMnTi 钢 920 ℃渗碳 6 h 直接淬火后渗层的成分、组织及硬度[12]

在正常情况下,渗碳层在淬火后的组织从表面到心部依次为:马氏体和残余奥氏体加碳化物→马氏体加残余奥氏体→马氏体→心部组织。心部组织在完全淬火情况下为低碳马氏体;淬火温度较低的为马氏体加游离铁素体;在淬透性较差的钢中,心部为屈氏体或索氏体加铁素体。

2. 渗碳件的性能

渗碳件的性能是渗层和心部的组织结构及渗层深度与工件直径相对比例等因素的综合反映。

(1)渗碳层的组织结构

其组织结构包括渗碳层碳浓度分布曲线、基体组织、渗层中的第二相数量、分布及形状。

渗碳层的碳浓度是提供一定渗层组织的先决条件,一般希望渗层浓度梯度平缓。为了得到良好的综合性能,表面碳的质量分数控制在 0.9% 左右。

渗层中的残余奥氏体量。与马氏体相比,残余奥氏体的强度、硬度较低,塑性、韧性较高。渗碳层存在残余奥氏体,降低渗层的硬度和强度。过去常把残余奥氏体作为渗层中的有害相而加以严格限制,近年来的研究表明,渗碳层中存在适量的残余奥氏体不仅对渗碳件的性能无害,而且有利。理由是:①渗层中残余奥氏体的存在,不一定减小有利的表面残余压应力。图 6.23(a)、(b)分别为两种渗层含碳量、残余奥氏体量与渗碳层中残余应力分布的关系。由图可见,残余奥氏体较多者,渗层中残余压应力仍较大。有人认为渗碳后二次淬火其性能反而不如直接淬火，其原因之一就是直接淬火的尽管残余奥氏体较多，但获得的却是表面残余压应力，而两次淬火的则表面为拉应力。②残余奥氏体较软，塑性较高，可以弛豫局部应力，因而微区域的塑性变形有一定的缓冲作用，可以延缓裂纹的扩展。③有人研究表明，一定量的残余奥氏体对接触疲劳强度有积极作用。例如，有人做了冰冷处理对渗碳层接触疲劳强度的影响，结果表明经冰冷处理者，使渗层中残余奥氏体量大为减少，但接触疲劳寿命却显著降低。目前认为渗层中的残余奥氏体可以提高到20%～25%，而不宜超过30%，但现今生产上仍限制在5%以下。

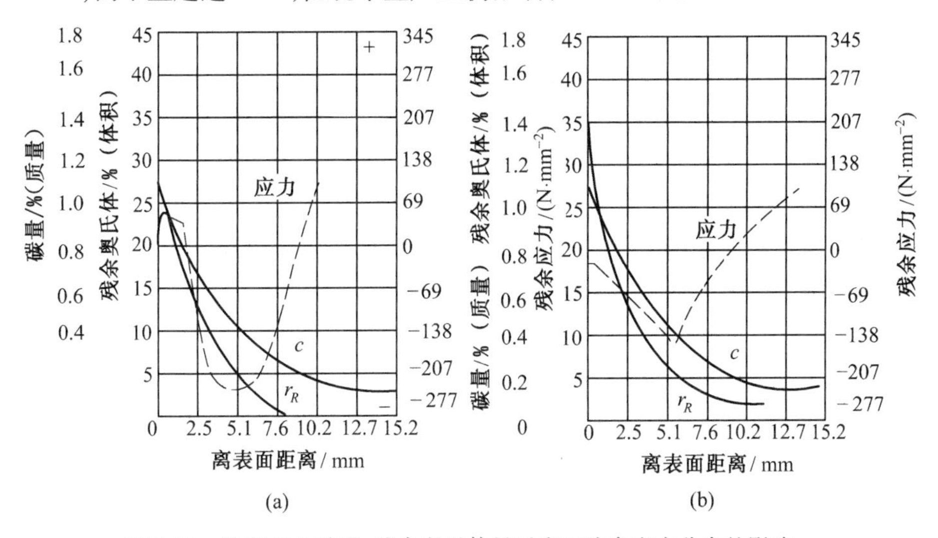

图6.23 渗碳层含碳量、残余奥氏体量对表面残余应力分布的影响

碳化物的数量、分布、大小、形状对渗碳层性能有很大影响。一般认为表面粒状碳化物增多，可提高表面耐磨性及接触疲劳强度。但碳化物数量过多，特别是呈粗大网状或条块状分布时，将使冲击韧性、疲劳强度等性能变坏，故一般生产上均有限制。

(2)心部组织对渗碳件性能的影响

渗碳零件的心部组织对渗碳件性能有重大影响。合适的心部组织应为低碳马氏体，但在零件尺寸较大、钢的淬透性较差时，也允许心部组织为屈氏体或索氏体，视零件要求而定，但不允许有大块状或多量的铁素体。

(3)渗碳层与心部的匹配对渗碳件性能的影响

渗碳层与心部的匹配，主要考虑是渗层深度与工件截面尺寸对渗碳件性能的影响，以及渗碳件心部硬度对渗碳件性能的影响。

渗碳层的深度对渗碳件性能的影响首先表现在对表面应力状态的影响上。在工件截面尺寸不变的情况下，随着渗层的减薄，表面残余压应力增大，有一极值。过薄，由于表面层马氏体的体积效应有限，表面压应力反而减小。渗层深度对齿轮齿根弯曲疲劳强度的影响如图6.24所示，由图可见，渗层深度对弯曲疲劳强度的影响也有类似规律。

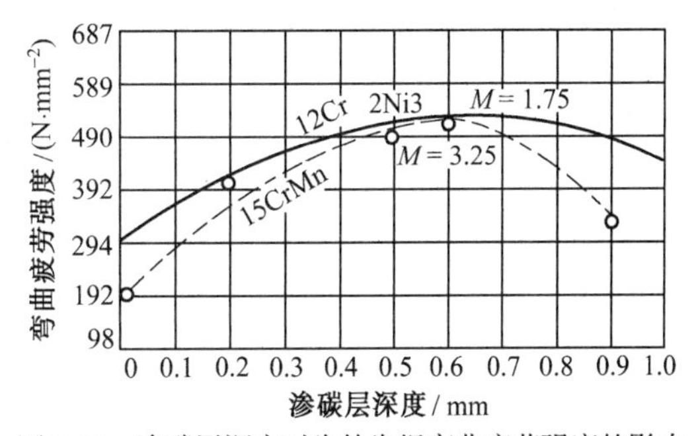

图6.24 渗碳层深度对齿轮齿根弯曲疲劳强度的影响

渗碳层的深度越深，可以承载接触应力越大。因为由接触应力引起的最大切应力发生于距离表面的一定深度处，若渗层过浅，最大切应力发生于强度较低的非渗碳层(即心部)组织上，将使渗碳层塌陷剥落，但渗碳层深度的增加会使渗碳件冲击韧性降低。

渗碳件心部的硬度，不仅影响渗碳件的静强度，同时也影响表面残余应力的分布，从而影响弯曲疲劳强度。在一定渗碳层深度情况下，心部硬度增高表面残余压应力减小。一般渗碳件心部硬度较高者，渗碳层深度应较浅。渗碳件心部硬度过高，降低渗碳件冲击韧性；心部硬度过低，则承载时易于出现心部屈服和渗层剥落。

目前汽车、拖拉机齿轮其渗碳层深度一般是按齿轮模数的 15% ~30% 的比例确定。心部硬度在齿高的 1/3 或 2/3 处测定，合格的硬度值为 HRC33 ~48。

6.2.8 渗碳缺陷及控制

渗碳经常出现的缺陷种类很多，其原因可能牵涉到渗碳前的原始组织，也可能是渗碳过程的问题，还可能是渗碳后的热处理问题。下面仅就渗碳过程中出现的缺陷组织作如下介绍。

1. 黑色组织

在含铬、锰及硅等合金元素的渗碳钢渗碳淬火后，在渗层表面组织中出现沿晶界呈断续网状的黑色组织。出现这种黑色组织的原因，可能是由于渗碳介质中的氧向钢的晶界扩散，形成铬、锰和硅等元素的氧化物，即“内氧化”；也可能由于氧化使晶界上及晶界附近的合金元素贫化，淬透性降低，致使淬火后出现非马氏体组织。图 6.25 为几种钢渗碳淬火后在未经腐蚀的金相试样上看到的黑色组织。

预防黑色组织的办法是注意渗碳炉的密封性能，降低炉气中的含氧量。一旦工件上出现黑色组织时，若其深度不超过 0.02 mm，可以增加一道磨削工序，把其磨去，或进行表面喷丸处理。

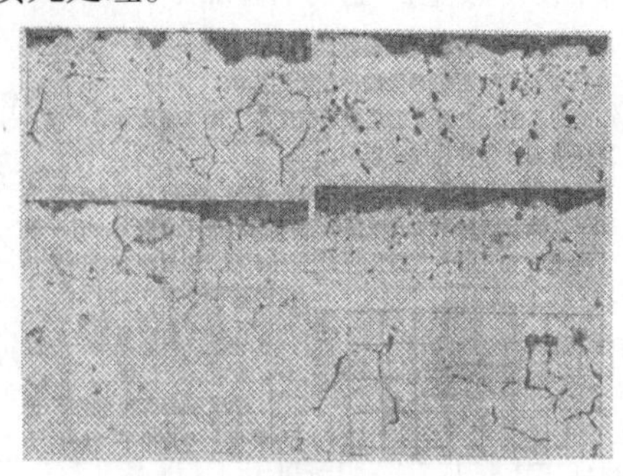

图 6.25 渗碳层非腐蚀状态的显微组织[11] (×1250)

1—碳钢；2—含 Cr(w_{Cr}=0.7%)钢；3、4—含 Ni(w_{Ni}=3.5%)和 Mo(w_{Mo}=0.25%)钢(在不同渗碳剂中渗碳)；5—含 Cr(w_{Cr}=0.5%)、Ni(w_{Ni}=0.6%)和 Mo(w_{Mo}=0.25%)钢

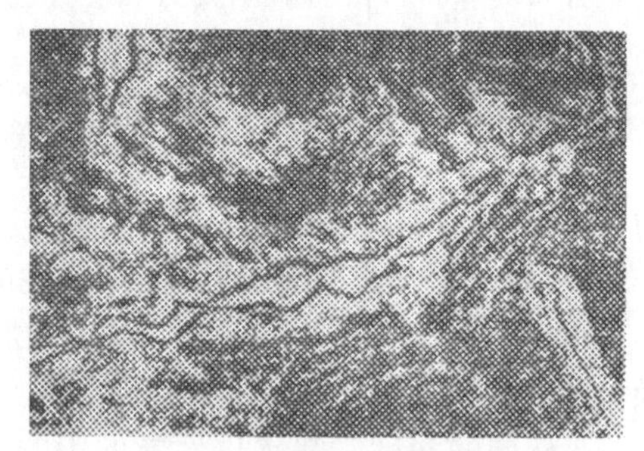

图 6.26 渗碳层中的反常组织

2. 反常组织

这种组织在前述过共析钢退火组织缺陷中已看到过，其特征是在先共析渗碳体周围出现铁素体层。在渗碳件中，常在钢中含氧量较高（如沸腾钢）的固体渗碳时看到。图6.26为渗碳层中看到的反常组织。具有反常组织的钢经淬火后易出现软点。补救办法是，适当提高淬火温度或适当延长淬火加热的保温时间，使奥氏体均匀化，并采用较快的淬火冷却速度。

3. 粗大网状碳化物组织

形成原因可能是由于渗碳剂活性太大，渗碳阶段温度过高，扩散阶段温度过低及渗碳时间过长引起。预防补救的办法是分析其原因，采取相应措施，对已出现粗大网状碳化物的零件可以进行温度高于 Ac_{cm} 的高温淬火或正火。

4. 渗碳层深度不均匀

渗碳层深度不均匀的成因很多，可能由于原材料中带状组织严重，也可能由于渗碳件表面局部结焦或沉积碳黑，炉气循环不均匀，零件表面有氧化膜或不干净，炉温不均匀，零件在炉内放置不当等所造成。应分析其具体原因，采取相应措施。

5. 表层贫碳或脱碳

表层贫碳或脱碳的成因是扩散期炉内气氛碳势过低，或高温出炉后在空气中缓冷时氧化脱碳。补救办法是在碳势较高的渗碳介质中进行补渗；在脱碳层小于0.02 mm情况下可以采用把其磨去或喷丸等办法进行补救。

6. 表面腐蚀和氧化

渗碳剂不纯，含杂质多，如硫或硫酸盐的含量高，液体渗碳后零件表面粘有残盐，均会引起腐蚀。渗碳后零件出炉温度过高，等温盐浴或淬火加热盐浴脱氧不良，都可引起表面氧化，应仔细控制渗碳剂盐浴成分，并对零件表面及时清洗。

6.3　金属的渗氮

向金属表面渗入氮元素的工艺称为渗氮，通常也称为氮化。

钢渗氮可以获得比渗碳更高的表面硬度和耐磨性，渗氮后的表面硬度可以高达HV950～1 200（相当于HRC65～72），而且到600 ℃仍可维持相当高的硬度。渗氮还可获得比渗碳更高的弯曲疲劳强度，也可以提高工件的抗腐蚀性能。此外，由于渗氮温度较低（500～570 ℃），故变形很小。但是渗氮工艺过程较长，渗层也较薄，不能承受太大的接触应力。目前除了钢以外，其他如钛、钼等难熔金属及其合金也广泛地采用渗氮。

6.3.1　钢的渗氮原理

1. 铁-氮状态图

铁-氮状态图是研究钢的渗氮的基础，如渗氮层可能形成的相及组织结构，以及它们的形成规律，都以Fe-N状态图作为依据。为此，必须先研究Fe-N状态图，如图6.27所示。由图可见，Fe-N系中可以形成如下5种相。

α相——氮在α-Fe中的间隙固溶体。氮在α-Fe中的最大溶解度为0.1%（在590 ℃）。

γ 相——氮在 γ-Fe 中的间隙固溶体，存在于共析温度 590 ℃以上。共析点的氮的质量分数为 2.35%。

γ′相——可变成分的间隙相化合物。其晶体结构为氮原子有序地分布于由铁原子组成的面心立方晶格的间隙位置上。氮的质量分数为 5.7% ~ 6.1%。当氮的质量分数为 5.9% 时化合物结构为 Fe_4N，因此，它是以 Fe_4N 为基的固溶体。γ′相在 680 ℃以上发生分解并溶解于 ε 相中。

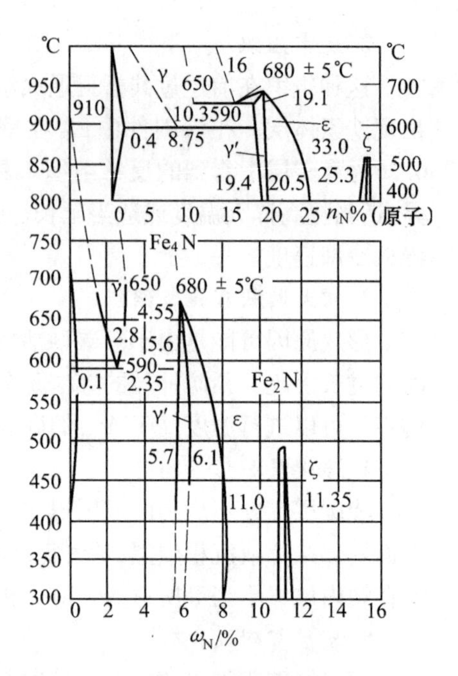

图 6.27 Fe-N 状态图

ε 相——含氮量很宽的化合物。其晶体结构为在由铁原子组成的密集六方晶格的间隙位置上分布着氮原子。在一般渗氮温度下，ε 相的氮的质量分数为 8.25% ~11.0%。因此它是以 Fe_3N 为基的固溶体。

ξ 相——为斜方晶格的间隙化合物，氮原子有序地分布于它的间隙位置。也可认为是 ε 相的扭曲变化（为六方晶格），氮的质量分数为 11.0% ~11.35%，分子式为 Fe_2N。其稳定温度为 450 ℃以下，超过 450 ℃则分解。

由图可以看到，在 Fe-N 系中，有两个共析转变温度，即 650 ℃时，ε→γ+γ′及 590 ℃时，γ→α+γ′，其中 γ 相即为含氮奥氏体。当其从高于 590 ℃的温度迅速冷却时将发生马氏体转变，其转变机构和含碳奥氏体的马氏体转变一样。含氮马氏体（α′）是氮在 α-Fe 中的过饱和固溶体，具有体心正方晶格，与含碳马氏体类似。

2. 钢的渗氮过程

钢的渗氮和其他化学热处理一样，也由 5 个交叉的过程所构成。但对气体渗氮来说，主要是渗剂中的扩散、界面反应及相变扩散。

普通渗氮常用氨气作为渗氮介质。利用氨气作渗氮介质时，其活性氮原子的解离及吸收过程按下述进行。

氨在无催化剂时，分解活化能为 377 kJ/mol；而当有铁、钨、镍等催化剂参加下，其活化能约为 167 kJ/mol。因此钢渗氮时氨的分解主要在炉内管道、工件、渗氮箱及挂具等钢铁材料制成的构件表面上通过催化作用来进行。通入渗氮箱的氨气，经过工件表面而落入钢件表面原子的引力场时，就被钢件表面所吸附，这种吸附是化学吸附。在化学吸附作用下，如前所述，解离出活性氮原子，被钢件表面吸收并渗入工件表面。因此，可用下列反应来表示[13,14]

$$NH_3 \rightleftharpoons [N]_{溶于铁中} + \frac{3}{2}H_2 \tag{6.18}$$

当反应（6.18）达到平衡时应有

$$K_p = \frac{[P_{H_2}]^{\frac{3}{2}} \cdot a_N}{P_{NH_3}} \tag{6.19}$$

式中　K_p——反应式(6.18)平衡时的平衡常数,当温度、压力一定时,其值也一定;

P_{H_2}、P_{NH_3}——渗氮罐中 H_2 和 NH_3 的分压;

a_N——铁中氮的活度。

若与平衡的是氮在铁中的固溶体(如 α 铁),则 a_N 为固溶体中氮的活度;若为 Fe_4N 或 Fe_3N,则 a_N 为在 Fe_4N 或 Fe_3N 中氮的活度。

把式(6.19)换成下列形式

$$a_N = K_p \frac{P_{NH_3}}{[P_{H_2}]^{\frac{3}{2}}} \tag{6.20}$$

由于平衡常数 K_p 是温度的函数,温度一定时,$P_{NH_3}/[P_{H_2}]^{\frac{3}{2}}$ 与炉气平衡的钢中氮的活度成正比,故可作为这种气氛渗氮能力的度量,并把它定义为氮势,用 r 表示,即

$$r = \frac{P_{NH_3}}{[P_{H_2}]^{\frac{3}{2}}} \tag{6.21}$$

在渗氮时尚有反应

$$NH_3 \rightleftharpoons \frac{1}{2}N_2 + \frac{3}{2}H_2 \tag{6.22}$$

$$Fe + \frac{1}{2}N_2 \rightleftharpoons N_{(Fe中)} \tag{6.23}$$

但是热力学计算表明,分子 N_2 要分解成原子氮而溶解于 Fe 中或与铁形成氮化物几乎是不可能的[15],因此,实际上不能用 N_2 气来进行渗氮。氮气在渗氮气氛中的作用,是通过影响气氛中氨和氢的分压 P_{NH_3} 和 P_{H_2},而按关系式(6.21)影响气氛的氮势。

用干燥氨渗氮时,炉气中氮势按分解程度计算。

设通入炉内氨气中有 x 份的 NH_3 分解,则尚剩下 $1-x$ 份没有分解,此时炉内总的体积份数为

$$\underset{\text{未分解}NH_3}{(1-x)} + \underset{N_2}{\frac{1}{2}x} + \underset{H_2}{\frac{3}{2}x} = 1+x$$

式中 $\frac{1}{2}x$ 和 $\frac{3}{2}x$ 为 x 份氨气分解成 N_2 和 H_2 的体积份数(根据 $NH_3 \rightleftharpoons \frac{1}{2}N_2 + \frac{3}{2}H_2$)。故氮势为

$$r = \frac{p_{NH_3}}{[p_{H_2}]^{\frac{3}{2}}} = \left\{\frac{1-x}{1+x}\right\} \cdot \left\{\frac{1+x}{\frac{3x}{2}}\right\}^{\frac{3}{2}} \tag{6.24}$$

图6.28为氨氢混合气中氨所占比例与纯铁表面渗氮相的关系。由图可见,在不同的温度下渗氮时,只要控制炉内气氛的氨分解百分数或氮势,就可以控制渗氮表面的含氮量及氮化相。

在一定温度和渗氮气氛氮势条件下,渗氮时的扩散过程是反应扩散,可按前述反应扩散的规律进行分析。氮在 Fe-N 系不同相中的扩散系数 D 与温度的关系如图6.29所示。

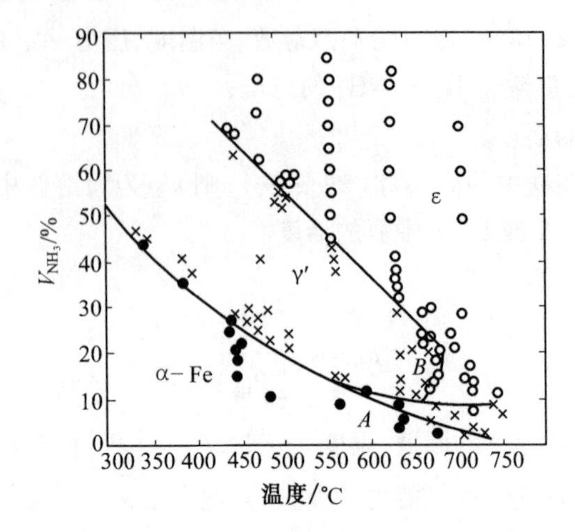

图 6.28 氨、氢混合气中氨所占比例与纯铁表面渗氮相的关系图

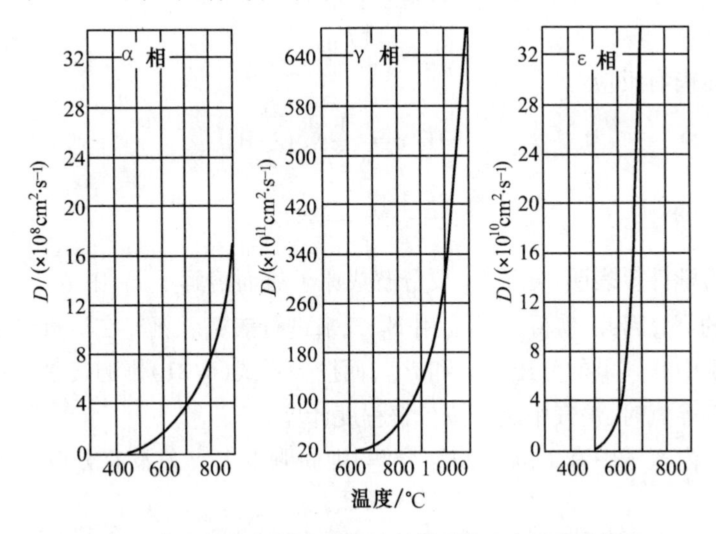

图 6.29 氮在 Fe-N 系的不同相中扩散系数 D 与温度的关系

6.3.2 渗氮层的组织和性能

1. 纯铁渗氮层的组织和性能

纯铁渗氮层的组织结构应该根据 Fe-N 状态图及扩散条件来进行分析。例如在 520 ℃渗氮时，若表面氮原子能充分吸收，则按状态图自表面至中心依次为 ε 相→γ′相→α 相。虽然该温度线还截取 ε+γ′及 γ′+α 两相区，但据前述不会出现此两相区。只有在该温度渗氮后缓慢冷却至室温时，由于在冷却过程中将由 α 相中析出 γ′相及由 ε 相中析出 γ′相，故渗层组织自表面至中心变成 ε→ε+γ′→γ′→γ′+α→α 相。

类似的，在 600 ℃渗氮时，在该渗氮温度形成的渗氮层组织自表面至中心依次为 ε→γ′→γ→α 相；自渗氮温度缓冷至室温的渗层组织自表面至中心依次为 ε→ε+γ′→γ′→γ′+α→α 相。但此处 γ′+α 的两相区较宽，因为它包括渗氮温度时的 γ 相区，它在渗氮后冷却过程中于 590 ℃发生共析分解（γ→γ′+α）变成两相区。若自渗氮温度快冷，则除了 γ 相转变成马氏体外，其他各相应维持渗氮温度时的结构，因此渗氮层组织自表面至中心依次为 ε→γ′→α′（含氮马氏体）→α 相。

但是，以上仅是根据Fe-N状态图分析的结果，若考虑各相中氮的扩散条件，根据相界面的移动方向及速度，如前所述，有些相可能不出现。图6.30分别为纯铁520 ℃渗氮24 h，600 ℃渗氮24 h，700 ℃渗氮16 h及850 ℃渗氮64 h的渗氮层沿截面浓度分布曲线。由浓度分布曲线与Fe-N状态图比较发现，在520 ℃和600 ℃渗氮的没有出现γ′相，是因为N在γ′相中扩散时的速率常数$B_{\gamma'}\leqslant 0$，这也可以从Fe-N状态图及氮在γ′相中的扩散系数D的大小定性地分析得知。因为γ′相在铁氮状态图中相区很窄，氮的浓度变化范围很小，因此在此相中氮的浓度梯度不能大；其次，氮在γ′相中的扩散系数D也比在α相中的小得多，因此，氮在γ′相中的扩散强度很小，在渗层中γ′相没有出现。

同理可以解释850 ℃渗氮与700 ℃渗氮时ε相层和γ′相层相对厚度的明显差异。

图6.31为10钢650 ℃气体渗氮45 min后以不同方式冷却的渗层显微组织。其中，图6.31(a)为随炉冷却，其渗层组织最表面为抗腐蚀的化合物层(ε相)，其次为最不耐蚀的区域，为γ′+α的混合物区(包括共析层)；图6.31(b)为渗氮后空冷组织，由于抑制了γ→γ′+α的共析转变，故没有易腐蚀的区域，而由含氮奥氏体和含氮马氏体所代替；图6.31(c)为油冷，其渗层组织与空冷类似[11]。

纯铁渗氮后各渗氮相的硬度如图6.32所示。由图可见，含氮马氏体具有最高的硬度，可达HV700左右；其次为γ′相，接近于HV500；ε相硬度小于HV300。

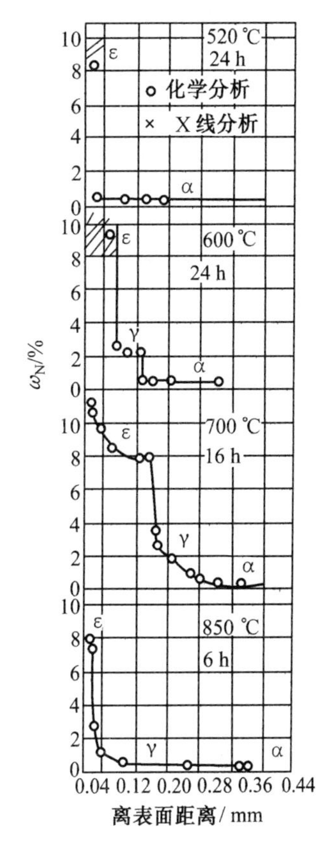

图6.30 纯铁不同规范渗氮后沿截面氮浓度分布曲线[11]

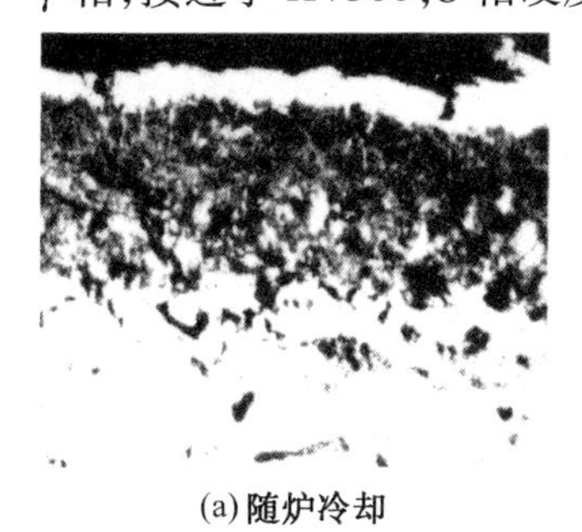

(a) 随炉冷却

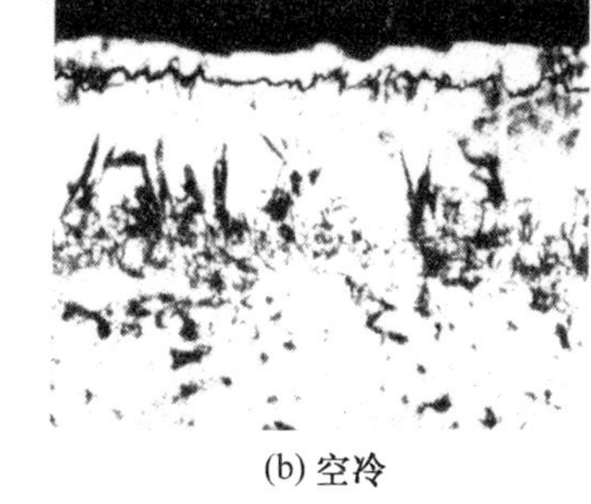

(b) 空冷

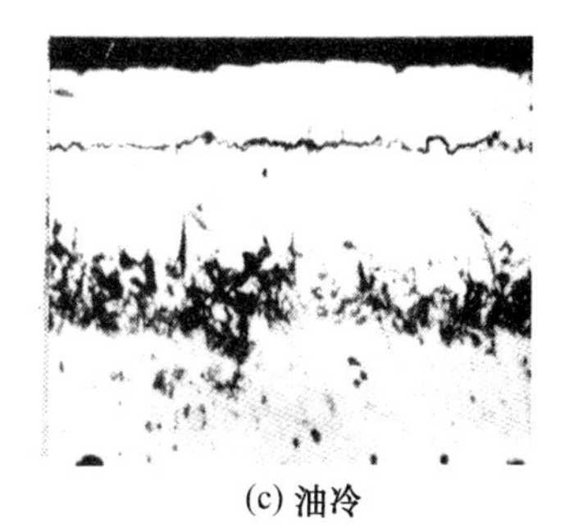

(c) 油冷

图6.31 10钢，650 ℃气体渗氮45 min后以不同方式冷却的渗层显微组织(×340)

各相的膨胀系数：γ相为0.79×10^{-5}；α相为1.33×10^{-5}；ε相为2.2×10^{-5}。

各相的密度：ε相为6.88 g/cm²；γ′相为7.11 g/cm²；α相为7.88 g/cm²。

ε相具有高的耐磨性和高的抗大气和淡水腐蚀的稳定性。[15]在NaCl溶液中，相对于饱和甘汞电极(电极+，试样-)所确定的ε相的电化学电位为0.12～0.15。在ε相区浓度范围内氮浓度对其耐蚀性没有影响，在酸中渗氮层容易溶解，ε相中氮浓度的提高(10%～11%)使其脆性增加。

快冷所获得的过饱和 α 固溶体及含氮马氏体 α′都是不稳定相,在加热时要发生分解,并伴随着性能的变化。

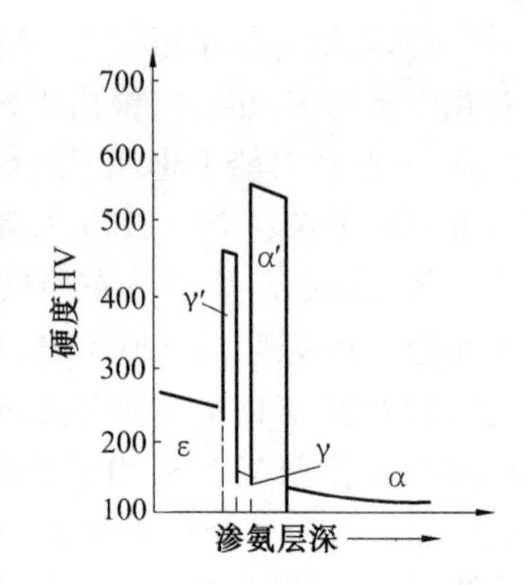

图 6.32 纯铁于 700 ℃渗氮后水冷,渗层各相的显微硬度

含氮马氏体 α′的回火过程是:在 20 ~ 180 ℃温度内回火是由淬火马氏体变成回火马氏体的过程,此时过饱和的 α′相分解成氮过饱和度较小的 α′相及亚稳氮化物 α″相($Fe_{16}N_2$),α″相与母相共格。在温度 150 ~ 330 ℃进行着残余奥氏体向回火马氏体的转变及氮化物 α″($Fe_{16}N_2$)→γ′(Fe_4N)的转变。由于这些转变形成了铁素体-氮化物混合物(α+γ′)。在较高的温度 300 ~ 550 ℃回火,相成分没有发生变化,仅进行着氮化物的聚集及球化过程。伴随着含氮马氏体回火过程的进行,硬度降低。

过饱和含氮铁素体在室温的停放,特别是在较高温度(50 ~ 300 ℃)的停放,引起过饱和 α 相的分解,并伴随着性能的变化。过饱和 α 固溶体的分解遵守一般相变规律。在低的时效温度时首先形成考氏气团,由考氏气团产生 *G–P* 区。随着时间的延长或当时效温度提高到 80 ~ 150 ℃时形成与母相共格的亚稳 α″相($Fe_{16}N_2$)片状析出物。提高时效温度到等于和高于 300 ℃,导致共格的破坏,并在母相的(012)面形成稳定的 γ′相(Fe_4N),它们彼此成锐角排布。在 200 ~ 300 ℃时析出 $Fe_{16}N_2$ 和 Fe_4N 两种氮化物。

氮过饱和 α 固溶体时效过程中强度、硬度、塑性的变化规律与一般合金时效过程中性能变化规律一样,即在 150 ℃以下的温度时效,随着时效时间的延长有一硬度及强度的峰值。时效温度越高,出现硬度峰值的时间越早;时效温度在 20 ~ 50 ℃之间峰值最高,此后随着时效温度的提高,峰值降低。

但是弯曲疲劳强度则不然,它是淬火态最高,随着时效过程的进行,疲劳强度单调下降,这与渗氮层内造成残余压应力有关。因为渗氮试样疲劳强度的提高主要靠表面造成残余压应力,而时效使表面残余压应力降低。但即使这样,渗氮试样的疲劳强度仍高于未渗氮的试样。

时效过程也发生在过冷含氮合金铁素体(合金钢)中。某些合金元素提高了氮在 α 相中的溶解度,因而提高了它的时效倾向性,可以采用时效强化。

2. 合金元素对渗氮层组织和性能的影响

合金元素对渗氮层组织的影响,通过下列几方面的作用。

(1)溶解于铁素体并改变氮在 α 相中的溶解度

过渡族元素钨、钼、铬、钛、钒及少量的锆和铌,可溶于铁素体,提高氮在 α 相中溶解度。例如,550 ℃时,铁素体中含钼 1% ~2% (质量分数,下同)时,氮在 α 相中的含量达 0.62% ;含钼 6.54% 时,氮的含量达 0.73% 。又如 500 ℃时,铁素体中含钒 2.39% 时,含氮可达 1.5% ;而含钒 8% 时,含氮为 3.0% 。再如 38Cr、38CrMo、38CrMoAl 等合金结构钢渗氮时,铁素体中含氮量达 0.2% ~0.5% 。

铝和硅在低温渗氮时,不改变氮在 α 相中的溶解度。

(2)与基体铁构成铁和合金元素的氮化物(Fe, M)$_3$N、(Fe, M)$_4$N 等

铝、硅可能还有钛大量地溶解于 γ′相中,扩大了 γ′相的均相区。ε 相的合金化,提高了它的硬度和耐磨性。

研究表明,溶解于铁素体中的合金元素,使 ε 相中的含氮量比在纯铁中所得的 ε 相的少;铝是例外,它不改变 ε 相中的含氮量。ε 相的厚度,随着铁素体中合金元素量的增加而减少。含有较大量钛的铁素体渗氮时,在饱和温度下在扩散层中形成大量的 γ′相 $(Fe,M)_4N$,它沿着滑移面和晶界呈针状(片状)分布,并延展较深,这种组织常引起扩散层的脆性。图 6.33 为合金元素对 ε 相中氮浓度(a)和 ε 相厚度(b)的影响,由图可以看到上述规律性。

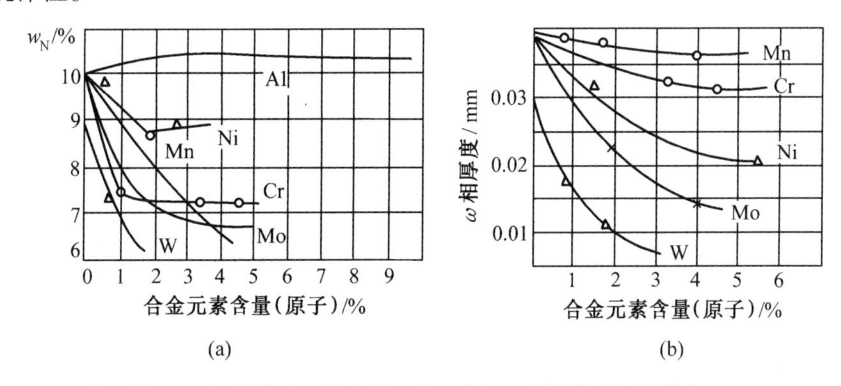

图 6.33 合金元素对 ε 相中氮浓度(a)和 ε 相厚度(b)的影响
(浓度在深度 0.005 mm 的层中测定,渗氮工艺:550 ℃,24 h)

(3)形成合金元素氮化物

在钢中能形成氮化物的合金元素,仅为过渡族金属中次外层 d 亚层比铁充填得不满的元素。过渡族金属的 d 亚层充填得越不满,这些元素形成氮化物的活性越大,稳定性越高。镍和钴具有电子充填得较满的 d 亚层,虽然它们在单独存在时能形成氮化物,但是在钢中,钢渗氮时实际上不形成氮化物。

氮化物的稳定性沿着下列顺序而增加:Ni→Co→Fe→Mn→C→Mo→W→Nb→V→Ti→Zi[15],这也是获得氮化物难易的顺序。

关于 Al 的氮化物的形成问题近年来进行了较多的研究。研究结果表明,渗氮时在 α 相中没有铝的稳定氮化物 AlN 的析出,含 Al 钢渗氮时,发现 Al 的扩散重分布,Al 主要富集在 γ′相中。

由于合金元素的上述作用,使钢在渗氮时,渗氮层的组织和性能发生不同的变化。

我们已经知道,在低于共析温度渗氮时,渗氮层的组织为化合物层和毗邻化合物层的扩散层。加入过渡族合金元素以后,提高了氮在 α 相中的溶解度,因而阻碍了表面高氮的氮化物层的形成。在 α 相中,只有合金元素含量低时,在渗氮后极缓慢冷却情况下,能看到自 α 相中析出针状的 γ′相。合金元素含量高时,则用金相显微镜看不到氮化物自 α 相中的析出。

钢中合金元素的加入,主要在 α 相中形成与 α 相保持共格关系的合金氮化物,从而达到提高硬度和强度的目的。

合金氮化物的形成过程如下:当在较低温度渗氮时,在开始阶段,随着渗氮过程的进行,α 相中氮浓度提高,弹性应力产生并增加,α 相点阵畸变,嵌镶块细化,使扩散层硬度提高。当 α 相中的氮浓度达到饱和极限后,将开始析出合金元素的氮化物。最初形成单原子层薄片状氮化物晶核,其与母相完全共格,其后进一步长大[16]。

合金氮化物的尺寸大小,主要决定于渗氮温度。在较低温度渗氮,例如 500 ℃渗氮,只形成单层的氮化物，与母相完全共格。而当渗氮温度提高到 550 ℃时，对 CrMo 钢，就变成多层(原子层)片状氮化物(2～4 nm)，其中合金元素原子形成 BI 型(面心立方点阵间隙相)结构，氮原子位于八面体间隙中。形成这种氮化物使沿薄片边缘部分共格关系破坏，而沿(001)面上保持着氮化物和 α 相的共格关系。进一步提高温度(高于 550 ℃)，使生成氮化物更粗大(约 10 nm)，在 550～700 ℃的高温下氮化，引起共格关系破坏，氮化物聚集和球化。

氮化物靠渗氮介质不断提供氮原子而集聚长大。当氮化物大小不匀，则会使热力学稳定性较小的氮化物溶解，而使另一些氮化物长大。

图 6.34 为 38CrMoAlA 渗氮钢在不同温度渗氮时硬度随渗氮时间而变化的曲线，反映了氮化物的形成和长大过程。由图可见，对该种钢来说，在 500 ℃渗氮可以获得最高的硬度，说明在此温度下可以获得弥散度最大的与母相共格的合金氮化物。我们还看到，在此温度渗氮，虽然达到最高硬度需要较长渗氮时间，但随着时间的延长，渗氮层硬度不下降。说明在此温度渗氮由于温度较低，合金元素扩散困难，因而偏聚形成氮化物较慢，而氮化物的进一步长大则更困难，因而硬度不下降。随着渗氮温度的提高，扩散层很快达到最高硬度，且此后，随着渗氮时间的延长而降低；渗氮温度越高，渗氮层最高硬度获得越快，下降得也越快，渗氮温度较高者最高硬度较低。这些规律均反映了较高温度渗氮时，由于合金元素扩散较快，聚集较容易，形成氮化物较粗大，且易长大，因而渗氮层硬度较低，且下降较快。

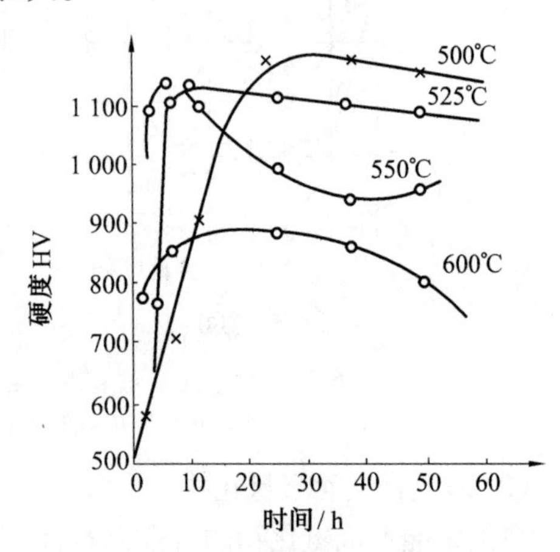

图 6.34 渗氮温度和时间对 38CrMoAlA 钢扩散层硬度的影响[15]

不同合金元素在 α 相中扩散能力不同，形成氮化物的稳定性及弥散度也不同，因而出现最高硬度的渗氮温度也不同。图 6.35 为铁-钒和铁-钛合金不同温度渗氮的硬度变化曲线。由图可见，由于钒和钛是强氮化物形成元素，可形成稳定的氮化物，因而其出现最高硬度的渗氮温度提高至 550 ℃，且渗氮层硬度也较高。

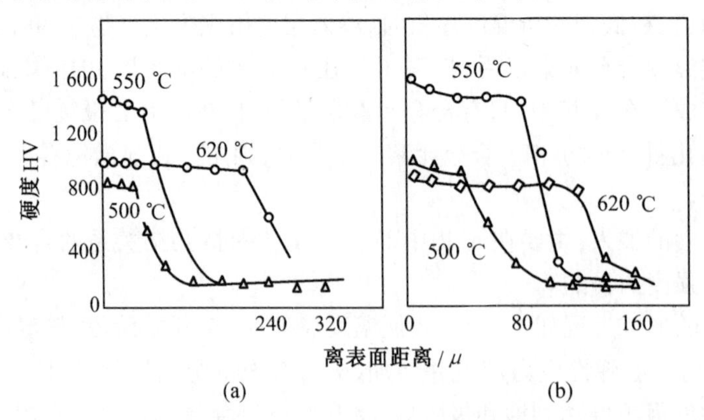

图 6.35 铁钒(Fe + V(w_V = 2.55%))(a)和铁钛(Fe + Ti(w_{Ti} = 1.35%))(b)合金不同温度渗氮后硬度分布曲线

钢中合金元素量较多时,形成合金氮化物颗粒较大,渗氮层硬度较低。

采用多种元素合金化比用一种元素合金化的渗氮层硬度高。

合金元素对渗氮层表面硬度的影响如图6.36所示,图中Al对渗氮层硬度有很大影响。最近研究工作认为Al对渗氮层硬度的作用,主要是提高了γ'和ε相的硬度。因为在渗氮过程中Al扩散重分布的结果,Al富集在γ'相中,扩大了γ'相区,Al在α相中很少,Al对氮在α相中的溶解度也影响不大,也没有发现AlN自α相中析出。例如$w_{Al}=3\%\sim5\%$的Fe-Al合金于500 ℃渗氮时,在γ'相和ε相可得高达HV>1 200的显微硬度,而在α相中其硬度和没有渗氮的相同。含Al钢γ'相硬度的提高,系由于Al的富集引起γ'相剧烈弹性畸变所致。

结构钢经渗氮后可以显著提高其弯曲疲劳强度。例如18Cr2Ni4WA钢,$d=7.5$ mm光滑试样的疲劳强度由不渗氮的530 N/mm^{2}提高到681 N/mm^2;缺口试样由223 N/mm^{2}提高到507 N/mm^2。

渗氮提高弯曲疲劳强度的原因,不是由于表面强化,而是由于表面造成残余压应力。

渗氮时由于表面形成了比体积较大的高氮相,使渗氮层体积增大,从而造成表面压应力。图6.37为18Cr2Ni4WA钢500 ℃渗氮后的渗层残余压应力分布。图上还画出了该种钢渗碳淬火、低温回火后的渗层中残余应力的分布,可见,渗氮层有高达490~980 N/mm^{2}的表面残余压应力。

在其他条件相同的情况下,钢表面吸收的相对氮量越高,发生体积变化越大,产生的残余压应力也越大。

渗氮层表面残余压应力大小与工件心部面积和渗层面积之比有关,其比值越大,表面残余压应力越大,但是拉应力区也逐渐移向表面。如前所述,只有在工件截面上工件载荷引起的应力与残余应力叠加结果的内应力值小于工件材料的屈服强度才不至于使零件破坏,因此张应力的移向表面并不有利。综合考虑随着心部面积与渗层面积比的提高,表面压应力增加,内部拉应力外移两方面因素,可以推断只有在渗氮层深度与零件直径一定比值下才能达到最大疲劳极限。据介绍,对于没有应力集中的零件仅在渗层深度与零件半径比等于0.1~0.2情况下疲劳极限最大;当有应力集中时,其比值在0.01时可达疲劳极限最大值。

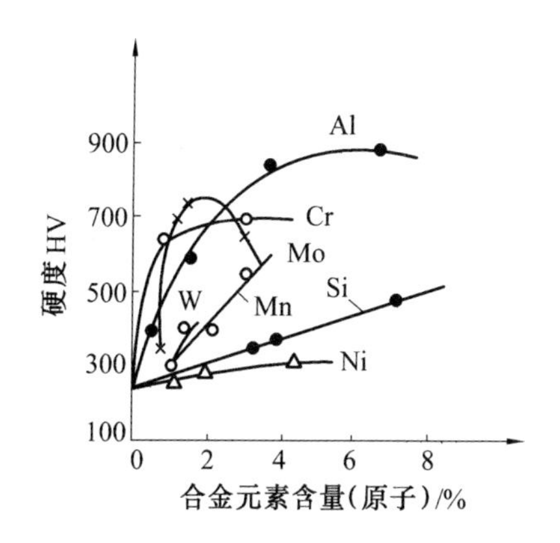

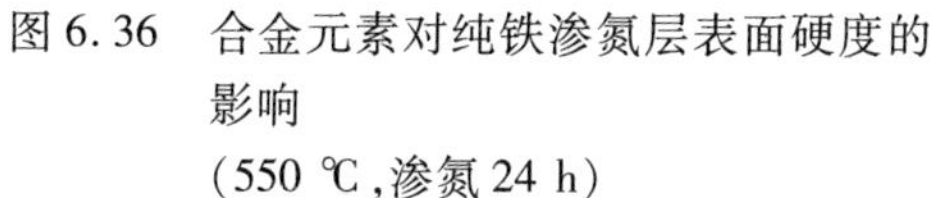
图6.36　合金元素对纯铁渗氮层表面硬度的影响

(550 ℃,渗氮24 h)

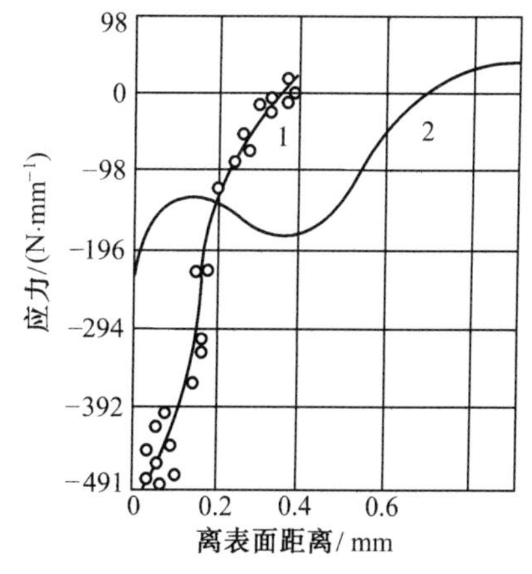

图6.37　18Cr2Ni4WA钢沿渗层深度残余应力分布

1—500 ℃渗氮,层深0.35 mm;

2—渗碳淬火,低温回火

心部强度越高,渗氮试样的疲劳强度也越高,因为渗氮层的深度一般不超过0.5 mm,所以它不能承受很大的接触应力,接触疲劳强度提高不多。

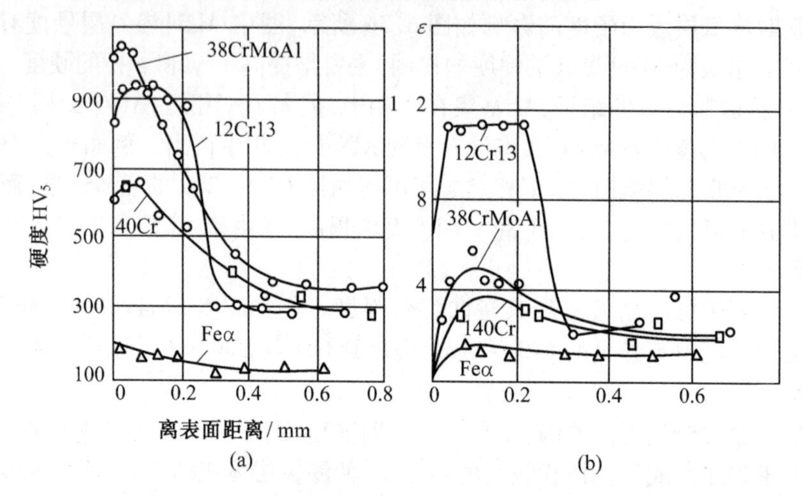

图6.38 几种钢的沿渗氮层深的硬度(a)及相对耐磨性ε(b)的变化
(试样540 ℃,渗氮33 h)

钢渗氮后可以提高耐磨性,通常认为渗氮层硬度越高,耐磨性越好。但38CrMoAlA和40Cr钢渗氮后渗氮层的剥层耐磨试验表明,最高耐磨性与最高硬度不符,耐磨性最高的并不是硬度最高的表面,而在离表面一定深度的硬度较低处,如图6.38所示。此外,如12Cr13钢的硬度虽低于38CrMoAlA,但其耐磨性却较高;38CrMoAl钢在540 ℃渗氮硬度虽低于560 ℃渗氮,而耐磨性却较高,都说明了这个问题。

6.3.3 渗氮钢及其发展

由于钢的渗氮有上述一系列的特点,因此除了普通钢制零件,根据使用性能要求,进行渗氮外,还发展了专用渗氮钢。

历史最久、国际上普遍采用的渗氮钢是38CrMoAlA。该种钢的特点是渗氮后可以得到最高的硬度,具有良好的淬透性,同时由于Mo的加入,抑制了第二类回火脆性。因此,要求表面硬度高,耐磨性好,又要求高的心部强度的渗氮零件,普遍采用38CrMoAlA。但是这种钢具有下列缺点:在冶炼上易出现柱状断口,易玷污非金属夹杂物,在轧钢中易形成裂缝和发纹,有过热敏感性,热处理时,对化学成分的波动也极敏感;且该种钢的淬火温度较高,易于脱碳,当含铝量偏高时,渗氮层表面容易出现脆性。

为了克服含铝钢的上述缺点,随着对渗氮层强化机理认识的不断加深,逐渐发展了无铝渗氮钢。目前,无铝渗氮钢发展越来越多。前苏联在下列机器零件上广泛采用无铝钢。例如机床制造业,主轴、滚动轴承、丝杠采用40Cr、40CrVA钢渗氮,套筒、镶片导轨片、滚动丝杠副用40CrV、20CrWA、20Cr3MoWA。对工作在循环弯曲或接触载荷以及摩擦条件下的重载机器零件采用18Cr2Ni4WA、38CrNi3MoA、20CrMnNi2MoV、38CrNiMoVA、30Cr3Mo及38CrMnMo钢等。由于Cr、Mo、W、V等合金元素可强化渗氮层,而渗氮层表面不像含Al钢那样有脆性,因而发展了不同含量的以Cr、Mo为主的合金渗氮钢。这里,提高含镍量,降低含碳量,均是从提高心部韧性考虑出发的。

前西德1970年作为国家标准公布的渗氮钢,与以前不同的就是增加了两种无铝的铬铝渗氮钢，其化学成分见表6.4。

表6.4 前西德二种新渗氮钢的化学成分(DIN 17211)

钢 号	化学成分(质量分数)/%							
	C	Si	Mn	P	S	Cr	Mo	V
$31CrMo_{12}$	0.38~0.35	0.15~0.35	0.60~0.70	≤0.035	≤0.035	2.80~3.30	0.30~0.50	—
$39CrMoV_{139}$	0.35~0.42	0.15~0.35	0.60~0.70	≤0.035	≤0.035	3.0~3.50	0.8~1.10	0.15~0.25

英国1970年公布的渗氮钢也有两种无铝钢，如En40B和En40C，其化学成分基本上和西德无铝钢一样，仅S、P含量限制在更小范围。

为了缩短气体渗氮过程，近年来发展了快速渗氮钢，基本原理是利用Ti、V等与氮亲和力强，氮化物不易集聚长大，因而可在较高温度渗氮，以加速渗氮过程。含钛渗氮钢在600 ℃渗氮时仍可得到HV900的硬度，而由于渗氮温度的提高，渗氮3~5 h，即可达到层深要求。

采用钛快速渗氮钢时应考虑：①所形成的渗氮层，性能决定于钢中含钛量和含碳量之比，$\frac{w_{Ti}}{w_C}=6.5\sim9.5$ 的钢具有最好的性能。若小于此值，则渗氮层表面硬度不足，大于此值，则渗氮层出现脆性。②由于渗氮温度的提高，应考虑心部强度因此而降低，因此，要适当提高含碳量，或用Ni等合金元素，使心部产生时效硬化，以提高心部强度。

苏联钛快速渗氮钢有：30XT2($w_C=0.3\%$, $w_{Cr}=12\%$, $w_{Ti}=2\%$)和30XT2H3IO($w_C=0.3\%$, $w_{Cr}=1.2\%$, $w_{Ni}=3.0\%$, $w_{Ti}=2\%$, $w_{Al}=0.2\%$)，后者为时效型钢，在1 000 ℃淬火和550~600 ℃回火可达最大的强化。

日本快速渗氮钢有N6，其化学成分与30CrTi2Ni3Al相近，只增加了0.20%~0.30%的Mo。为了使渗氮层硬度分布曲线平缓，采用600~650 ℃渗氮6~10 h，再升温至700~750 ℃渗氮1~2 h。

国内上海精密机床研究所和上海机床厂对Ti系、V系钢进行了研究，他们认为钛钢有如下缺点：① Ti强烈提高临界点，因而使淬火温度提高；② Ti与C形成十分稳定的碳化物，一般奥氏体化温度很难溶解，使基体碳含量减少，降低心部强度；③韧性下降；④含Ti渗氮层脆。

钒钢与钛钢比较上述因素要缓和得多，因而发展了钒钢。他们通过试验拟制了35MnMoAlV钢，其成分为：$w_C=0.34\%\sim0.41\%$, $w_{Mn}=1.60\%\sim1.80\%$, $w_{Mo}=0.15\%\sim0.25\%$, $w_{Al}=0.95\%\sim1.35\%$, $w_V=0.45\%\sim0.62\%$。推荐渗氮工艺为520 ℃5 h，氨分解率25%~35%和580 ℃10 h，氨分解率55%~65%，渗氮层深度可达0.40 mm。

6.3.4 渗氮工艺控制

1. 渗氮工艺过程

渗氮工件在渗氮前应进行调质处理，以获得回火索氏体组织，调质处理回火温度一般高于渗氮温度，因此一般渗氮件的工艺程序是毛坯—粗机械加工—调质处理—精机械加工—渗氮。渗氮后一般不再加工，有时为了消除渗氮缺陷，附加一道研磨工序；对精密零件，在渗氮前在几道精机械加工工序之间应进行一、二次消除应力处理。

渗氮工件在装炉前应进行清洗，一般用汽油或酒精等去油。工件表面不得有锈蚀及其他油污。对不需要渗氮的工件表面,可用镀锡、镀镍或其他涂料等方法防渗。

渗氮在密闭的渗氮罐内进行。工件放入渗氮罐内,渗氮罐可用铬矿砂等进行密封。渗氮罐应用镍铬不锈、耐热钢等制成,用相应功率的电炉加热。

图6.39为渗氮装置示意图。氨气由液氨瓶经过干燥箱、流量计、进气管进入渗氮罐,然后通过排气管、泡泡瓶,把废气排出炉外。

干燥箱内装有干燥剂,以除去氨气中水分。干燥剂可用硅胶、氯化钙、生石灰或活性氧化铝等,使用一段时间进行更换。

渗氮罐内进气管与排气管应合理布置,使罐内氨气气流均匀。

罐内压力用U型油压力计测量,一般炉内压力为30~50 mm油柱。

泡泡瓶内装水,使废气通过水时,未分解的氨气溶入水内。

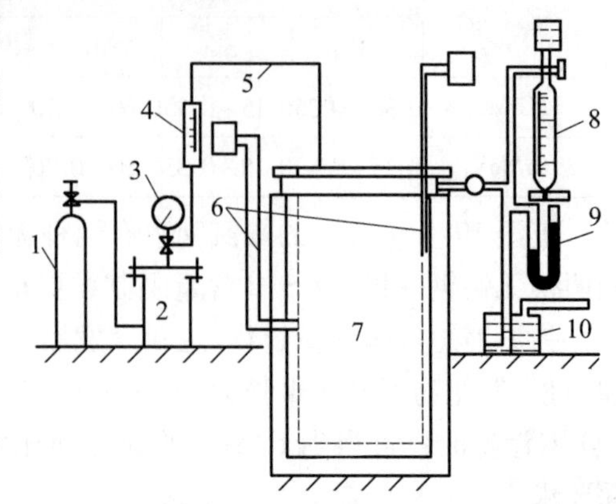

图6.39 渗氮装置示意图

1—氨瓶;2—干燥器;3—氨压力表;4—流量计;5—进气管;6—热电偶;7—渗氮炉;8—氨分解率计;9—U形压力计;10—泡泡瓶

工件装入渗氮罐,密封并在加热炉内加热同时,立即向渗氮罐内通人氨气。升温至保温温度,保温一定时间,然后随炉冷却。至炉温降至200 ℃以下,停氨,出炉,开箱。

一般控制渗氮的工艺参数是加热温度、保温时间及不同加热、保温阶段的罐内氨分解率。

氨分解率一般由排出的废气测定。

最简单的氨分解率测定方法是水吸收法或容量法。利用氮气、氢气不溶解于水而氨气溶解于水的特性,把炉内废气引入刻有100刻度(体积刻度)的玻璃瓶内,使废气充满,然后利用三通阀关闭与废气的通路而通入水,直至水被瓶内废气顶住,不能再通入水。此时瓶内水所占有的容积,相当于废气中未分解氨气所占有的体积,而其余体积则为废气中氮气和氢气的体积。因为瓶的体积为100分度,零点在上顶,故通水后被气体所占有的体积份数即表示炉气中的氨分解率。

应该注意,用这种方法测定的并非是氨的真正分解率,它(用 y 表示)与真正氨分解率 x 之间的关系为

$$x=\frac{y}{2-y} \tag{6.25}$$

氨分解率也可用红外线对多原子气体的吸收作用进行测量和控制及通过调节氨气进气压力、流量大小进行控制。

2. 渗氮工艺方法

根据渗氮目的不同,渗氮工艺方法分成两大类:一类是以提高工件表面硬度、耐磨性及疲劳强度等为主要目的而进行的渗氮,称为强化渗氮;另一类是以提高工件表面抗腐蚀性能为目的的渗氮,称为抗腐蚀渗氮,也称防腐渗氮。

(1)强化渗氮

因为强化渗氮目的是提高表面硬度,据上述渗氮温度和时间对渗氮层硬度的影响规律,可知,对38CrMoA1强化渗氮的温度应为500~550 ℃。下面介绍几种典型渗氮工艺。

①等温渗氮。图6.40为38CrMoAlA钢制磨床主轴等温渗氮工艺。这种工艺特点是渗氮温度低,变形小,硬度高,适用于对变形要求严格的工件。图中渗氮温度及渗氮时间系根据主轴技术要求而定的,其要求是渗氮层深度0.45~0.60 mm,表面硬度≥HV900。对氨分解率的考虑是,前20 h用较低的氨分解率,以建立较高的氮表面浓度,为以后氮原子向内扩散提供高的浓度梯度,加速扩散,并且使工件表面形成弥散度大的氮化物,提高工件表面硬度。等温渗氮的第二阶段提高氨分解率的目的是适当降低渗氮层的表面氮浓度,以降低渗氮层的脆性。最后2 h的退氮处理,是为了降低最表面的氮浓度以进一步降低渗氮层的脆性,此时的氨分解率可以提高到80%以上。

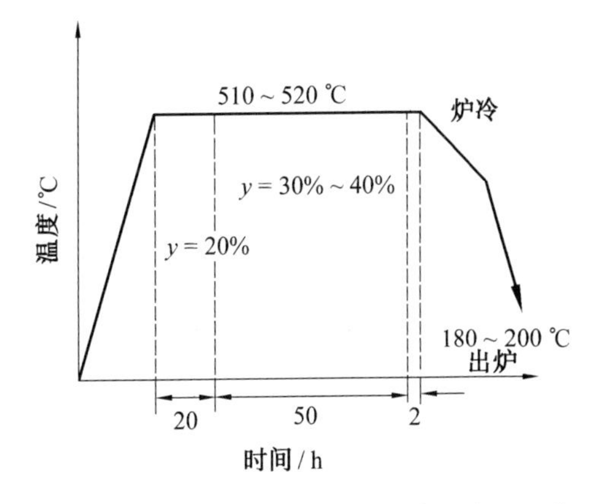

图6.40 38CrMoAlA钢磨床主轴等温渗氮工艺

经上述工艺等温渗氮后,表面硬度为HV966~1 034,渗氮层厚度为0.51~0.56 mm,脆性级别为1级。

②两段渗氮。等温渗氮最大缺点是需要很长时间,生产率低,它也不能单纯靠提高温度来缩短时间,否则将降低硬度。

为了缩短渗氮时间,同时又要保证渗氮层硬度,综合考虑温度、时间、氨分解率对渗氮层深度和硬度的影响规律,拟制了两段渗氮工艺。其工艺如图6.41所示,分两段进行。第一段的渗氮温度和氨分解率与等温渗氮相同,目的是使工件表面形成弥散度大的氮化物。第二阶段的温度较高,氨分解率也较高,目的在于加速氮在钢中的扩散,加深渗氮层的厚度,从而缩短总的渗氮时间,并使渗氮层的硬度分布曲线趋于平缓。第二阶段温度的升高,虽要发生氮化物的集聚、长大,但它与一次较高温度渗氮不同,因为在第一段渗氮时首先形成的高度弥散细小的氮化物,其集聚长大要比直接在高温时成长大的氮化物的粗化过程慢得多,因而其硬度下降不显著。

两段渗氮后表面硬度为HV856~1 025,层深为0.49~0.53 mm,脆性1级。两段渗氮后,渗氮层硬度稍有下降,变形有所增加。

③三段渗氮。为了使两段渗氮后表面氮浓度有所提高,以提高其表面硬度,在两段渗氮后期再次降低渗氮温度和氨分解率而出现了三段渗氮法。图6.42为三段渗氮法工艺。

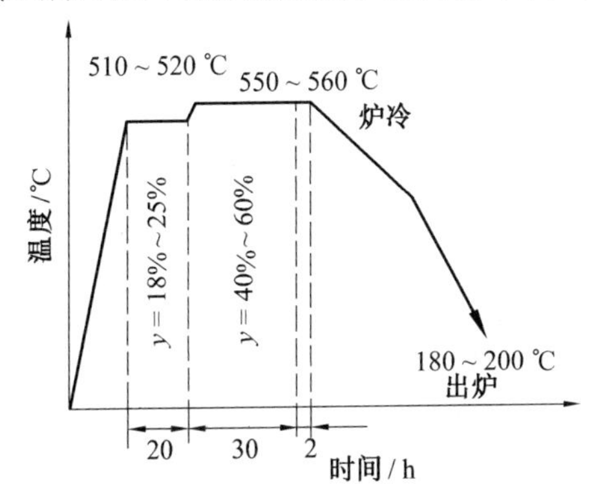

图6.41 38CrMoAlA钢两段渗氮工艺

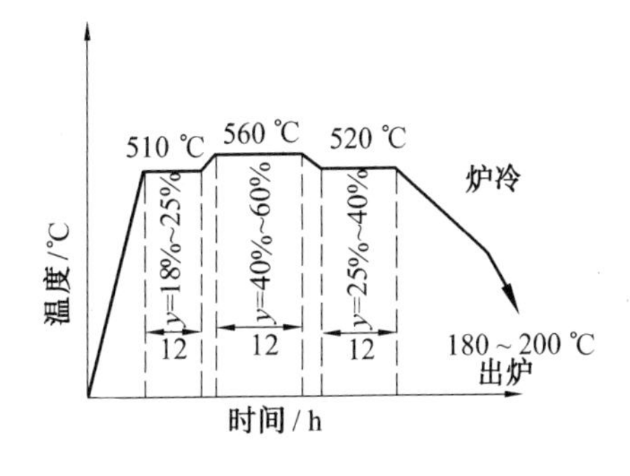

图6.42 38CrMoAlA钢三段渗氮工艺

不锈钢、耐热钢中合金元素含量较高，氮的扩散速度较低，因此渗氮时间长，渗氮层较浅。不锈钢、耐热钢表面存在着一层致密的氧化膜（Cr_2O_3，NiO）通常称为钝化膜，它将阻碍氮原子的渗入，因此，去除钝化膜是不锈钢、耐热钢渗氮的关键之一。一般不锈钢、耐热钢工件在临渗氮前进行喷砂和酸洗，为了防止工件在装炉放置过程中再次生成钝化膜，在渗氮罐底部均匀撒上氯化铵，在加热过程中，由氯化铵分解出来的氯化氢将工件表面的氧化膜还原。氯化铵用量一般为每立方米渗氮罐容积放 100～150 g，为了减少氯化铵的挥发，可先将氯化铵与烘干的砂子混合。因为氯化氢对锡层会起破坏作用，故非渗氮面改用镀镍防护。

（2）抗腐蚀渗氮

抗腐蚀渗氮是为了使工件表面获得 0.015～0.06 mm 厚的致密的化学稳定性高的 ε 相层，以提高工件的抗腐蚀性。如果渗氮层 ε 相不完整或有孔隙，工件的抗腐蚀性能就下降。

经过抗腐蚀渗氮的碳钢、低合金钢及铸铁零件，在自来水、湿空气、过热蒸汽以及弱碱液中，具有良好的抗腐蚀性能。因此已用来制造自来水龙头、锅炉汽管、水管阀门及门把手等，代替铜件和镀铬件，但是，渗氮层在酸溶液中没有抗腐蚀性。

抗腐蚀渗氮过程与强化渗氮过程基本相同，只有渗氮温度较高，有利于致密的 ε 相的形成，也有利于缩短渗氮时间。但温度过高，表面含氮量降低，孔隙度增大，因而抗蚀性降低。

渗氮后冷速过慢，由于部分 ε 相转变为 γ′相，渗氮层孔隙度增加，降低了抗蚀性，所以对于形状简单不易变形的工件应尽量采用快冷。

表 6.5 为常用钢的抗腐蚀渗氮工艺。

表 6.5 钢的抗腐蚀渗氮工艺

钢 号	渗氮零件	渗氮温度/℃	保温时间/min	氨分解率/%
08,10 15,20 25,40 45,40Cr 等	拉杆、销、螺栓、蒸气管道、阀以及其他仪器和机器零件	600	60～120	35～55
		650	45～90	45～65
		700	15～30	55～75

3. 渗氮件质量检查及渗氮层缺陷

强化渗氮后的质量检查应包括外观检查，渗层金相组织检查，渗层深度、表面硬度、渗层脆性及变形检查等。

由于渗氮层比较薄，通常用维氏或表面洛氏硬度计进行渗氮层表面硬度测定。为了避免负荷过大使渗层压穿，负荷过小测量不精确，应根据渗氮深度来选择负荷。

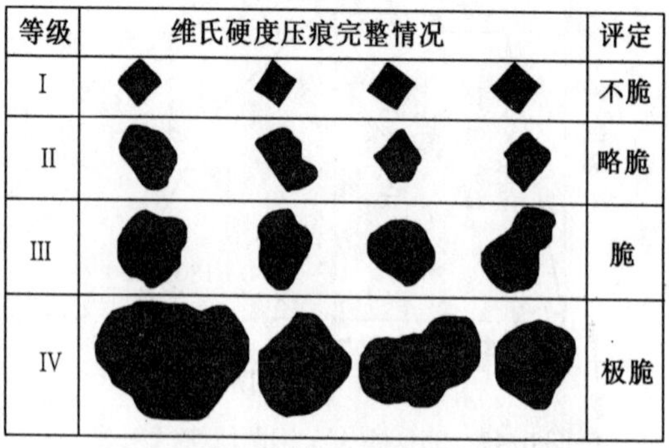

渗氮层的脆性一般在维氏硬度测试过程中观察压痕完整情况进行评定，如图 6.43所示。脆性等级分成四级，Ⅰ级不脆，压痕完整无缺；Ⅱ级略脆，压痕边缘略有崩碎；Ⅲ级脆，压痕边缘崩碎较大；Ⅳ级极脆，压痕边严重脆。通常Ⅰ、Ⅱ级为合格。检

等级	维氏硬度压痕完整情况	评定
Ⅰ		不脆
Ⅱ		略脆
Ⅲ		脆
Ⅳ		极脆

图 6.43 渗氮层脆性评级图

查时一般都用标准级别图对照定级。该种方法检查简单,但无数量标准。目前正在研究简便而准确的检查方法。

常见渗氮缺陷有下列几种。

(1)变形

变形有两种,一种是挠曲变形,另一种是尺寸增大。引起渗氮件挠曲变形的原因有:渗氮前工件内残存着内应力,在渗氮时应力松弛,重新应力平衡而造成变形。也可能是由于装炉不当,工件在渗氮过程中在自重作用下变形。还可能由于工件不是所有表面都渗氮,渗氮面与非渗氮面尺寸涨量不同而引起变形,如平板渗氮,若一面渗氮,另一面不渗氮,则渗氮面伸长,非渗氮面没有伸长,造成弯向非渗氮面的弯曲变形。

由于渗氮层渗氮后比体积增大而工件尺寸增大。工件尺寸增大量取决于渗层深度,其增大量还可和渗层浓度有关。渗层深度、渗层氮浓度增加均增加尺寸。

为了减少和防止渗氮件变形,渗氮前进行消除应力处理,渗氮装炉应正确。对尺寸增量可通过实验,掌握其变形量,渗氮前机械加工时把因渗氮而引起的尺寸变化进行补缩修正。

(2)脆性和渗氮层剥落

在大多数情况下是由于表层氮的浓度过大引起。冶金质量低劣和预先热处理工艺、渗氮、磨削工艺不当,都会引起脆性和剥落。

在非金属夹杂物、斑点、裂纹和其他破坏金属连续性的地方常导致氮浓度过高,ε 相过厚而引起渗氮层起泡,在磨削时使这种渗氮层剥落。渗氮前的表面脱碳及预先热处理(如调质处理的淬火)时过热也引起渗氮层脆性及剥落。

图6.44(a)为38CrMoA1钢制零件由于脱碳严重,在机械加工时没有把脱碳层去掉而造成渗氮后脱落的实物照片,图6.44(b)为渗氮层金相组织,可见由于脱碳在渗层中形成粗大针状氮化物,而使渗氮层变脆及剥落。

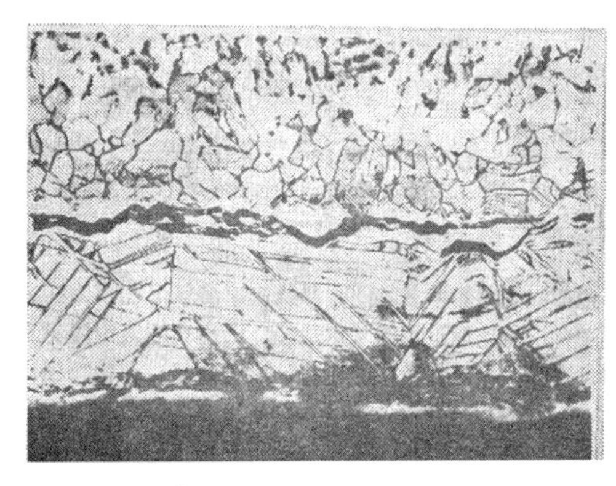

图6.44　38CrMoAlA钢制零件由于脱碳而引起的渗层剥落(a)及渗氮层金相组织(b)(×200)

当渗层中有沿原奥氏体晶界的稠密网状氮化物时,磨削不当会出现氮化层呈薄片状脱落,疹泡状表面呈小的剥落及细小密集的网状裂纹等。

为了预防脆性和脱落,应该严格检查原材料冶金质量。在调质处理淬火加热时应采取预防氧化、脱碳措施,不允许淬火过热。在渗氮时应控制气氛氮势,降低渗层表面含氮量。在磨削加工时,应该采取适当的横向和纵向进刀量,避免磨削压痕的出现。

(3)渗氮层硬度不足及软点

渗氮层硬度不足,除了由于预备热处理脱碳及晶粒粗大外,就渗氮过程本身主要是由于渗氮工艺不当所致。氨分解率过高,渗氮层表面氮浓度过低;渗氮温度过高,合金氮化物粗大;渗氮温度过低,时间不足层深浅,合金氮化物形成太少等均导致渗氮层硬度低。除了渗氮温度过高而引起硬度低下不能补救外,其余均可采用再次渗氮来补救。重复渗氮保温时间应据具体情况而定,一般按 10 h0.10 mm 估算。

渗氮层出现软点原因主要是由于渗氮表面出现异物,妨碍工件表面氮的吸收。如防渗锡涂得过厚,渗氮时锡熔化流至渗氮面;渗氮前工件表面清理不够干净,表面玷污油污等脏物所致。

(4)抗腐蚀渗氮后质量检查

抗腐蚀渗氮后的质量检查,除外观、脆性(Ⅰ ~ Ⅱ级合格)外,还要检查渗氮层的抗蚀性。检查渗氮层抗蚀性的常用方法有两种:①将零件浸入质量分数为 6% ~10% 硫酸铜溶液中保持 1 ~2 min,观察表面有无铜的沉积,如果没有铜的沉积,即为合格。②用 10 g 赤血盐[$K_3Fe(CN)_9$]和 20 g 氯化钠溶于 1 L 蒸馏水中,工件浸入该溶液 1 ~2 s,表面若无蓝色痕迹即为合格。

6.3.5　气体渗氮过程的数学模式及可控渗氮

气体渗氮过程的数学模式与气体渗碳一样,就是建立渗氮层氮浓度分布与渗氮工艺参数(炉气气势 r、渗氮温度 t 及渗氮时间 τ 等)间的函数关系,即

$$C_N = f(r, t, \tau, x) \tag{6.26}$$

式中　C_N——渗氮层中距表面 x 处的氮浓度;

r——炉气氮势;

t——渗氮温度;

τ——渗氮时间。

若为钢,尚应考虑钢中合金元素的影响。

一般情况下,渗氮温度确定,钢种一定,气氛氮势一定,则求这函数关系问题就回到本章求扩散方程解的问题。如前所述,在渗氮过程中,随着表面氮浓度的升高,在表面会相继形成 γ′、ε 相,新相将随着相界面的往内侧移动而增厚。为了便于进行计算机数值模拟,常采用差分方程求解扩散方程,这里对其中有些问题作简单的介绍。

1.书写差分方程的数学模型

(1)各相的扩散方程

$$\frac{\partial C(x,\tau)}{\partial \tau} = D_i \frac{\partial^2 C(x,\tau)}{\partial x^2} \tag{6.27}$$

式中　τ——渗氮时间,$\tau>0$;

x——离表面距离,$0<x<L$(L 为渗层厚度);

D_i——氮在 i 相中扩散系数,i 分别代表 ε、γ′和 α 相;

C——x 点在 τ 时刻的氮浓度。

当渗氮时间从 0 延长至 τ 时,设已出现 ε 相,若渗氮温度在 Fe-N 状态图共析温度以下,则除表面外,自表面至中心将出现 ε-γ′、γ′-α_N 和 α_N-α-Fe 三个相界,分别以 $j=1,2,3$ 表示。设相界坐标以 ξ_j 表示,则 ξ_1,ξ_2……分别表示第 1、第 2、……个相界面的坐标。

初始条件为

$$C(x,0)=0 \tag{6.28}$$

边界条件为

$$\left.\frac{\partial C_{m,j}}{\partial x}\right|_{x=L}=0 \tag{6.29}$$

式中 m 为最里边的相，j 为 $x=L$ 的结点的位置。

$$-D_i\left.\frac{\partial C_i(x,\tau)}{\partial x}=\beta_i(\gamma_{\text{气}}-\gamma_{\text{表}i})\right|_{x=0} \tag{6.30}$$

式中　β_i——当表面为 i 相时渗氮气氛至表面的氮传递系数；

$\gamma_{\text{气}}$——渗氮气氛的氮势；

$\gamma_{\text{表}i}$——与 i 表面该瞬时氮浓度平衡的气氛氮势。

试验证明[18]，当渗氮表面出现新相时表面氮浓度虽有跃变，但平衡氮势连续变化，这对渗氮过程的控制带来很多方便。

传递系数 β_i 与许多因素有关。在气体渗氮时各相的 β_i 可近似地采用 α 相的传递系数，其值为

当 $P_{H_2}\geqslant 81\exp(-\frac{8\ 700}{RT})$ 时

$$\beta_\alpha=1.742\times10^3\exp(-\frac{16\ 658}{T})P_{H_2}$$

当 $P_{H_2}<81\exp(-\frac{8\ 700}{RT})$ 时

$$\beta_\alpha=1.955\times10^2\exp(-\frac{14\ 469}{T})P_{H_2}^{3/2}$$

式中　P_{H_2}——氢气分压，单位为大气压。

相界面的条件为

$$C[\xi_j(\tau)_{+0},\tau]=C_i^+(\tau) \tag{6.31}$$

$$C[\xi_{j+1}(\tau)_{-0},\tau]=C_i^-(\tau) \tag{6.32}$$

式中　C_i^+,C_i^-——氮在 i 相中的溶解度极限，可根据渗氮温度在 Fe-N 状态图中查得。

(2)相界面移动方程

因为在渗氮过程中相界面是移动的，为此还必须列出相界面移动公式：

$$(C_i^- - C_{i+1}^+)\frac{d\xi_j}{d\tau}=D_{i+1}\left.\frac{\partial C}{\partial x}\right|_{\xi_{j+0}}-D_i\left.\frac{\partial C}{\partial x}\right|_{\xi_{j-0}} \tag{6.33}$$

式中　ξ_j——第 j 相界面的 x 值。

利用数学模式(6.27)和式(6.33)做出差分方程组，代入上述初始条件、边界条件和相界面条件，即可求得数学模型的解。

2. 数学模型的解应满足的条件

(1)新相只能在渗层范围(0 ~ L)内形成。

(2)如果相界面的距离过小，内在的相消失。

(3)当边界超越(0,L)截面不复存在时，边界诸相消失。

(4)当方程在相界(0,L)的解的值高于给定温度下该相于此截面的极限溶解度时，将有新相形成。

利用数学模型，就可以根据渗氮层性能要求，控制渗氮层的组织结构。

对一些承受交变冲击载荷的零件，例如发动机曲轴，渗氮目的是为了提高疲劳强度。

因此往往不希望表面有化合物层,即 ε 相或 γ′相层出现,显然这只要控制渗氮层表面氮浓度不高于渗氮温度下 α 相中氮的溶解度极限就可以满足,这样问题就变成单相扩散了,可直接利用式(6.5)来计算。如前所述,表面氮浓度应为在该渗氮温度下 α-Fe 中氮饱和浓度,即式(6.5)中的 C_x,当 $x=0$ 时 $C=C_{\alpha,\max}$,代入式(6.5)即可得

$$C_s=C_e=f(\tau) \tag{6.34}$$

根据 C_e 的含义,与炉气氮势 r 之间应有下列关系:

$$C_e=Kr \tag{6.35}$$

式中 K——常数。

于是有

$$r=\frac{C_e}{K}=\frac{1}{K}f(\tau)=F(\tau) \tag{6.36}$$

式(6.36)表明,在不出现化合物层(即表面只达到 α-Fe 的氮饱和浓度)条件下,所采用渗氮气氛氮势与渗氮时间有一定关系。

文献[17]介绍了 En19 钢制发动机曲轴的无白亮层可控渗氮工艺。通过实验得出了不出现白亮层的气氛氮势与渗氮时间的关系曲线,如图 6.45 所示。他们把不出现白亮层的氮势值称为门槛值。根据渗氮层深度的要求,确定渗氮时间需 45 h,由图 6.45 可查得不出现白亮气氛氮势应低于 0.44。

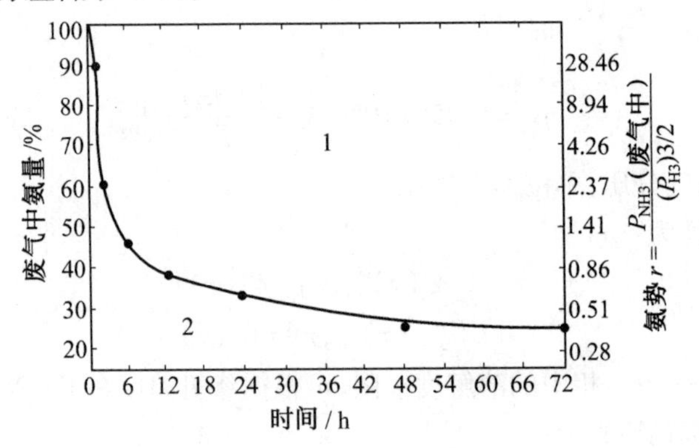

图 6.45 不出现白亮层氮势门槛值与渗氮时间关系
(渗氮温度 515 ℃)
1—出现白亮层;2—不出现白亮层

气体渗氮时,若采用纯氨渗氮,则可借改变通入渗氮罐内氨气流量来调整氮势;若采用氨气和氢气或氨气和氮气的混合气进行渗氮时,可借改变混合气的比例来调整气氛氮势。

当用氨气+氢气混合气气体渗氮时,气氛氮势可按下列方法计算。

设通入罐内的 NH_3 的体积为 x 份,H_2 的体积为 y 份,且 $x+y=1$,x 份氨气中 b 份分解成 N_2+H_2,按分解反应:

$$NH_3 \longrightarrow \frac{1}{2}N_2+\frac{3}{2}H_2$$

则体积分数变化为

$$b \rightarrow \frac{b}{2}+\frac{3}{2}b \tag{6.37}$$

即由 b 份氨气体积分解成 $2b$ 份体积的氮气和氢气。由此排气管排出的总体积份数为

$$x+y+b=1+b \tag{6.38}$$

若作为理想气体处理，按照道尔顿定律，某种气体 i 的分压应为

$$P_i=\frac{n_i}{\sum n_i}P \tag{6.39}$$

式中　n_i——组分 i 的摩尔分数；

$\sum n_i$——罐内各种气体的摩尔分数和；

P——罐内总气压。

由此可得渗氮罐内氨气分压 P_{NH_3} 为

$$P_{NH_3}=\frac{x-b}{1+b}=\varphi \tag{6.40}$$

式中　φ——排出废气中氨气所占体积分数。

氮气和氢气的分压分别为

$$P_{N_2}=\frac{\frac{b}{2}}{1+b}=\frac{b}{2+2b} \tag{6.41}$$

$$P_{H_2}=\frac{y+\frac{3}{2}b}{1+b} \tag{6.42}$$

式(6.40)～(6.42)中 NH_3、N_2 和 H_2 的分压均以罐内总气压的百分数值表示，因此

$$P_{NH_3}+P_{N_2}+P_{H_2}=1 \tag{6.43}$$

经过运算，可得气氛氮势

$$r_{N_2}=\frac{\varphi}{\left(\frac{2+x-\varphi(1+2x)}{2(1+x)}\right)^{\frac{3}{2}}} \tag{6.44}$$

如前所述，若用红外仪测得进气管中氨气所占的体积分数 x 和排气管中氨气所占体积分数就可计算出用 NH_3+H_2 混合气渗氮时罐内气氛氮势。

同理若用氮气和氨气混合气进行渗氮时，罐内气氛氮势应为

$$r_{N_2}=\frac{\varphi}{\left[\frac{3}{2}\left(\frac{x-\varphi}{1+x}\right)\right]^2} \tag{6.45}$$

式中　x——在进气管中氨的体积分数；

φ——排气管中氨的体积分数。

图6.46为上述曲轴用氨气和氢气混合气体可控渗氮工艺曲线。其所以采用比前述门槛值高的氮势，主要差别乃由于上述曲线系在实验室炉内测定，而在实际生产时要考虑炉罐材料的性质、处理工件的表面积及表面粗糙度，以及进行速度和管道分布等的影响。

图6.47为普通气体渗氮工艺和可控渗氮工艺渗氮曲轴颈上沿层深显微硬度分布曲线，可以看出，可控渗氮的显微硬度分布曲线较平缓。渗层显微组织检查表明，当气氛氮势 $r=1.5$ 以下时，可控渗氮的白亮层厚度不超过4 μm。

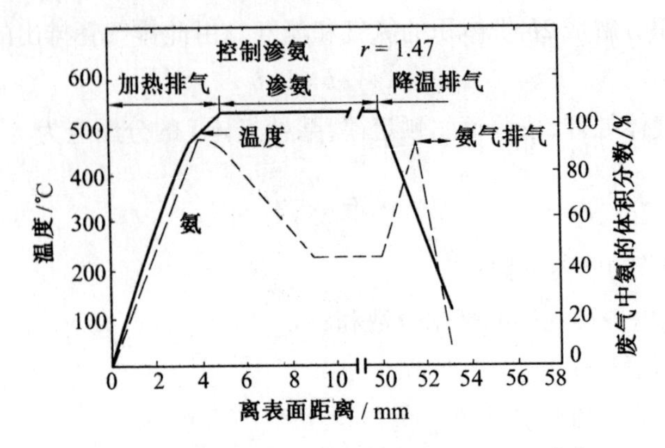

图 6.46 Enl9 钢制曲轴可控渗氮工艺曲线[17]

1—温度;2—氨

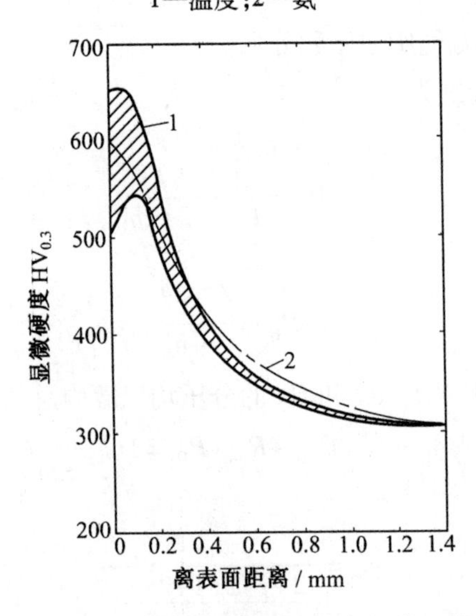

图 6.47 于(526±3) ℃可控渗氮后曲轴颈沿层深平均显微硬度分布曲线[17]

1—普通气体渗氮(515±10 ℃);2—可控渗氮

6.4 钢的碳氮共渗

在钢的表面同时渗入碳和氮的化学热处理工艺称为碳氮共渗。碳氮共渗可以在气体介质中进行,也可在液体介质中进行。因为液体介质的主要成分是氰盐,故液体碳氮共渗又称为氰化[19]。

对低碳结构钢、中碳结构钢以及不锈钢等,为了提高其表面硬度、耐磨性及疲劳强度,进行 820 ~ 850 ℃的碳氮共渗。中碳调质钢在 570 ~ 600 ℃温度进行碳氮共渗,可提高其耐磨性及疲劳强度,而高速钢在 550 ~ 560 ℃碳氮共渗的目的是进一步提高其表面硬度、耐磨性及热稳定性。

根据共渗温度不同,可以把碳氮共渗分为高温(900 ~ 950 ℃)、中温(700 ~ 880 ℃)及低温三种。其中低温碳氮共渗,最初在中碳钢中应用,主要是提高其耐磨性及疲劳强度,而硬度提高不多(在碳素钢中),故又称为软氮化。因为共渗温度不同,碳、氮二元素渗入浓度不同,在低温时主要以渗氮为主。现在又有人称它为氮碳共渗,以区别于以渗碳为主的中、高温碳氮共渗。

6.4.1　碳和氮同时在钢中扩散的特点

同时在钢中渗入碳和氮,如前所述,至少已是三元状态图的问题,故应以 Fe-N-C 三元状态图为依据。但目前还很不完善,还不能完全根据三元状态图来进行讨论。在这里主要讲述一些 C、N 二元共渗的一些特点。

(1)共渗温度不同,共渗层中碳氮含量不同

氮含量随着共渗温度的提高而降低,而碳含量则起先增加,至一定温度后反而降低。渗剂增碳能力不同,达到最大碳含量的温度也不同,如图 6.48 所示。

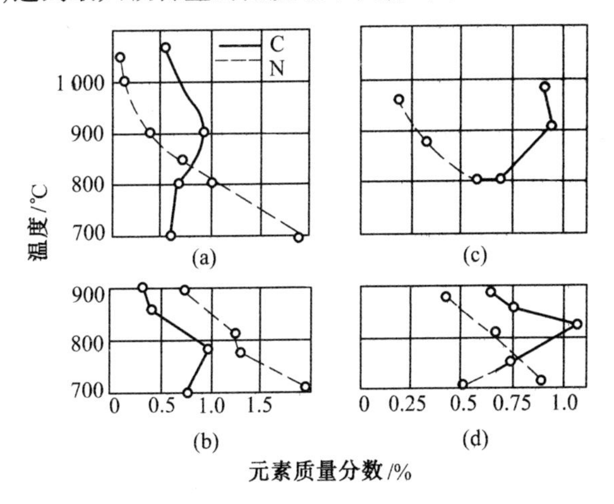

图 6.48　共渗温度对共渗层表面碳、氮含量的影响[11]

(层深 0.075 ~ 0.15 mm)

(a) $w_{CO}=50\%$, $w_{NH_3}=50\%$; (b) $w_{CaCN}=23\% \sim 27\%$ 的盐浴;

(c) $w_{NaCH}=50\%$ 的盐浴; (d) $w_{NaCN}=30\%$, $w_{NaCNO}=8.5\%$, $w_{NaCl}=25\%$, $w_{Na_2CO_3}=36.5\%$

(2)碳、氮共渗时碳氮元素相互对钢中溶解度及扩散深度有影响

由于 N 使 γ 相区扩大,Ac_3 点下降,因而能使钢在更低的温度增碳。氮渗入浓度过高,在表面形成碳氮化合物相,因而氮又阻碍着碳的扩散。碳降低氮在 α、ε 相中的扩散系数,所以碳减缓氮的扩散。图 6.49 为预先渗氮对渗碳层碳浓度及硬度的影响,它证明了这一点。

(3)碳氮共渗过程中碳对氮的吸附有影响

碳氮共渗过程可分成两个阶段:第一阶段共渗时间较短(1 ~ 3 h),碳和氮在钢中的渗入情况相同;若延长共渗时间,出现第二阶段,此时碳继续渗入而氮不仅不从介质中吸收,反而使渗层表面部分氮原子进入到气体介质中去,表面脱氮,如图 6.50 所示[11]。分析证明,这时共渗介质成分有变化,可见是由于氮和碳在钢中相互作用的结果。

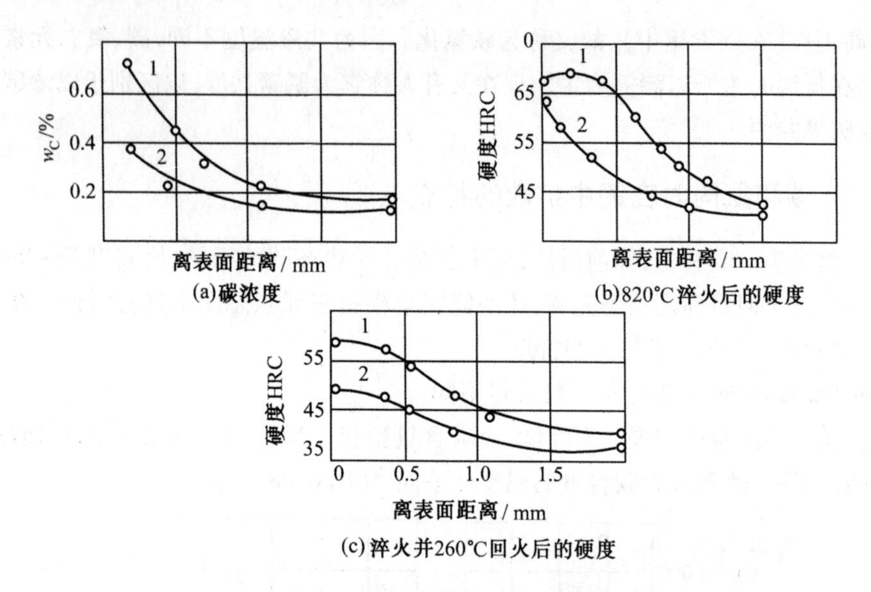

图 6.49 铬镍钢预先渗氮对后继碳层碳浓度、硬度分布曲线的影响[11]

1—预先渗氮后再渗碳;2—渗碳

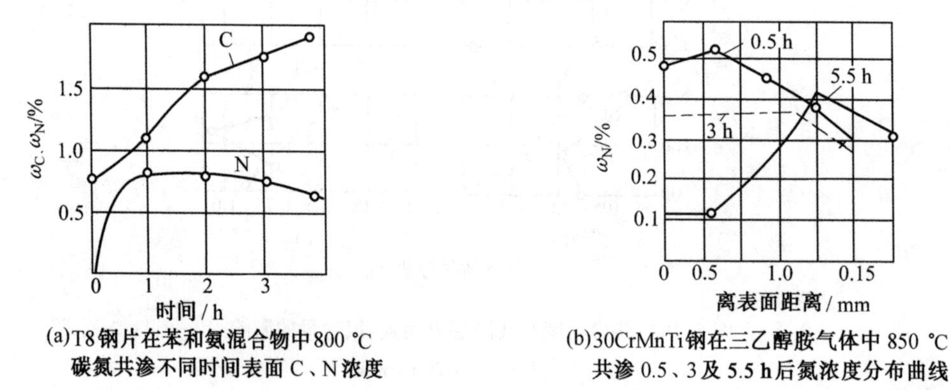

图 6.50 碳氮共渗保温时间对渗层浓度的影响[11]

6.4.2 中温气体碳氮共渗

1. 中温气体碳氮共渗的优点

与气体渗碳相比,中温气体碳氮共渗具有如下优点。

(1)可以在较低温度下及在同样时间内获得同样渗层深度,或在处理温度相同情况下,共渗速度较快,如图6.51所示。

(2)碳氮共渗在工件表面、炉壁和发热体上不析出碳黑。

(3)处理后零件的耐磨性比渗碳的高。

(4)工件扭曲变形小。

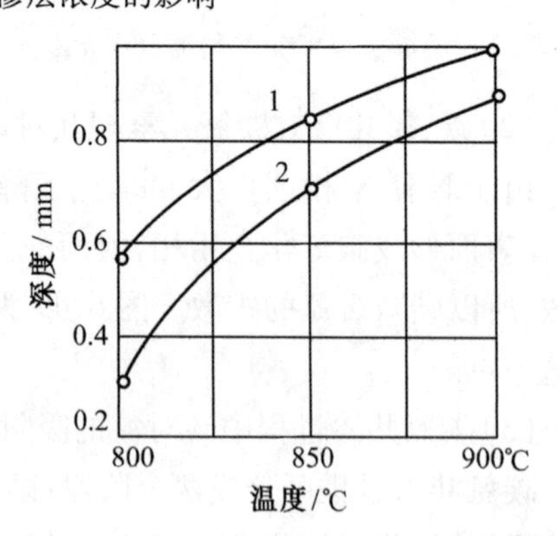

图 6.51 温度对10钢渗碳和碳氮共渗层深度的影响

1—煤油热分解气+25%氨(体积分数);

2—煤油热分解气

2. 共渗介质

目前常用的共渗介质有两大类。

(1)含2% ~10%(体积分数)氨气的渗碳气体(其余)。

(2)含碳氮的有机液体。

第一类可用于连续式作业炉,也可用于周期式作业炉。在用周期式作业炉进行碳氮共渗时,除了可引入普通渗碳气体外,也可像滴注式气体渗碳一样滴入液体渗碳剂,如煤油、苯、丙酮等。

当用第一种气体共渗时,除了按一般渗碳渗氮反应进行渗碳、渗氮外,还因为介质中存在下列反应

$$NH_3+CO \longrightarrow HCN+H_2O \tag{6.46}$$

$$NH_3+CH_4 \longrightarrow HCN+3H_2 \tag{6.47}$$

形成了氰氢酸。氰氢酸是一种活性较高的物质,进一步分解

$$2HCN \longrightarrow H_2+2[C]+2[N] \tag{6.48}$$

分解出活性碳、氮原子,促进了渗入过程。

共渗介质中氨量增加,渗层中氮量提高,碳量降低,故应根据零件钢种、渗层组织性能要求及共渗温度确定氨气比例。采用煤油作渗碳介质时,氨气比例可占总气体体积的30%。

第二种介质主要用于滴注法气体碳氮共渗。常用介质为三乙醇胺并在三乙醇胺中溶入20%左右尿素。图6.52为用三乙醇胺气体碳氮共渗层中碳、氮含量分布。

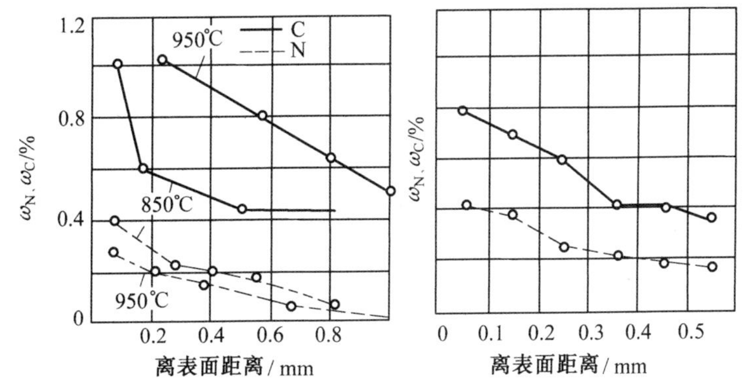

(a) 40钢, 加热40 min, 保温5 h　(b) 20CrMnTi, 加热1.5 h, 850℃保温1.5 h

图6.52　用三乙醇胺碳氮共渗钢的渗层碳、氮含量

3. 共渗温度及时间

在渗剂一定情况下,共渗温度与时间对渗层的组织结构影响规律已如前述。在具体生产条件下应该根据零件工作条件、使用性能要求及渗层组织结构与性能的关系,再按前述规律确定。

中温气体碳氮共渗工件的使用状态和渗碳淬火相近,一般都是共渗后直接淬火。因此,尽管氮的渗入能降低临界点,但考虑心部强度,一般共渗温度仍选在该种钢的Ac_3点以上,接近于点Ac_3的温度。但温度过高,渗层中氮含量急剧降低,其渗层与渗碳相近,且温度提高,工件变形增大,因此失去碳氮共渗的意义。根据钢种及使用性能一般碳氮共渗温度为820 ~880 ℃。

温度确定以后,共渗时间根据渗层深度要求而定。层深与时间呈抛物线规律,即

$$x=k\sqrt{\tau} \tag{6.49}$$

式中 x——渗层深度,mm;

τ——共渗保温时间,h;

k——常数,在 860 ℃碳氮共渗时,20 钢,$k=0.28$;20Cr,$k=0.30$;40Cr,$k=0.37$;20CrMnTi,$k=0.32$。

4. 碳氮共渗后的热处理

碳氮共渗比渗碳温度低,一般共渗后都采用直接淬火。因为氮的渗入,使过冷奥氏体稳定性提高,故可采用冷却能力较弱的淬火介质,但应考虑心部材料的淬透性。碳氮共渗后采用低温回火。

5. 碳氮共渗层的组织与性能

碳氮共渗层的组织取决于共渗层中碳、氮浓度,钢种及共渗温度。

一般中温碳氮共渗层淬火组织,表面为马氏体基底上弥散分布的碳氮化合物,向里为马氏体加残余奥氏体,残余奥氏体量较多,马氏体为高碳马氏体;再往里残余奥氏体量减少,马氏体也逐渐由高碳马氏体过渡到低碳马氏体。这种渗层组织反映在硬度分布曲线上,如图 6.53 所示,自表面至心部硬度分布曲线出现谷值及峰值。谷值处对应渗层上残余奥氏体量最多处,而峰值处相当于含碳(氮)量高于 0.6% 而残余奥氏体较少处的硬度。钢种不同,渗层中残余奥氏体量不同,因而硬度分布曲线的谷值也不相同。

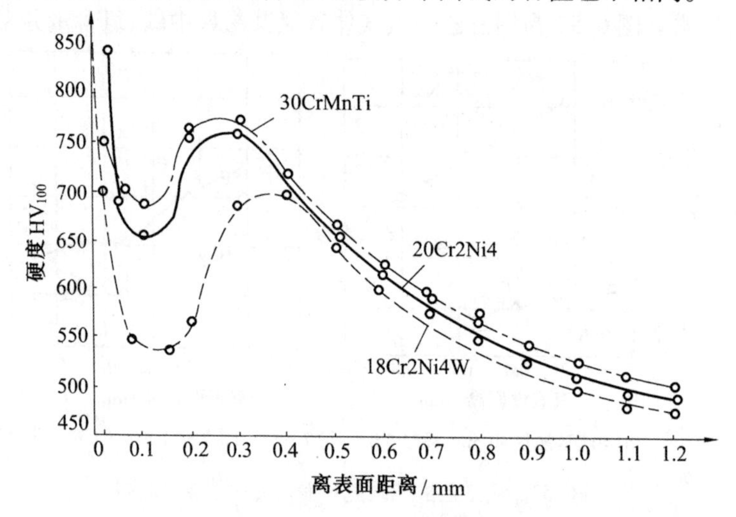

图 6.53 3 种钢 850 ℃碳氮共渗后截面硬度(淬火态)

共渗层中碳氮含量强烈地影响渗层组织。碳氮含量过高时,渗层表面会出现密集粗大条块状碳氮化合物,使渗层变脆。图 6.54 为 20Cr2Ni4A 钢碳氮共渗后,渗层形成密集粗大碳氮化合物的金相组织,这种组织使共渗后的齿轮出现掉角现象(见图 6.55)。渗层中含氮量过高,表面会出现空洞,在未腐蚀金相试样上能清楚地看到这种缺陷,如图6.56 所示。出现空洞的原因一般的解释为:由于渗层中含氮量过高,在碳氮共渗过程时间较长时,由于碳浓度增高,发生氮化物分解及脱氮过程,原子氮变成分子氮而形成空洞。一般渗层中氮的质量分数超过 0.5% 时,容易出现这种现象。

渗层中含氮量过低,使渗层过冷奥氏体稳定性降低,淬火后在渗层中会出现屈氏体

网,因此,渗层氮的质量分数不应低于0.1%。一般认为中温碳氮共渗层氮的质量分数以0.3% ~0.5%为宜。渗层中碳氮含量不同,组织不同,直接影响碳氮共渗层性能。

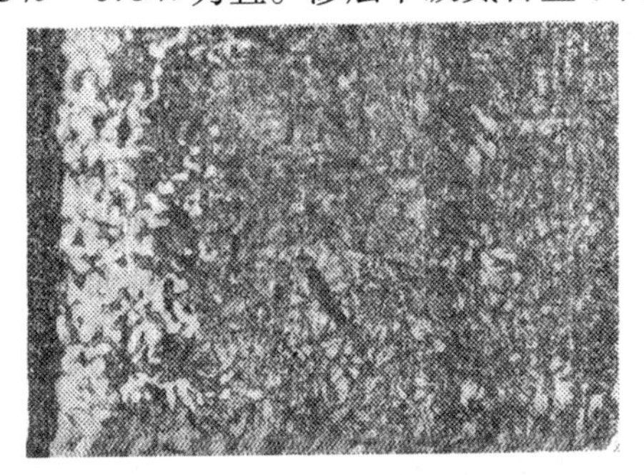

图6.54　20Cr2Ni4A钢碳氮共渗层中粗大碳氮化合物

图6.55　掉角的气体碳氮共渗齿轮

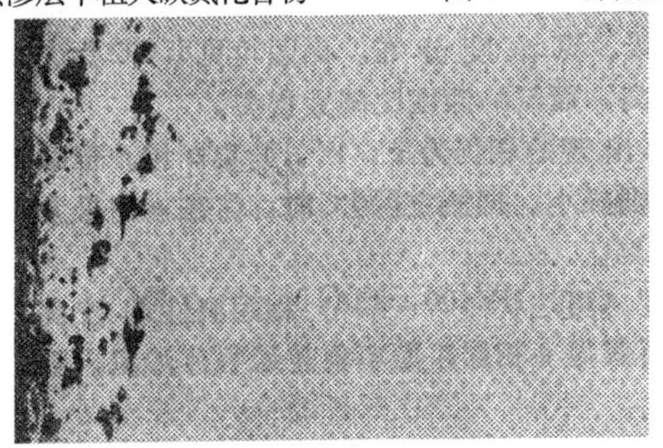

图6.56　20Cr2Ni4A钢气体碳氮共渗后出现的空洞

碳氮含量增加,碳氮化合物增加,耐磨性及接触疲劳强度可提高。但含氮量过高,会出现黑色组织,将使接触疲劳强度降低。图6.57为30CrMnTi钢气体碳氮共渗0.5 ~

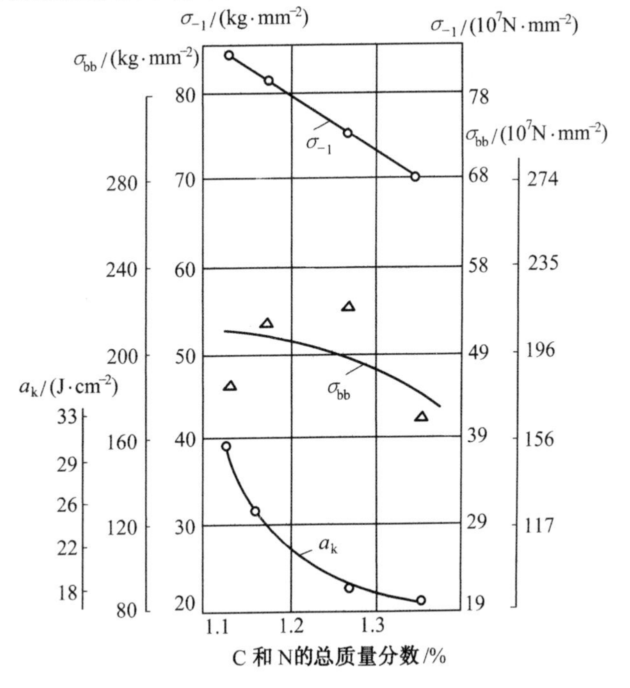

图6.57　30CrMnTi钢气体碳氮共渗层(层深0.50 ~0.70 mm)中碳、氮总含量对弯曲疲劳强度(σ_{-1})、静弯曲强度(σ_{bb})及冲击韧性 a_k 的影响

0.7 mm渗层中碳氮总含量对弯曲疲劳强度、静弯曲强度及冲击韧性的影响。由图可见，对该种钢来说，碳氮含量过高，会使弯曲疲劳强度、静弯曲强度及冲击韧性降低。关于碳、氮总含量应该根据零件服役条件来正确选择。

6.4.3 氮碳共渗(软氮化)

如前所述，软氮化最早是由低温氰化发展起来的。发现结构钢在质量分数为30% ~45% NaCN 或质量分数为30% ~35% KCNO 溶盐中于 570 ℃氰化 1 ~3 h 后快冷，可以得到表面硬度 HV 500 ~800，深0.15 mm 的氰化层，这样，抗擦伤性能、疲劳强度和耐磨性大为提高。这种处理方法具有普通气体渗氮的优点，但处理时间短，而且表面形成的 ε 相(含碳)层韧性好，适用于碳素钢、合金钢、铸铁及粉末冶金材料，因而获得迅速的发展。

但是，由于氰盐有毒，对操作者很不安全，为了克服这一缺点，根据软氮化的本质是低温氮碳共渗这一前提，发展了各种方法的气体氮碳共渗。目前该种方法已广泛地用于模具、量具、刀具以及耐磨、承受弯曲疲劳的零件中。

1. 氮碳共渗层的组织和性能

与钢的渗氮不同，氮碳共渗在渗氮同时还有碳的渗入，但是由于温度低，碳在 α 相中的溶解度仅为氮在 α-Fe 中溶解度的 1/20。因此，扩散速度很慢，结果在表面很快形成极细小的渗碳体质点，作为碳氮化合物的结晶中心，促使表面很快形成 ε 及 γ′层。图 6.58 为 40Cr 钢 570 ℃氮碳共渗层中碳、氮浓度分布。由图可见 570 ℃共渗 3 h，碳只有在层深 0.1 mm 范围内浓度有提高，而氮的深度比碳大得多。

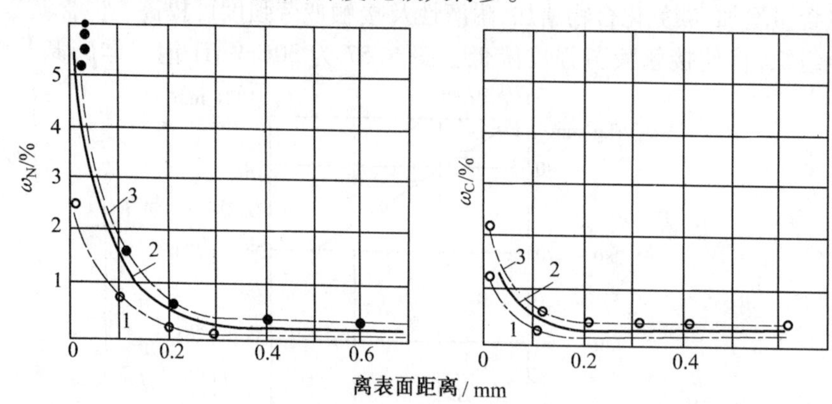

图 6.58 40Cr 钢 570 ℃氮碳共渗(液体软氮化)层中碳、氮浓度分布

共渗时间：1—1 h；2—2 h；3—3 h

根据 Fe-C-N 三元状态图，可能出现的相仍为 ε、γ′、γ 和 α 相，但碳在 ε 相中有很大的溶解度，而在 γ′相和 α 相中则极小。据测定，550 ℃时 C 在 ε 相中最大溶解度达3.8%(质量)，而在 γ′相中小于 0.2%。

含碳 ε 相比纯氮的 ε 相韧性好，而硬度(可达 HV400 ~450)和耐磨性却较高，这是软氮化的特点，因此软氮化后应该在表面获得 ε 相层，而不像普通气体渗氮，限制 ε 相的生成。

软氮化的渗层组织一般表面为白亮层，又称化合物层，其主要为 ε 相，视碳、氮含量不同，尚有少量 γ′相和 Fe_3C。试验表明，单一的 ε 相具有最佳的韧性。在化合物层以内则为扩散层，这一层组织和普通渗氮相同，主要是氮的扩散层。因此，扩散层的性能也和普通气体渗氮相同，若为具有氮化物形成元素的钢，则软氮化后可以显著提高硬度。

化合物层的性能与碳氮含量有很大关系。含碳量过高，虽然硬度较高，但接近于渗碳体性能，脆性增加；含碳量低，含氮量高，则趋向于纯氮相的性能，不仅硬度降低，脆性也反而提高。因此，应该根据钢种及使用性能要求，控制合适的碳、氮含量。

氮碳共渗后应该快冷，以获得过饱和的 α 固溶体，造成表面残余压应力，可显著提高疲劳强度。

氮碳共渗后，表面形成的化合物层也可显著提高抗腐蚀性能。

2. 氮碳共渗的工艺参数

(1)介质

连续式作业炉一般采用吸热式气氛和氨气的混合气。据试验，以二者体积比 1∶1 为最佳，此时碳含量适宜，因而有最好的性能。

在周期式作业炉中所采用的介质种类较多，我国常用的有尿素、甲酰胺、三乙醇胺以及醇类加氨气等。采用不同的介质，共渗层中碳、氮含量则有所不同，将对共渗层性能有影响，应该根据试验来确定。

(2)温度和时间

按 Fe-N-C 三元状态图，共析温度为 565 ℃，接近此温度时 α-Fe 对氮有最大溶解度，故一般氮碳共渗温度为 570 ℃，共渗后快冷可显著提高疲劳强度。温度过高，化合物层增厚，容易出现疏松，且高于共析温度后，渗层中出现 γ 相，快冷后出现马氏体，使变形增大；低于 570 ℃，不仅速度慢，性能也差。共渗保温时间根据层深要求而定，一般为 1 ~6 h。

6.5 渗 硼

将钢的表面渗入硼元素以获得铁的硼化物的工艺称为渗硼。渗硼能显著提高钢件表面硬度(HV1 300 ~2 000)和耐磨性，以及具有良好的红硬性及耐蚀性，故获得了很快的发展。

6.5.1 渗硼层的组织性能

根据 Fe-B 状态图(见图 6.59)，铁的表面渗入硼后，例如在 1 000 ℃渗硼，由于硼在 γ-Fe中的溶解度很小(0.003% ~0.008%)，因此立即形成硼化物 Fe_2B，再进一步提高浓度则形成硼化物 FeB。硼化物的长大，系靠硼以离子的形式，通过硼化物至反应扩散前沿 Fe-Fe_2B 及 Fe_2B-FeB 界面上来实现。因此，渗硼层组织自表面至中心只能看到硼化物层，如浓度较高，则表面为 FeB，其次为 Fe_2B，呈梳齿状楔入基体，如图 6.60 所示[20]。为了区分 FeB 和 Fe_2B，可用 ppp 试剂(1 g$K_4Fe(CN)_6 \cdot 3H_2O$+10 g$K_2Fe(CN)_6$+30 gKOH+100 mlH_2O)腐蚀。腐蚀后 FeB 呈深褐色，Fe_2B 呈黄褐色，但基体组织不显露。Fe_2B 和 FeB 化合物的物理性质见表 6.6。

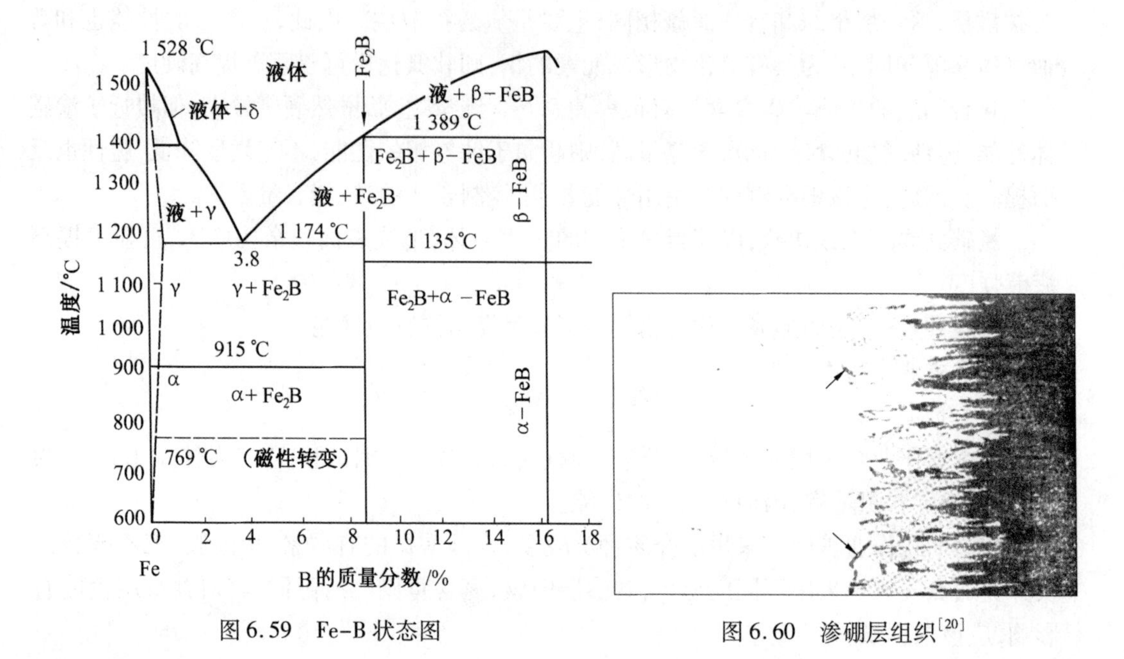

图 6.59 Fe-B 状态图

图 6.60 渗硼层组织[20]

当渗硼层由 FeB 和 Fe_2B 两相构成时,在它们之间将产生应力,在外力(特别是冲击载荷)作用下,极易产生裂缝而剥落。

表 6.6 Fe_2B 和 FeB 的物理性质

化合物	密度/(g · cm^{-3})	晶格类型	点阵常数/nm	熔点/ ℃	硬度/HV	脆性
Fe_2B	7.32	正方晶系	a=0.510 9 b=0.424 9	1 389	1 290 ~ 1 680	小
FeB	7.15	斜方晶系	a=0.406 1 b=0.550 6 c=0.295 2	1 540	1 890 ~ 2 349	大

在渗硼过程中,随着硼化物的形成,钢中的碳被排挤至内侧,因而紧靠硼化物层将出现富碳区,其深度比硼化物区厚得多,称为扩散区。硅在渗硼过程中也被内挤而形成富硅区。硅是铁素体形成元素,在奥氏体化温度下,富硅区可能变为铁素体,在渗硼后淬火时不转变成马氏体。因而紧靠硼化物区将出现软带(HV300 左右),使渗硼层容易剥落。钼、钨可强烈地减薄渗硼层,铬、硅、铝次之,镍、钴、锰则影响不大。

渗硼具有比渗碳、碳氮共渗高的耐磨性,又具有较高耐浓酸(HCI, H_3PO_4, H_2SO_4)腐蚀能力及良好的耐食盐水(质量分数为 10%)、苛性碱水(质量分数为 10%)溶液的腐蚀,但耐大气及水的腐蚀能力差。渗硼层还有较高的抗氧化及热稳定性。

6.5.2 渗硼方法

渗硼法有固体渗硼、液体渗硼及气体渗硼,但由于气体渗硼采用乙硼烷或三氯化硼气体,前者不稳定易爆炸,后者有毒,又易水解,因此未被采用。现在生产上采用的是粉末渗硼和盐浴渗硼。近年来由于解决了渗剂的结块问题,粉末渗硼法获得了越来越多的应用。

(1)固体渗硼法

目前最常用的是用下列配方的粉末渗硼法：KBF_4($w_{KBF_4}=5\%$)+B_4C($w_{B_4C}=5\%$)+SiC($w_{SiC}=90\%$)+Mn-Fe。把这些物质的粉末和匀装入耐热钢板焊成的箱内，工件以一定的间隔(20～30 mm)埋入渗剂内，盖上箱盖，在900～1 000 ℃的温度保温1～5 h后，出炉随箱冷却即可。

上列渗剂中各部分的作用是：KBF_4是催渗剂，B_4C为硼的来源，SiC是填充剂，Mn-Fe则起到使渗剂渗后松散而不结块的作用[21]。如此渗硼后冷至室温开箱时，渗剂松散、工件表面无结垢等现象，无需特殊清理。

由于固体渗硼法无需特殊设备，操作简单，工件表面清洁，已逐渐成为最有前途的渗硼方法。

(2)盐浴渗硼

常用硼砂作为渗硼剂和加热剂，再加入一定的还原剂，如SiC，以分解出活性硼原子。为了增加熔融硼砂浴的流动性，还可加入氯化钠、氯化钡或盐酸盐等助熔盐类。

常用盐浴成分有下列3种。

①硼砂($w_{硼砂}=60\%$)+碳化硼或硼铁($w_{碳化硼或硼铁}=40\%$)。

②硼砂($w_{硼砂}=50\%\sim60\%$)+SiC($w_{SiC}=40\%\sim50\%$)。

③BaCl($w_{BaCl}=45\%$)+NaCl($w_{NaCl}=45\%$)+B_4C($w_{B_4C}=10\%$)或硼铁($w_{硼铁}=10\%$)。

前两种成分中硼砂是活性硼原子的提供者，而碳化硅或碳化硼是还原剂，其反应为

$$Na_2B_4O_7+SiC \longrightarrow Na_2O\cdot SiO_2+CO_2+O_2+4[B] \tag{6.50}$$

$$Na_2B_4O_7+6B_4C \longrightarrow 28[B]+6CO+Na_2O \tag{6.51}$$

由于SiC的加入，硼砂浴流动性较差，因此，一般都要在1 000 ℃左右的温度进行渗硼。

第三种成分中的B_4C则是活性硼原子的提供者，它通过下列反应分解出活性硼原子

$$2B_4C+2MCl \longrightarrow 8[B]+Cl_2+2MC \tag{6.52}$$

式中M代表Na、NH_4、Ca、Ba等正离子。

盐浴渗硼同样具有设备简单，渗层结构易于控制等优点；但盐浴具有流动性差，工件粘盐难以清理等缺点。

一般盐浴渗硼温度采用950～1 000 ℃，渗硼时间根据渗层深度要求而定，一般不超过6 h，因为时间过长，不仅渗层增深缓慢，而且使渗硼层脆性增加。

6.5.3 渗硼后的热处理

对心部强度要求较高的零件，渗硼后还需进行热处理。由于FeB相、Fe_2B相和基体的膨胀系数差别很大，加热淬火时，硼化物不发生相变，但基体发生相变，因此渗硼层容易出现裂纹和崩落。这就要求尽可能采用缓和的冷却方法，淬火后应及时进行回火。

6.6 渗金属

渗金属的方法和前述渗硼法相类似，根据所用渗剂聚集状态不同，可分固体法、液体法及气体法。

1. 固体法渗金属

最常用的是粉末包装法，把工件、粉末状的渗剂、催渗剂和烧结防止剂共同装箱、密封、加热扩散而得。这种方法的优点是操作简单，无需特殊设备，小批生产应用较多，如渗铬、渗钒等。缺点是产量低，劳动条件差，渗层有时不均匀，质量不易控制等。

例：固体渗铬，渗剂为 100～200 目铬铁粉（含 Cr 为 65%）（$w_{铬铁粉}=40\%\sim60\%$）+ NH_4C（$w_{NH_4C}=12\%\sim3\%$），其余为 Al_2O_3。

渗铬过程如下进行：当加热至 1 050 ℃的渗铬温度时，氯化铵分解形成 HCl，HCl 与铬铁粉作用形成 $CrCl_2$，在 $CrCl_2$ 迁移至工件表面时，分解出活性铬原子[Cr]渗入工件表面。与此同时，氯与氢结合成 HCl，HCl 再至铬铁粉表面形成 $CrCl_2$，并重复前述过程而达到渗铬目的。

2. 液体法渗金属

液体法渗金属可分两种，一种是盐浴法，一种是热浸法。目前最常用的盐浴法渗金属是日本丰田汽车公司发明的 T. D. 法，它是在熔融的硼砂浴中加入被渗金属粉末，工件在盐浴中被加热，同时还进行渗金属的过程。以渗钒为例：把欲渗工件放入 $Na_2B_4O_7$（$w_{Na_2B_4O_7}=80\%\sim85\%$）+钒铁粉（$w_{钒铁粉}=20\%\sim15\%$）盐浴中，在 950 ℃保温 3～5 h，即可得到一定厚度（几个微米到 20 μm）的渗钒层[22]。

该种方法的优点是操作简单，可以直接淬火；缺点是盐浴有比重偏析，必须在渗入过程中不断搅动盐浴。另外，硼砂的 PH 值为 9，有腐蚀作用，必须及时清洗工件。

热浸法渗金属是较早应用的渗金属工艺，典型的例子是渗铝。其方法是：把渗铝零件经过除油去锈后，浸入 780±10 ℃熔融的铝液中经 15～60 min 后取出，此时在零件表面附着一层高浓度铝覆盖层，然后在 950～1 050 ℃温度下保温 4～5 h 进行扩散处理。为了防止零件在渗铝时铁的溶解，在铝液中应加入 10% 左右的铁。铝液温度之所以如此选择，主要考虑温度过低时，铝液流动性不好，且带走铝液过多；温度过高，铝液表面氧化剧烈。

3. 气体法渗金属

一般在密封的罐中进行，把反应罐加热至渗金属温度，被渗金属的卤化物气体掠过工件表面时发生置换、还原、热分解等反应，分解出的活性金属原子渗入工件表面。

以气体渗铬为例，其过程是：把干燥氢气通过浓盐酸得到 HC1 气体后引入渗铬罐，在罐的进气口处放置铬铁粉。当 HCl 气体通过高温的铬铁粉时，制得了氯化亚铬气体。当生成的氯化亚铬气体掠过零件表面时，通过置换、还原、热分解等反应，在零件表面沉积铬，从而获得渗铬层。

气体渗铬速度较快，但氢气容易爆炸，氯化氢具有腐蚀性，故应注意安全。

渗金属法的进一步发展是多元共渗，即在金属表面同时渗入两种或两种以上的金属元素，如铬铝共渗、铝硅共渗等。与此同时，还出现金属元素与非金属元素的两种元素的共渗，如硼钒共渗、硼铝共渗等。进行多元共渗的目的是兼取单一渗的长处，克服单一渗的不足，例如硼钒共渗，可以兼取单一渗钒层的硬度高、韧性好和单一渗硼层层深较厚的优点，克服了渗钒层较薄及渗硼层较脆的缺点，获得了较好的综合性能。其他二元共渗也与此类似。

6.7 辉光放电离子化学热处理

利用稀薄气体的辉光放电现象加热工件表面和电离化学热处理介质,使之实现在金属表面渗入欲渗元素的工艺称为辉光放电离子化学热处理,简称离子化学热处理。因为在主要工作空间内是等离子体,故又称等离子化学热处理。

采用不同成分的放电气体,可以在金属表面渗入不同的元素。和普通化学热处理相同,根据渗入元素的不同,有离子渗碳、离子渗氮、离子碳氮共渗、离子渗硼、离子渗金属等,其中离子渗氮已在生产中广泛地应用[23]。

6.7.1 离子化学热处理的基本原理

以离子渗氮为例,其基本过程如下:按图6.61的装置,把工件11放在阴极托盘13上,盖上真空钟罩6,由真空泵22进行抽气,直至炉内真空达1.33 Pa;然后通过进气管通氨气(渗氮气氛)至气压66 Pa后,接通电源,在阴极11和13与阳极12之间施加直流电压,由零逐渐增大,至某一值后,炉内工件上突然出现辉光,逐渐增加外加电压,工件表面逐渐被辉光所覆盖,直至所有阴极面积完全被辉光所覆盖;进一步增加两极间电压,辉光亮度增加,工件温度上升,直至所需加热温度,并把炉内气压及电参数调整至工艺要求值,开始正常渗氮过程,直至保温终了,切断电源,处理完毕。

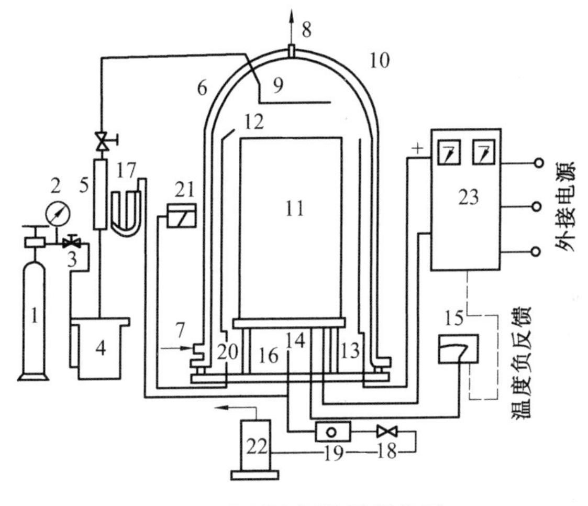

图6.61 离子渗氮装置示意图

1—氨瓶;2—氨压力表;3—阀;4—干燥箱;5—流量计;6—钟罩;7—进水管;8—出水管;9—进气管;10—窥视孔;11—工件;12—阳极;13—阴极;14—热电偶;15—XCT动圈式仪表;16—抽气管;17—U型真空计;18—阀;19—阀;20—真空规管;21—真空计;22—真空泵;23—直流电源

可见离子化学热处理系利用稀薄气体的辉光放电现象,据此,两极间有如图6.62的伏安特性曲线。图中 c 点的电压称为辉光点燃电压,自 c 至 d 区域称为正常辉光区,de 为异常辉光区。离子化学热处理在异常辉光区进行,因为在此区域阴极全为辉光所覆盖。增加电压,主要增加工件表面电流密度。调整电流密度可调整温度,且工件表面温度均匀。e 点以后为弧光放电区。离子化学热处理时要尽量避免由辉光放电向弧光放电的转变,一旦弧光发生,电源控制系统必须能自动立即切断电源,熄灭弧光,然后又能自动点燃辉光,使工艺过程继续进行。为了达到自动灭弧的效果,近年来采用单向脉冲电源进行离子化学热处理。

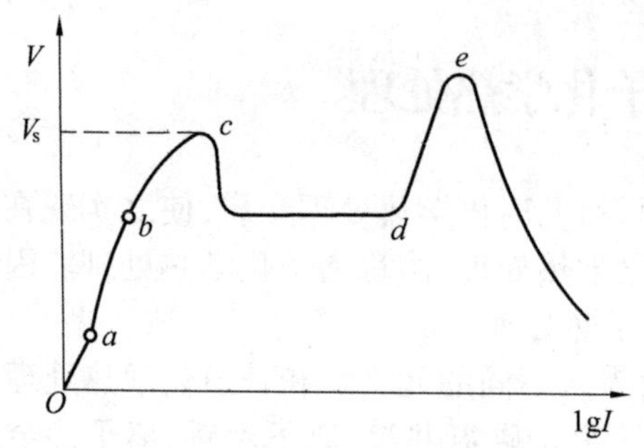

图 6.62　气体放电的伏安曲线

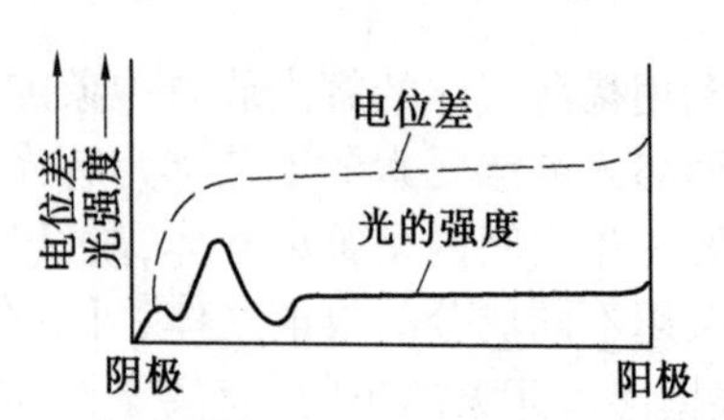

图 6.63　辉光放电两极间电位降落及光的强度

辉光放电时,阴阳两极间的电压降落不是均匀的,光的强度分布也不均匀,如图 6.63 所示。自阳极开始有很长的一段距离电压降落很小,直至阴极表面附近,此区域称为等离子体区。此后电压突然降落,称阴极位降区,同时出现强烈辉光,称为阴电辉光区。生产上所说的辉光厚度指阴电辉光至阴极表面的距离。在阴极材料、气体、两极间距离固定条件下,辉光厚度随炉内气压的增大而减薄。

关于离子化学热处理的渗入机理,至今尚不十分清楚。西德克罗克诺尔离子氮化公司对离子渗氮提出了如图 6.64 的模型[24]。他们认为在离子轰击作用下,从阴极表面冲击出铁原子,与等离子区的氮离子及电子结合而成 FeN。此 FeN 被工件表面吸附,在离子轰击作用下,逐渐分解为低价氮化物和氮原子,氮原子就向内部渗入及扩散。

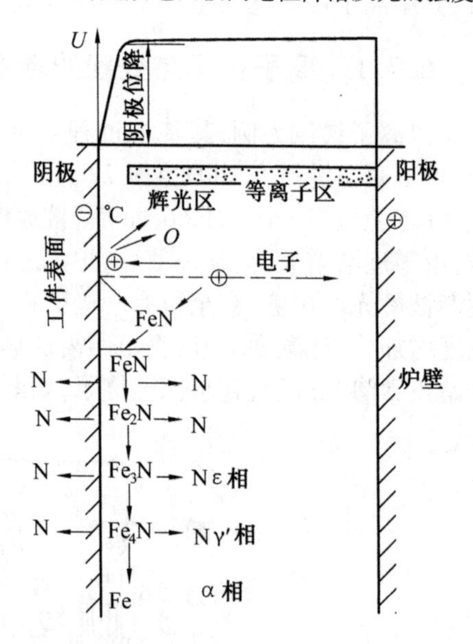

图 6.64　克罗克诺尔公司提出的离子渗氮渗入机理

多次观察表明,离子渗氮渗入速度远大于普通气体渗氮。在离子渗氮工件表面一定深度范围内晶体缺陷(位错)增多,又有利于渗入工件表面氮原子向内部扩散,这些都使离子渗氮速度大为增加。

6.7.2　离子渗氮

当辉光放电介质采用含氮气体时,即可进行离子渗氮。

(1)离子渗氮的工艺参数

常用离子渗氮介质为氨气、氨热分解气或一定比例的 N_2+H_2。由于采用介质不同,氮势不同,渗氮层表面氮化相也不同。表 6.7 为不同 N_2 和 H_2 的比例在不同钢上形成的氮化相[25],可见介质中 N_2 含量较高者,渗层表面氮浓度较高。

表 6.7　氮气比率、钢种与生成氮化物的关系(530 ℃,渗氮 4 h)

氮气比率(V_{N_2})/%	25(气压 660 Pa)				80(气压 270～660 Pa)			
钢　号	15	45	40CrMo	38CrMoAl	15	45	40CrMo	38CrMoAl
表层氮化相	γ′	γ′	γ′	γ′+ε	γ′	γ′+ε	γ′+ε	γ′+ε

离子渗氮的温度、时间对渗氮层相结构的影响如图6.65～6.67所示。由这些图可见渗氮温度越低、时间越短，表面氮浓度较低，ε 相越不易出现；但离子渗氮渗入速度快，渗氮表面能在短时间内达到高硬度，如图6.67所示，因此，可用离子渗氮进行薄层短时渗氮。

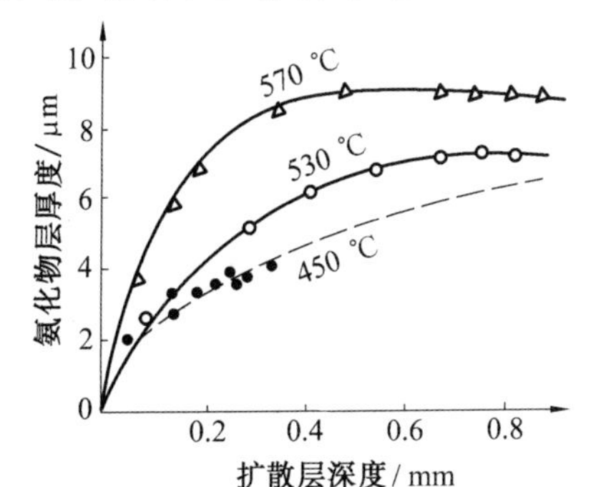

图6.65　42CrMo钢不同温度离子渗氮时氮化物层厚度随扩散层深度的变化[26]

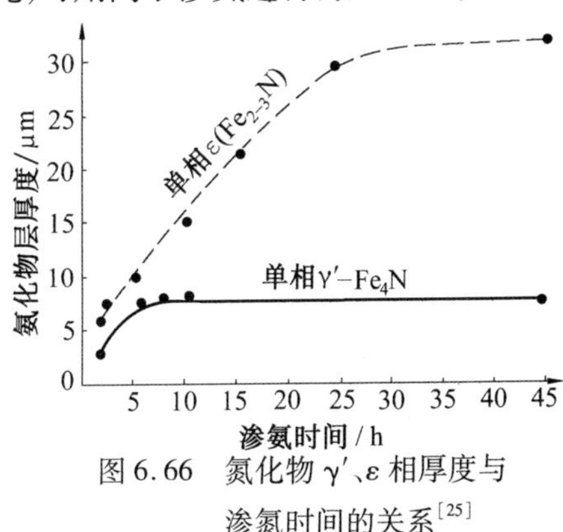

图6.66　氮化物 γ′、ε 相厚度与渗氮时间的关系[25]

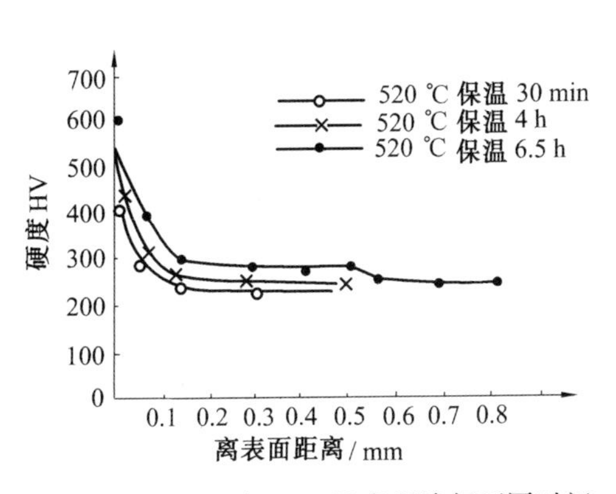

图6.67　45钢，520 ℃离子渗氮不同时间渗层硬度分布曲线

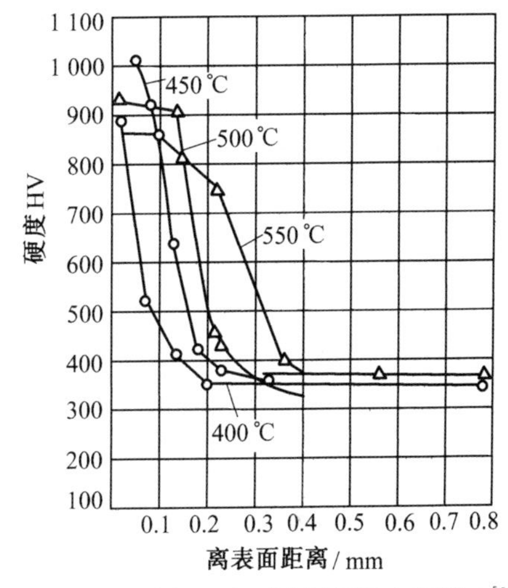

图6.68　离子渗氮温度对渗氮层硬度的影响[26]

图6.68为离子渗氮温度对 $32CrMoV_{1210}$ 钢渗氮层硬度的影响。当渗氮温度降至400 ℃时，表面仍能达到近HV900的高硬度，因此有可能采用离子渗氮进行低温渗氮。

(2)离子渗氮的特点

①速度快，特别在渗氮时间较短时尤为突出。例如一般渗氮深度为0.30～0.50 mm，离子渗氮时间仅为普通气体渗氮的 $\frac{1}{3}\sim\frac{1}{5}$。

②离子渗氮层组织结构可控。

③离子渗氮层的韧性好，这可能与易于获得单一的 γ′ 相有关，另外有人认为离子渗氮层较致密，因此，大大扩大了离子渗氮的应用范围。不仅普通气体渗氮所应用的钢种能进行离子渗氮，还可应用于氮碳共渗（软氮化）的工件。

④节能。

6.7.3　离子渗碳、碳氮共渗和氮碳共渗

若采用甲烷或其他渗碳气体和氢气的混合气作为辉光放电的气体介质，则在普通渗

碳温度(例如930 ℃)下,利用辉光放电即可进行离子渗碳。图6.69为离子渗碳与普通气体渗碳,真空渗碳的比较,可见离子渗碳比其他两种渗碳方法快得多。

离子渗碳时,由于温度较高,炉内应有隔热装置。离子渗碳后,应进行直接淬火,故与离子渗氮不同,在炉内应有直接冷却装置[27]。

如果在辉光放电时采用渗碳气和氨气作为放电气体,则可实现在钢表面同时渗入碳和氮。在高温(>820 ℃)则为离子碳氮共渗,在软氮化温度则为离子氮碳共渗。它们的工艺过程及特点基本上和离子渗氮及离子渗碳相同[28]。

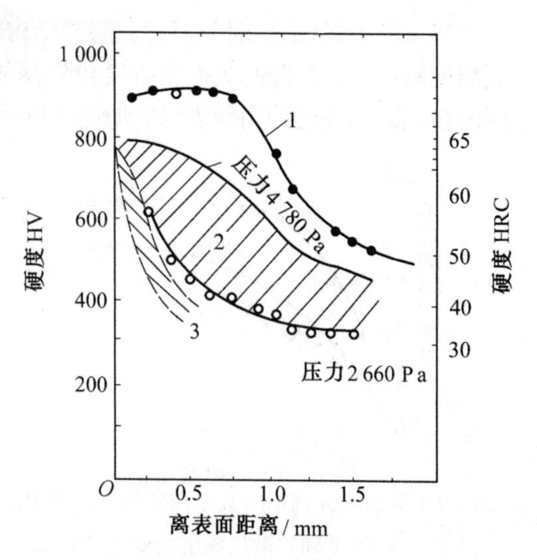

图6.69　气体渗碳、真空渗碳、离子渗碳渗层硬度分布曲线

1—AISI1018钢1 050 ℃离子渗碳52 min;

2—真空渗碳1 040 ℃,45 min;

3—气体渗碳900 ℃,45 min

6.7.4　离子渗硼和渗金属

不论渗硼或渗金属,它们均用H_2作为载气,而用硼或金属气态化合物作为渗剂,以这两种气体的混合气体为辉光放电气体,并以调节氢气和被渗金属气体化合物的比例来调节渗入表面中被渗元素的浓度。

渗硼时采用乙硼烷作为渗剂,据试验,如气氛中乙硼烷含量增加,则渗层表面出现高硼相FeB;降低乙硼烷含量,FeB消失,渗层以Fe_2B为主。同样,也发现离子渗硼可以在比普通渗硼温度低得多的温度下进行[29]。

离子渗金属采用的渗剂主要为金属卤化物,例如渗钛,采用$TiCl_4$作为渗剂[29],其过程和离子渗硼类似。

近年来采用欲渗金属元素直接放电蒸发进行离子渗金属。一种是双层辉光离子渗金属,利用辉光放电时的空心阴极效应产生高温,蒸发金属;另一种是多弧离子渗金属,利用真空阴极弧蒸发,离化金属离子,这些离子在电场作用下渗入表面实现渗金属过程[30]。因为金属元素在铁中均为置换式原子,因此,离子渗金属必须在高温(1 000 ℃左右)进行,以利于置换式原子的渗入和扩散。

习　题

1. 何谓碳势？何谓氮势？其本质有何异同点？怎样调整碳势和氮势？

2. 设有题2图(a)、(b)所示两种二元状态图分别在A、C金属中渗B、D元素。试分析在T_1、T_2温度渗至表面浓度为a、b浓度时,冷至室温的沿截面浓度分布曲线及渗层组织结构。

3. 有20钢试样,分别在不同碳势的气氛中渗碳,一种气氛碳势为1.2% C,另一种为0.8% C,渗碳温度930 ℃,时间3 h。求在这两种气氛中所得渗层深度各为多少($D_{c-\gamma}=1.3\times10^{-7}\text{cm}^2/\text{s}$)?

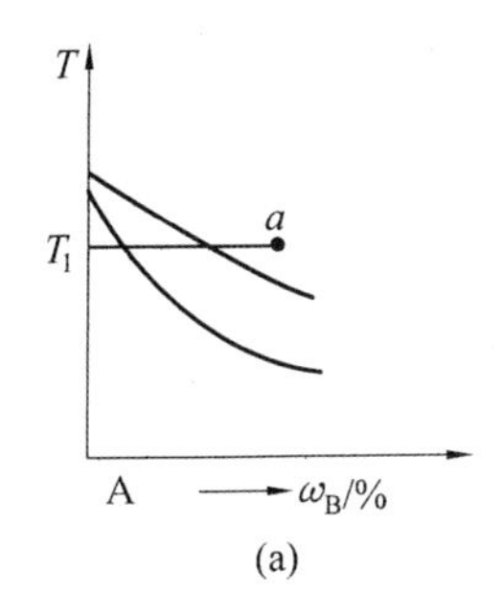

(a)

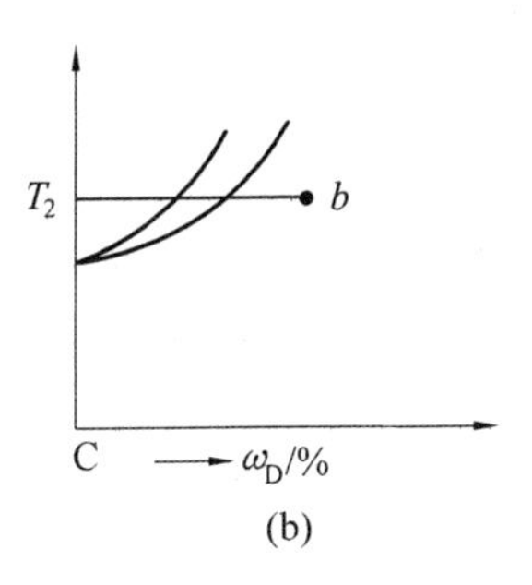

(b)

题2图

4. 有一种45钢齿轮,约1万件,其所承受接触应力不大,但要求齿部耐磨性好,同时要求热处理变形小。试问对这种齿轮应选用何种表面热处理？为什么？

5. 写出20Cr2Ni4A钢重载渗碳齿轮的冷、热加工工序安排,并说明热处理工序所起的作用。

参考文献

[1] ECKSTEIN H J. Technologe der Wärrmebenhandlung von Stahl[M]. VEB Deutscher Verlag für Grundstoffindustrie, Leipzing, 1976.

[2] 汪复兴. 金属物理[M]. 北京:机械工业出版社,1981.

[3] ГОЛОВИН Г Ф, идр. Высокочастотная термическая обработка[M]. МАШГИЗ, 1959.

[4] 夏立芳. 金属学问题(第二集)[D]. 哈尔滨工业大学,1963.

[5] DRAGAN I, et al. Heat Treatment'73[D]. The Metals Society 1 Carlton House Terrace, London,1975.

[6] 安希嘯,等. 第一届国际材料热处理大会论文集[D]. 北京:中国热处理学会,1982.

[7] TONG W P, TAO N R, WANG Z B, et al. Science, 2003,209(686).

[8] 黄亲国,夏立芳. 新技术新工艺,1988,3.

[9] 夏立芳,黄亲国. 哈尔滨工业大学学报,1989,6.

[10] EDENHOFER B, PFAU H. Heat Treatment and surface engineering[M]. ASM INTERNATIONAI™,1988.

[11] МИНКЕВИЧ А Н. Химико-термическая обработка металлов и сплавов[M]. МАШИНОСТРОЕНИЕ,1965.

[12] ГУЛЯЕВ А П. Термическая обработка стали[M]. МАШГИЗ,1960.

[13] ЛЯХОВИЧА Л С. Химко-термическая обработка металлов и сплавов[M]. МЕТАЛЛУРГИЯ,1981.

[14] LIGHTFOOT B J. Heat Treatment'73[D]. The Metals Society l Carlton House Terrance, London, 1975.

[15] 拉赫钦. 钢的氮化[M]. 北京:国防工业出版社,1979.

[16] JACK K H. Heat Treatment'73[D]. The Metals Society l Carlton House Terrance, London, 1975.

[17] BELL T, et al. Heat Treatment'73[D]. The Metals Society 1 Carlton House Terrance, London, 1975.
[18] КОГАН К Н. МиТОМ,1984, 1.
[19] A S M. Carburizing and Carbonitriding[M]. ASM,1977.
[20] 武汉材料保护研究所,上海材料研究所. 钢铁化学热处理金相图谱[M]. 北京:机械工业出版社,1980.
[21] 邵会孟. 金属热处理,1979,1.
[22] 张振信. 金属热处理,1979,9.
[23] 夏立芳. 黑龙江机械,1983,4.
[24] 広瀬泰弘,等. 金属材料,1973,5.
[25] 高瀬孝夫,等. 金属材料,1975,7.
[26] EDENHOFER B, et al. Heat Treatments'76[D], The Metals Society 1 Carlton House Terrance, London.
[27] XIA L F, et al. 4th ICHTM[D]. Vol. Ⅱ, Berlin, Germany, 1985.
[28] XIA L F, et al. Advances in Surface Treatment[M]. Vol. 2, Oxford: Pergamon Press, 1985.
[29] БАЛАД-ЗАХРЯПИН А А, идр. Химико-Термическая обработка в тлеющем разряде[M]. АТОМИЗДАТ,1975.
[30] 热处理手册编委会. 热处理手册:第1卷[M]. 2版. 北京:机械工业出版社,1991.
[31] 第一机械工业部情报研究所. 真空热处理与渗碳气氛碳势的自动控制[M]. 北京:机械工业出版社,1975.

第7章

热处理工艺设计

热处理工艺是整个机器零件和工模具制造工艺的一部分。最佳的热处理工艺方案，应该既能满足设计及使用性能的要求，而且具有最高的劳动生产率，最少的工序周转和最佳的经济效果。因此为了设计最佳热处理工艺方案，不仅要对各种热处理工艺有深入的了解和熟练的掌握，而且对机械零件的设计，零件的加工工艺过程要有充分的了解。本章仅就热处理工艺设计作简单的介绍。

7.1 热处理工艺与机械零件设计的关系

机械零件(包括工模具)的设计，包括根据零件服役条件选择材料、确定零件的结构、几何尺寸、传动精度及热处理技术要求等。但是，在机械零件设计时，除了考虑使所设计零件能满足服役条件外，还必须考虑通过何种工艺方法才能制造出合乎需要的零件，以及它们的经济效果如何(即该零件的工艺性和经济性)。

机械零件设计与热处理工艺的关系，表现在零件所选用材料和对热处理技术要求是否合理，以及零件结构设计是否便于热处理工艺的实现。

1. 根据零件服役条件合理选择材料及提出技术要求

(1)根据零件服役条件合理选择材料

设计者往往根据材料手册提供的性能数据是否符合使用要求来选择材料，但往往忽略零件尺寸对性能的影响，致使在实际生产中工件经热处理后，机械性能达不到要求。以45钢为例，在完全淬透情况下，其表面硬度可达HRC58以上；但实际淬火时，随着尺寸增大，淬火后硬度降低。例如在水淬情况下，试棒直径在25 mm以下时可得表面硬度HRC58以上；当直径增大至50 mm时，表面硬度下降至HRC41；当直径增大至125 mm时，表面硬度仅为HRC24。表面硬度下降原因已在第3章淬透性一节中讲述。

对调质状态使用的零件，不仅要求有高的强度，而且要求有高的塑性和韧性，这只有马氏体的高温回火组织(回火索氏体)才能有强度和塑性韧性的良好配合。图7.1为结构钢不同直径圆棒淬油后，截面不同部位的马氏体量和硬度的关系[1]。可见，对淬透性较差的钢，在试棒尺寸较小，能用普通淬火方法完全淬透情况下尚可满足要求，而在尺寸较大时，就不能得到全部马氏体。在强度相等条件下，尺寸较大者，塑性、韧性较差，弯曲疲劳强度也较低。图7.2为几种钢在抗拉强度均为1 177 N/mm^{2}条件下回转弯曲疲劳极限与淬火后马氏体含量的关系。由图可以看出，马氏体含量越少，疲劳极限越低。

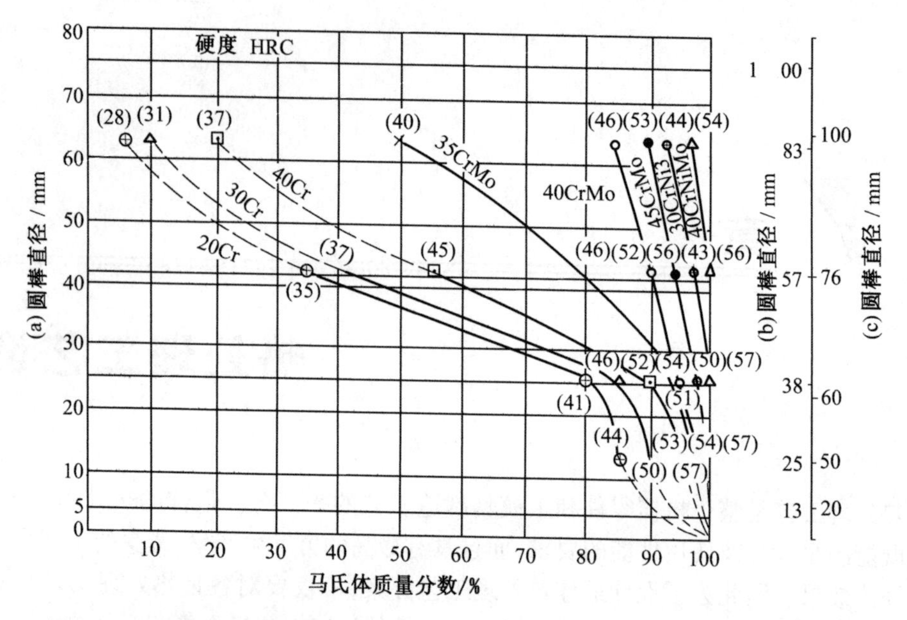

图 7.1　结构钢不同直径圆棒淬油后截面不同部位马氏体质量分数和硬度的关系
(a)圆棒中心马氏体量;(b)离中心 3/4 半径处马氏体量;(c)圆棒表面马氏体量

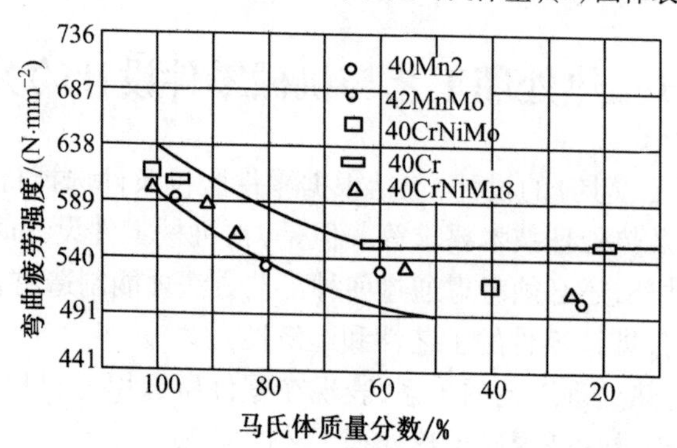

图 7.2　在相同抗拉强度条件下回转弯曲疲劳极限与马氏体质量分数间的关系
(硬度 HRC36,$\sigma_b = 1\ 177\ N/mm^2$)

因此,在零件设计时应该注意实际淬火效果不能仅凭手册上简单的性能数据,因为手册上所保证的机械性能只是对一定尺寸大小以下的试棒而言。

对调质处理工件,除了规定调质后的表面硬度外,应该根据零件承载情况,对淬硬层深度提出具体要求,并根据淬硬层要求及工件截面尺寸,选择所用钢材,调质件对淬硬层深度的要求,大致有如下 3 种情况。

①对整个截面均匀承载零件,要求心部至少有 50% 马氏体。对重要的零件,例如柴油机连杆及连杆螺栓,甚至要求心部有 95% 以上的马氏体。

②对于某些轴类零件,它们承受弯曲、扭转等复合应力的作用。在这类零件的截面上应力分布是不均匀的,最大应力发生在轴的表层而轴的中心受力很小。对这类零件心部没有必要得到 100% 马氏体,一般只要求自表面到 3/4 半径或 1/2 半径处淬硬就行了,但应尽量防止游离铁素体产生。

③对于尺寸较大的碳素钢和低合金钢调质件,由于尺寸超过该材料可淬硬的范围,因

而淬火后甚至表层也得不到马氏体组织,硬度也不高。对这类工件是否必须调质,应加考虑。一般以正火加“高温回火”(高温回火目的主要是去应力)为宜,这样工艺简单,变形较少。但是在水中或油中冷却时,沿工件截面上各点的冷速毕竟较在空气中冷却时来得快,故当性能要求较高时,为了避免或减少游离铁素体的析出,采用调质工艺较合适。为了防止淬裂,以油淬为宜。究竟采用什么工艺方案,应该在正确设计计算的基础上,对材料性能提出明确要求,如果由于淬透性不足,根本满足不了设计性能要求,应该改用别的淬透性较高的钢材。

对其他工、模具,一般均要求完全淬透,设计者除了考虑其性能指标外,为了保证其热处理效果,必须考虑所选用材料淬透性是否合乎要求,特别是对尺寸变形要求较高的零件,更应该注意这一问题。

表面硬化处理零件,例如高频淬火、渗碳、渗氮等,如何在表面造成有利的残余压应力,这也和设计是否正确有关,这包括钢的淬透性、心部含碳量、硬化层深度与截面尺寸比等的选择确定。

第 4 章图 4.11 揭示了高频淬火后表面残余应力与淬硬层深度的关系。图 4.11 表明每种钢都有相应达到最大残余压应力的硬化层深度,大于或小于这硬化层深度,残余压应力都将减小。不同化学成分的钢出现最大残余压应力的淬硬层深度也不同,淬透性较小的碳钢(曲线 1)在较小硬化层深度时出现最大残余压应力。曲线 2 由于该种钢的 M_s 点较低,淬硬层中残余奥氏体量较多,且含碳量也较低,故造成的最大残余压应力比曲线 3、4 低,且在淬硬层较薄时出现。图 7.3 为 Cr-Al 钢于 500 ℃渗氮 96 h 后(层深0.65 mm)因渗氮而引起的残余应力与直径的关系。由图可见,在同样渗氮层深度情况下,圆柱体直径较大的残余压应力较大。

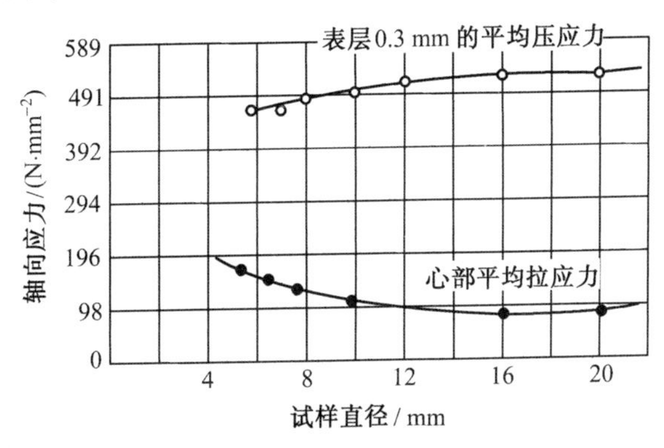

图 7.3　渗氮引起的残余应力与直径的关系

图 7.4 为直径相同圆柱渗碳层深度对残余应力分布的影响;图 7.5 为心部含碳量对残余应力分布的影响。由图可以看出,渗碳层深度较深者,最大残余压应力移向离表面较深处。心部含碳量较低者,表面残余压应力较大。

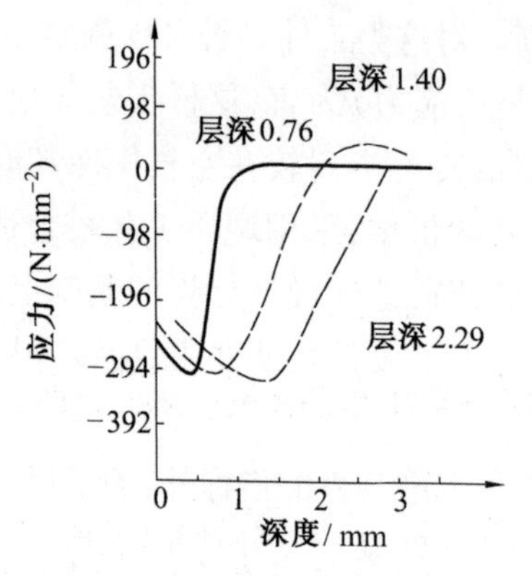

图 7.4 渗碳层深度对残余应力分布的影响（SAE8617，直径 18 mm，920 ℃渗碳，碳势 0.95% C 淬火未回火）

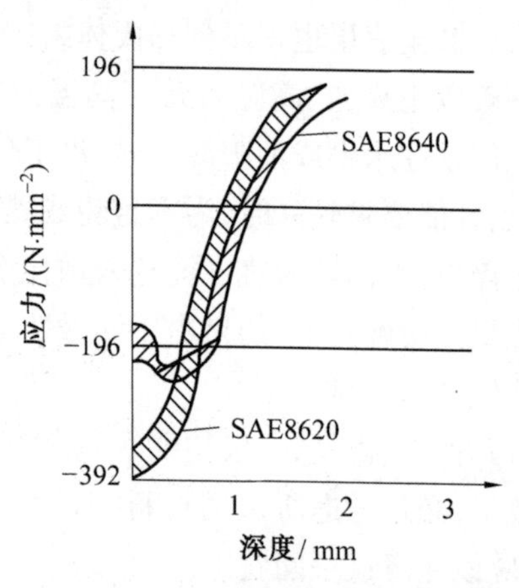

图 7.5 渗碳件心部含碳量对残余应力分布的影响（圆柱试样，直径 6 mm，920 ℃渗碳，层深 0.13 mm）

(2)合理地确定热处理技术条件

合理地确定热处理技术条件是热处理正常生产的重要条件，对此应注意下列问题。

①根据零件服役条件，恰当地提出性能要求。一种机器零件，根据其服役条件，只可能对某些性能有特殊要求，而有些性能则是次要的，或者甚至是可以不考虑的。在技术要求中主要应该标明这些重要的特殊要求，例如有些传动轴，承受弯曲应力和扭转应力的复合作用，最大应力在最外层。因此，对淬火只要求能淬透到零件半径的 1/2 或 1/3 即可。如齿轮类零件，有的齿轮传递功率较大，接触应力也较大，但摩擦磨损不大，则可以采用中碳钢调质加齿部高频加热淬火即能满足要求。又如有些齿轮，传递功率大，耐磨性要求高，几何精度要求高，但冲击小，接触应力也较小，则可采用中碳合金钢渗氮处理。而对传递功率大，接触应力、摩擦磨损大，又有冲击载荷情况下工作的齿轮，应采用低碳合金钢渗碳处理。同样渗碳齿轮，根据工作条件不同，也应该选择不同表面碳浓度、渗层组织和渗层深度。如图 7.6 所示锁紧螺母，根据其工作条件只要 4 个槽口部分淬硬即可，如提出要整体淬硬，当然也可满足使用要求，但给工艺上带来了困难。一般该种锁紧螺母采用 45 钢，槽口硬度应达到 HRC35 ~ 40。如整体淬火，必须全部加工后进行，结果淬火后内螺纹变形，且无法校正。如仅提出槽口淬火及硬度要求，则可以把内螺纹加工放在槽口加工、高频淬火和回火之后进行，此既保证了槽口硬度要求，又保证了螺纹精度。

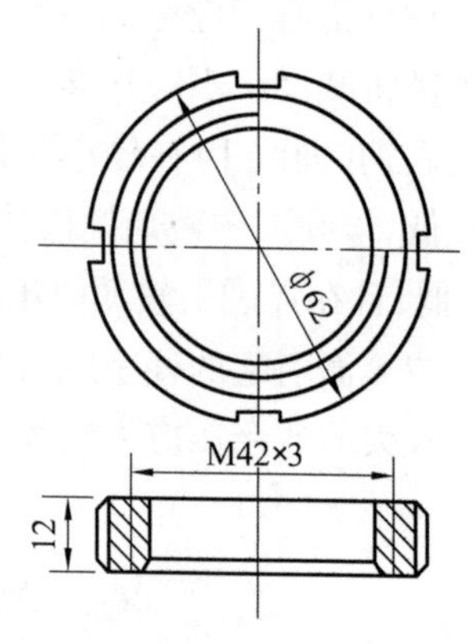

图 7.6 锁紧螺母

②热处理要求只能订在所选钢号淬透性和可硬性允许范围之内。

③热处理要求应该允许有一定的热处理变形。由于淬火前后钢的组织状态不同，因而其比体积也不同，必定引起零件因比体积变化而造成的尺寸变化（体积变形）。零件各部分的尺寸不同，由于比体积变化而引起的体积变化量也不同，这不仅会引起尺寸的变化，还会引起形状的变化，如变成椭圆或出现喇叭形等。制订热处理技术要求时，应该根据零件所用钢号，热处理前后的组织状态，估算或通过实验测定其几何尺寸变化规律，限

定其变形量。这些变形量借留加工余量,调整加工尺寸等方法进行修正。

④经济效果。提出零件的热处理技术要求时,必须综合考虑该种零件制造成本,使用寿命等实际经济效果。

拟订热处理技术要求时,应该考虑热处理工序本身的成本,例如设备投资、工时、材料消耗、热处理后的产品返修率及废品率等。如果热处理技术要求提得过高,现有设备和技术条件很难达到,势必造成热处理产品返修率及废品率很高,浪费很多工时及材料,使热处理成本提高。

但是,产品经济效果不能单考虑热处理成本,应该考虑产品整个制造过程,包括原材料消耗在内的制造成本。例如热处理时如果不考虑氧化、脱碳,或者不限制热处理变形,这些缺陷如果依靠增加机械加工工序和增加加工余量来解决,则将浪费很多原材料及昂贵的冷加工工时,并且还可能降低零件质量。如果该种零件批量很大,常年生产,显然如果热处理采用保护气氛或其他无氧化脱碳加热,再加一些防止和校正变形的设备措施,虽然热处理投资要多一些,成本要高一些,但综合考虑整个零件的制造成本可能却降低了。

对一种机器零件的经济效果,还需要考虑其使用成本。某种机器零件,虽然其使用性能对热处理要求较高,但是该种零件在机器中拆换很方便,失效也不会造成机器设备破损事故,而且一台机器中该种零件的需用还很大。在这种情况下,从使用成本考虑,希望该零件制造成本低、售价便宜,因此,热处理技术条件不宜过高。但对有些机器零件,其质量好坏,直接影响整台机器的使用期(例如大修期)的长短,一旦失效,将造成机器损坏事故,例如高速柴油机曲轴、连杆等。对这类机器零件如果能把使用寿命提高一倍,其经济效果将远高于该种零件售价的两倍。显然,如果能从提高热处理技术要求而使寿命提高一倍,即使其制造成本提高一倍,但综合考虑制造、使用效果还是良好的。

因此,从综合考虑经济效果出发,应该有一最佳热处理技术要求或最佳质量检查标准。

2.零件结构设计与热处理工艺性的关系

零件结构的设计,直接影响热处理工艺的实现。如果零件结构设计不合理,有可能使有些要求淬硬的工作表面不能淬火,有些零件的热处理变形、开裂很难避免。因此设计工作者在进行零件结构设计时,应充分注意该种结构的热处理工艺性如何。从热处理工艺性考虑,在进行零件结构设计时,应注意下列几点。

(1)在零件热处理加热和冷却时要便于装卡、吊挂,装卡、吊挂是否合适,不仅影响热处理变形、开裂,而且还影响热处理后的性能。例如没有合适的装卡部位,而在热处理时直接在工件表面装夹具,则在淬火冷却时在这些部位会产生淬火软点,影响使用性能。因此,有时为了热处理的装卡、吊挂的需要,在不影响工件使用性能条件下,在工件上应开一些工艺孔。

(2)有利于热处理时均匀加热和冷却。热处理时若能均匀加热和冷却,在工件内部得到均匀的组织和性能,则可避免变形和开裂的发生。为此,零件形状应该尽可能简单,截面厚薄均匀,尽可能把盲孔变为通孔,特别是作为工作表面的内孔,要求有一定硬度的,必须是通孔。一般原则如图7.7所示。

(3)避免尖角、棱角。零件的尖角和棱角部分是淬火应力集中的地方,往往成为淬火裂纹的起点;在高频加热表面淬火时,这些地方极易过热;在渗碳、渗氮时,棱角部分容易浓度过高,产生脆性。因此,在零件结构设计时应避免尖角、棱角。一般原则如图7.8所示。

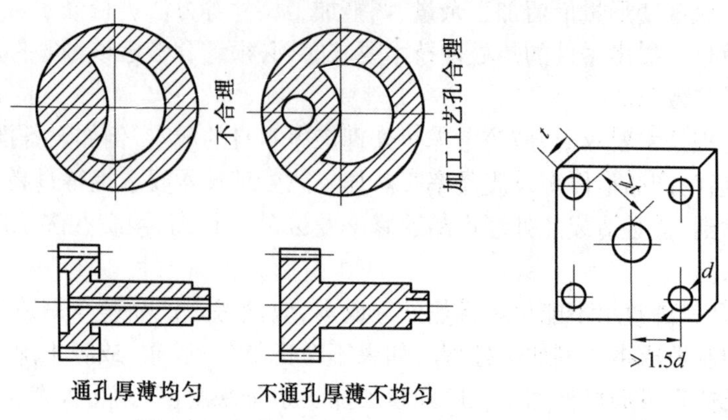

图 7.7　有利于均匀加热和冷却的典型结构

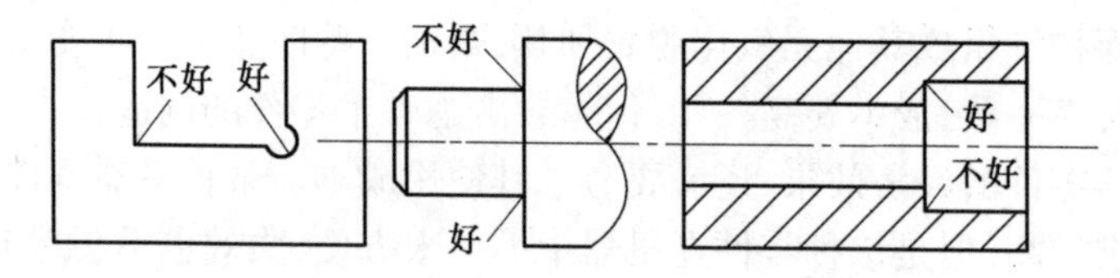

图 7.8　避免尖角、棱角的零件结构

(4)采用封闭、对称结构。零件形状为开口的或不对称结构时，淬火时淬火应力分布不均，易引起变形。为了减少变形，应尽可能采用封闭对称结构。

(5)对形状复杂或截面尺寸变化较大的零件，尽可能采用组合结构或镶拼结构。

7.2　热处理工艺与其他冷、热加工工艺的关系

一种机器零件，往往须经过毛坯制造、切削加工、热处理等工艺来完成。热处理工序的安排，有的是为了便于成型加工；有的是为了消除别种加工工序的缺陷，例如锻造缺陷等；有的则为了提高机器使用性能。因此，热处理工序按照它的目的可以安排在其他加工工艺之前、中间或末尾。热处理工艺进行得好坏，可以影响到其他加工工艺的质量，而其他加工工艺也可以影响到热处理质量，甚至造成热处理废品。

此外热处理工序与其他加工工序先后次序的安排是否合理，也直接影响零件加工及热处理质量。

1. 锻造工艺对热处理质量的影响

(1)锻造加热对热处理质量的影响

锻造加热温度一般都高达 1 150 ~ 1 200 ℃，因此锻造后往往带有过热缺陷。这种过热缺陷由于晶内织构作用，用一般正火的方法很难消除，因而在最终热处理时往往出现淬火组织晶粒粗大，冲击韧性降低[3,4]。化学热处理时，例如渗碳或高温碳氮共渗，淬火后渗层中出现粗大马氏体针等缺陷，防止这种缺陷的产生，应该以严格限制锻造加热温度为主。一旦产生这种缺陷以后，应该采用高于普通正火温度的适当加热温度正火，使在这温度下发生奥氏体再结晶，破坏其晶内织构，而又不发生晶粒长大；也可以采用多次加热正火来消除。

(2)锻造比不足或锻打方法不当对热处理质量的影响

高速工具钢、高铬模具钢等含有粗大共晶碳化物，由于锻造比不足或交叉反复锻打次数不够，使共晶碳化物呈严重带状、网络状或大块状存在。在碳化物集中处，热处理加热时容易过热，严重者甚至发生过烧。同时由于碳化物形成元素集中于碳化物中，而且碳化

物粗大，淬火加热时很难溶解，固溶于奥氏体中的碳和合金元素量降低，从而降低了淬火回火后的硬度及红硬性。碳化物的不均匀分布，容易产生淬火时应力集中，导致淬火裂纹，并降低钢材热处理后的强度和韧性。

如第2章所述，共晶碳化物的不均匀分布，不能用热处理方法消除，只能用锻打的办法。

在亚共析钢中出现带状组织，若渗碳，则使渗碳层不均匀；若进行普通淬火，容易产生变形，且硬度不均匀。消除带状组织的办法是高温正火或扩散退火。

(3)锻造变形不均匀性对热处理的影响

锻造成形时，零件各部分变形度不同，特别是在终锻温度较低时，将在同一零件内部造成组织不均匀性和应力分布的不均匀，如果不加以消除，在淬火时容易导致淬火变形和开裂。一般在淬火前应进行退火或正火以消除这种不均匀性。

2. 切削加工与热处理的关系

热处理可以改善材料的切削加工性能，以提高加工后的表面光洁度，提高刀具寿命。一般应有一定硬度范围，使材料具有一定“脆性”，易于断屑，而又不致使刀具严重磨损。一般结构钢热处理后硬度为HB187～220的切削性能最好。

切削加工对热处理质量也有重要影响。切削加工进刀量大引起工件产生切削应力，热处理后产生变形。切削加工粗糙度差，特别是有较深尖锐的刀痕时，常在这些地方产生淬火裂纹。表面硬化处理(表面淬火或渗碳等)后的零件，在磨削加工时，若进刀量过大会产生磨削裂纹。

为了消除因切削应力而造成的变形，在淬火之前应附加一次或数次消除应力处理，同时对切削刀痕应严加控制。

3. 工艺路线对热处理的影响

零件加工工艺路线安排得是否合理. 也直接影响热处理的质量。

图7.9为汽车上的拉条。原设计要求T8A钢，淬火HRC58～62，不平行度为0.15 mm，淬火部位如图7.9所示。原采取全部加工成形淬火、回火，结果淬火后开口处张开。后改用先加工成如图轮廓线所示封闭结构，淬火、回火后再用砂轮片切割成形，减少了变形。

再如图7.10的齿轮，靠近齿根有6个ϕ35 mm孔，原采取加工成形后高频淬火，结果发现高频淬火后靠近ϕ35 mm孔处的节圆下凹。把6个孔安排在高频淬火以后进行加工，避免了这一现象。

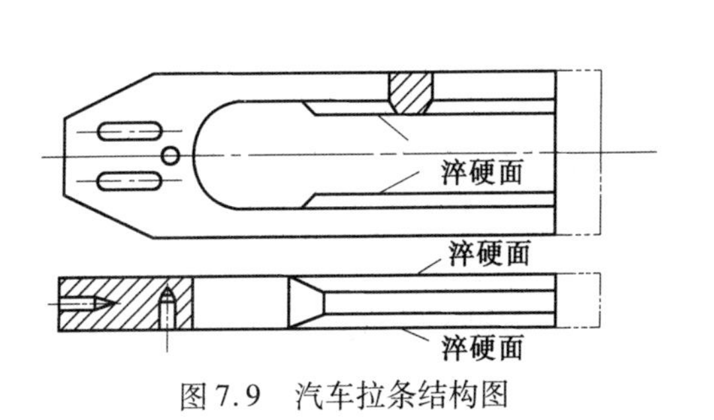

图7.9　汽车拉条结构图

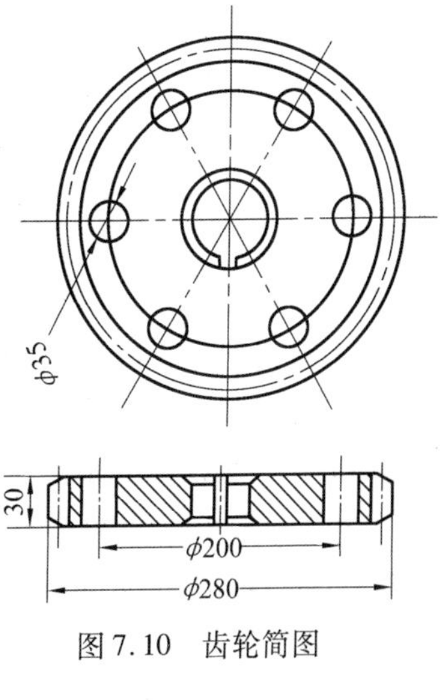

图7.10　齿轮简图

7.3 加工工艺之间的组合与复合热处理

为了提高加工零件的质量,降低其制造成本,有时还可以把两种或几种加工工艺组合在一起,构成复合的加工工艺。如最古老的锻后余热淬火,利用锻造以后工件温度还处于高于 *Ar* 点状态下进行淬火,使锻造和淬火结合在一起,如钳工用的凿子、手用工具等的古老的工艺就是如此。在 20 世纪 50 年代末,在研究金属的强韧化原理的基础上,发展了锻后余热淬火,把相变强化与形变强化结合起来,形成了形变热处理新工艺。在特定条件下,采用形变热处理工艺,不仅可以缩短工艺流程,节省能源,还提高了机器零件的使用性能。

其他如锻造与淬火结合的工艺、锻造与表面合金化的化学热处理结合的工艺等,都是根据特定条件所发展起来的组合工艺。

此外,不同热处理工艺之间也可组合起来获得一些更为优异的性能,由此发展了复合热处理工艺。

7.3.1 形变热处理

将塑性变形和热处理有机结合,以提高材料力学性能的复合工艺称为形变热处理,其目的是获得更高的强度和韧性,充分发挥金属的潜力,缩短工序,节省能源。

1. 形变热处理的分类

目前形变热处理种类繁多,名称不一。根据钢的过冷奥氏体等温转变图,按形变与相变发生的顺序,可以把钢的形变热处理分成以下几类。

(1)相变前形变的形变热处理[5,6]

①在奥氏体稳定区域形变以后,进行淬火,使之发生马氏体相变,属于这一类的有锻热淬火、热轧淬火等。这种热处理方式适于结构钢调质处理零件,目前我国柴油机连杆等零件已在生产中采用此种工艺。这类形变热处理也称高温形变热处理。

②在亚稳奥氏体区域形变后进行淬火,使之发生马氏体相变。这种方法是将钢加热到奥氏体化温度,然后急冷至珠光体转变与贝氏体转变间奥氏体最稳定的温度区域进行形变,再淬火,使之发生马氏体转变。这种形变热处理也称低温形变热处理。可在保证塑性前提下大幅度提高强度,可将抗拉强度为 1 766 N/mm^2 的高强度钢的强度提高到 2 453 ~ 2 747 N/mm^2。它适用于要求强度极高的零件,如飞机起落架、固体火箭蒙皮、汽车板簧等。

③在亚稳定区域形变后进行贝氏体或珠光体转变。这和第 2 种形式相仿,其区别仅在于形变后不是发生马氏体转变,而是发生贝氏体或珠光体转变。这种方法也称等温形变等温淬火。这种处理后所得到的强度比第 2 种低,但有较高的塑性,适用于热作模具及用热作模具钢和其他高强度结构钢制造的小型零件。

(2)相变中进行形变的形变热处理

①马氏体相变中的形变热处理。能在保证塑性的前提下保证强度,适用于高锰钢、奥氏体不锈钢及 TRIP 钢等。

②珠光体或贝氏体转变中形变的形变热处理。这种处理可以在提高强度的同时,得到极为优异的冲击韧性。在珠光体转变中的等温形变淬火能使冲击韧性提高 10 ~ 30 倍,

还能得到极为细密的球化组织，贝氏体转变中等温形变淬火则得到极高的强度和满意的塑性，适用于通常进行等温淬火的小型零件，如细小轴类、小齿轮、纺锭、弹簧、垫圈等。

(3)相变后形变的形变热处理

①马氏体的形变。对马氏体进行室温形变，然后进行200 ℃左右的时效，可获得极高的强度，适用于制造超高强度的中、小型零件。

②回火马氏体的形变。

③珠光体或贝氏体的形变。主要用于快速球化退火及冷拔钢丝。

2. 形变热处理的强化机理

一般认为形变热处理获得强化的原因有下列几种。

(1)细化奥氏体晶粒，改变淬火后马氏体的形态及其结构。例如由于奥氏体晶粒的细化，使得马氏体变得很细，晶界增加。形变热处理也可使马氏体亚结构发生变化，如位错密度的增加等。当变形温度高于铁原子能进行自扩散的温度时，伴随着变形过程发生回复和再结晶过程。变形温度越高，回复、再结晶过程越容易进行，特别是在高温形变热处理时，该因素特别明显。如处理不当会发生聚合再结晶，不仅使上述强化因素消失，甚至可能发生一些缺陷，此时应选择合适的变形温度和变形量，特别是变形后淬火前停留时间应该严格控制，尽可能变形后立即淬火。

(2)使钢中碳化物颗粒变细，分布弥散均匀。这不仅使强度提高，而且韧性也有所提高。例如含有Cr、Mo、V等碳化物形成元素的H-11钢，在低温形变热处理时由于在亚稳奥氏体形成过程中直接析出细小而弥散的合金碳化物，因而在形变热处理后，其屈服强度增加率达每1%形变量为8.8 MN/m^2，而不含碳化物形成元素的Fe-Ni-C合金屈服强度增加率每1%形变量不到4.9 MN/m^2。

(3)改变脆性相的数量及分布、从而减弱结构钢的可逆和不可逆回火脆性。例如高温形变热处理，由于奥氏体状态的塑性变形，改变了奥氏体晶界结构，淬火、回火后显著减弱了可逆和不可逆回火脆性。

7.3.2 复合热处理

近年来，为了充分发挥不同化学热处理方法所获得渗层的特点，以及各种热处理方法所能达到的优良性能，发展了对工件施加两种以上的化学热处理，或化学热处理与其他热处理结合的工艺，称为复合热处理。至今出现的复合热处理方法甚多，这里仅介绍其中几种。

1. 渗氮整体淬火

高碳钢工件，在渗氮后再加以整体(淬透)淬火，可以获得高硬度、高疲劳极限、高耐磨性及良好的抗腐蚀性能。这种方法，美国首先在轴承钢上采用。这种处理方法可以在整体淬火情况下，在表面获得残余压应力。例如GCr15轴承零件进行渗氮淬火，可在0.1 mm左右深度范围内获得高达约294 N/mm^2 的压应力，使轴承寿命提高2~3倍。

渗氮与淬火相结合的工艺，一般要按两种方式进行。

(1)先在500~700 ℃温度范围内渗氮，继之在中性介质或吸热性气氛中加热淬火、冷处理、低温回火。

(2)在含有活性氮原子的气氛中淬火加热，与此同时渗氮然后淬火冷却、冷处理、低温回火。

由于高碳钢表面渗氮,使表层(渗层)的马氏体点降低。因而当淬火冷却时,先在心部发生马氏体转变,然后在表面才发生马氏体转变,在表面造成了残余压应力。据介绍,GCr15 钢在含氨气氛中($\varphi_{H_2}=40\%$,$\varphi_W=2\%$,$\varphi_{N_2}=40\%$,$\varphi_{NH_3}=5\%$)于 850 ℃淬火加热 35 min,油冷,可在深达 0.25~0.38 mm 的表层得残余压应力。如延长奥氏体化时间至 1.5 h,压应力分布深度可达 0.4~0.5 mm。

采用 525 ℃氨分解率 15%~25% 5 h+565 ℃氨分解率 83~86% 5 h 的双程渗氮,在成分为 H_2($\varphi_{H_2}=40\%$)、CO($\varphi_{CO}=20\%$)、N_2($\varphi_{N_2}=40\%$)的保护气氛中淬火加热,淬油、冷处理、160 ℃回火 1 h 的工艺可得深度大于 0.5 mm 的压应力分布。

轴承钢渗氮淬火后,在心部硬度为 HV_{50}750 情况下,可得 HV_{50}1 100 的表面硬度[7]。

渗氮淬火可提高高碳钢的干摩擦耐磨性,如 T12 钢,在 550 ℃渗氮 4~25 h,继之淬火,低温回火,耐磨性提高两倍。

2. 渗氮高频加热表面淬火

渗氮后进行感应加热表面淬火,可以使渗氮时的白亮层消失,获得细小含氮马氏体,得到比渗氮或高频淬火单项处理更高的表面硬度,更深的硬化层,而且具有较高的疲劳强度、耐腐蚀等综合性能。

图 7.11 为 40CrNiMo 钢经 529 ℃、氨分解率 25%~35%、9 h,加 529 ℃、氨分解率 65%~75%、46 h 渗氮,加 300 kHz、850~920 ℃高频加热淬火与单项同规程渗氮或高频淬火的疲劳性能比较,从图中看到复合处理的疲劳强度低于单一渗氮而高于单一高频淬火。测量该 3 种工艺硬化层深度为:渗氮 0.89 mm,高频淬火 2.79 mm;而表面硬度为:渗氮 HRC49,高频淬火 HRC65,渗氮+高频淬火 HRC68。可见当同时要求疲劳强度及较高的表面硬度时以渗氮加高频淬火的复合热处理为最好。

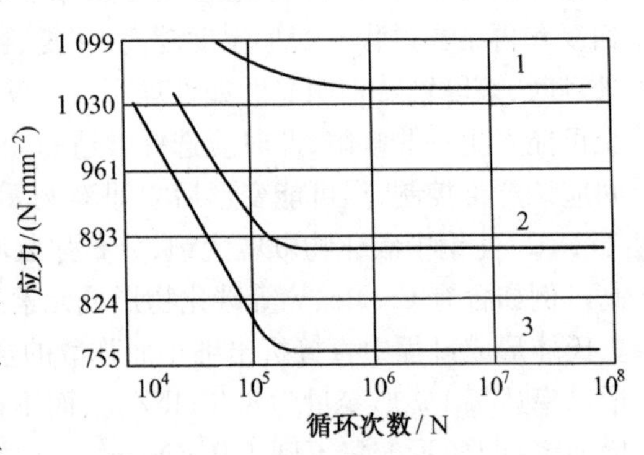

图 7.11 40CrNiMo 钢不同处理后的疲劳性能

1—渗氮;2—渗氮+高频淬火;3—高频淬火

3. 渗碳加高频淬火

齿轮采用这种工艺可以得到沿齿廓分布的硬化层,变形也比渗碳淬火的小。渗碳后的齿轮,高频淬火时应采用透热淬火,其齿根渗碳层的温度也应达到淬火温度。淬火加热温度不宜过高,各部分温差不应相差过大,感应加热后宜用较缓和的冷却介质,以防淬火裂纹。例如 18Cr2Ni4WA 钢齿轮,外圆直径为 329.6 mm、模数 6、齿数 54、齿宽 35 mm,在 ZR-100 型高频设备上用单圈感应器加热,采用如下的高频淬火工艺:屏压 11 kV,屏流 5~8 A,槽压 6.5~7.5 kV,栅流 1.3~1.6 A,加热 1 min,停 5 s,再加热 40 s,油冷 15 min,获得良好的结果[9]。

此外,为了进一步提高渗碳件的耐磨性,可以采用渗碳淬火再加低温渗硫相结合的工艺。低温渗硫的温度为 180 ℃左右,恰好是渗碳淬火后低温回火的温度,因而不影响渗碳件其他的机械性能。而渗碳层表面形成了一层 FeS 层,使摩擦系数减小,提高渗碳表面的耐磨性。

其他,尚有渗氮加低温渗硫、高频淬火加低温渗硫、软氮化加整体淬火等复合热处理工艺,它们都有其特殊的复合性能,不再介绍。

7.4　热处理工艺设计的步骤和方法

热处理工艺的最佳方案应该能保证达到零件使用性能所提出的热处理技术要求，质量稳定可靠，工序简单，操作容易，管理方便，生产效率高，原材料消耗少，生产成本低廉，并达到节能、环保的要求。当然，一种热处理工艺方案，要都能达到这几方面的要求是困难的，而且这几方面的要求也是相对的。一种零件根据技术条件，可以由几种热处理工艺方案达到。应该根据上述几方面的要求，综合分析，选择其中最佳的热处理工艺方案。

一般步骤是：根据零件使用性能及技术要求，提出所可能实施的几种热处理工艺方案，首先从其所可能达到的性能要求，工艺操作的繁简及质量可靠性等进行分析比较，再根据生产批量的大小，现有设备条件及国内外热处理技术发展趋势，进行综合技术经济分析，确定最佳热处理工艺方案。

对生产批量很大，而且是工厂较长时期的产品，牵涉到新设备的添置等，应该在综合分析的基础上，对所确定的热处理方案，先进行实验室试验，初步检验选择材料及热处理方案是否可行，考察是否能达到所需机械性能指标以及其他冷热加工工艺性能如何等。其次，在实验室试验取得满意结果基础上，进行必要的台架试验或装车试验，以考核使用性能。第三，进行小批试验及生产试验，以考核生产条件下的各种工艺性能及质量稳定性，并进一步进行使用考核，最后生产应用。

下面举例介绍。

图7.12为东方红40拖拉机驱动轴结构图，图上注明了主要尺寸。驱动轴一端带法兰盘，通过螺钉孔与后轮相连接；另一端为花键轴，与行星架花键孔相连接。驱动轴是通过花键及锥度部分紧配合将扭矩由行星架传到后轮，使后轮转动的。由于拖拉机重量通过轴颈、法兰盘加到后轮上，因而驱动轴还承受弯曲载荷。拖拉机在运行过程中，后轮遇到障碍、石块等，驱动轴还承受一定的冲击。驱动轴一旦断裂，拖拉机将失去支承，会造成翻车，轻则影响生产，重则造成人身事故，特别是在山路运输时断裂，后果更为严重。

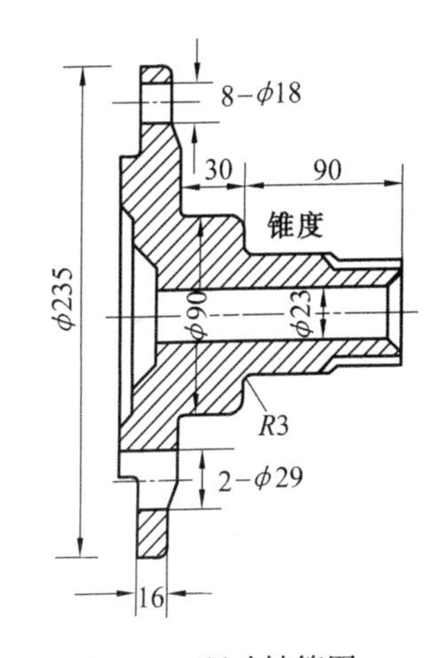

图7.12　驱动轴简图

根据驱动轴服役条件，设计先用材料为40Cr或45Cr。热处理技术要求是：调质，硬度HB269～305，金相组织无游离铁素体，轴承颈 ϕ90 处及花键部分高频淬火，硬度 HRC>53，淬硬层深度≥1.5 mm，马氏体5～6级。

根据技术要求，其工艺路线及热处理方案可有以下几种。

(1)工艺路线为：锻造→毛坯调质→加工成形→ϕ90圆柱面与花键两处高频淬火。

该工艺方案的优点是：工艺简单，特别是调质工艺，因为调质后再进行机械加工，无需考虑氧化脱碳问题。

该工艺方案的缺点是：加工余量大，浪费原材料，调质效果不好。该种钢油淬火时临界直径约为25～30 mm，今传递扭矩危险断面处毛坯直径大于55 mm(加上加工余量)，根据该种钢的端淬曲线可以推知，即使在表面也得不到半马氏体区，实际上只能得到网状铁素体及细片状珠光体组织。花键与锥度交界处恰好是花键高频淬火的过渡区(热影响区),此处的强度比未经表面淬火的还差,而又是应力集中的危险断面。

(2)工艺路线为:锻造~荒车及钻 $\phi23$ 孔(应留加工余量,以备扩孔成 $\phi23$)→调质→加工成形(包括扩 $\phi23$ 孔)→$\phi90$ 圆柱面、锥度及花键部分高频淬火。

该工艺方案的优点是:克服了第一方案的调质效果不良,以及锥度与花键交界危险断面处恰好是高频淬火热影响处的弱点,其使用性能将比第一方案大为改善。

该方案的缺点是:加工余量大、浪费原材料;增加了加工工序和工序间周转,延长了生产周期;对调质工序加热时氧化、脱碳的控制要求较严;高频淬火时,在锥度根部 $R3$ 圆角处需圆角淬火,为了避免有淬火过渡区,锥度与花键部分应连续淬火,但该两部分尺寸及几何形状不同,故用同一感应圈淬火时,需改变高频淬火工艺参数(至少应改变工件升降速度)操作比较复杂,质量不易稳定。

在设备条件不变情况下,第二种方案的生产周期比较长,生产成本较高。

(3)改整体结构为组合结构,即把整体分解为法兰盘与花键轴,花键轴为通花键,与法兰盘用花键连接。

工艺路线如下。

法兰盘:锻→调质→加工成形(花键孔只加工内孔,键槽未拉)→$\phi90$ 外圆高频淬火→拉削花键孔。

花键轴:棒料钻孔→调质→加工成形→花键中频淬火。

该工艺方案的优点是:省料,在大量生产中花键轴可向钢厂订购管材;调质效果好,基本上与该种钢的临界直径相适应;感应加热淬火工艺单一,操作方便、质量稳定,因为 $\phi90$ 外圆高频淬火目的是提高耐磨性,其与法兰盘连接处直径大,应力小,故强度足够。花键采用中频加热,淬硬层深度增加至 4.5 ~5 mm,疲劳强度提高,经 2 500 Hz 中频淬火并 200 ℃低温回火后,表面硬度为 HRC53 ~55,据测量齿的根部有 589 ~736 N/mm^2 的压应力,由于是通花键,可以一次连续淬火,没有过渡区。

该工艺方案的缺点是:增加了法兰盘拉削内花键孔的工艺,但省去了锻造拔制锥度及花键部分直径的工序,简化了花键轴的加工。

试验表明,采用第一种工艺方案时,由于强度比较低,当与行星架锥度紧配合比较好时,常在锥度部分与法兰盘连接处发生剪切断裂;当锥度部分配合不好,扭矩主要靠花键传递时,剪切应力大大超过过渡区的材料剪切强度,驱动轴将在花键根部迅速剪切断裂,寿命更低。

当按第三种方案处理时,台架试验表明,与第一方案处理的比较,疲劳寿命大幅度提高,条件疲劳极限扭矩提高至原来的 2.8 倍,极限应力幅提高至原来的 4.5 倍。田间试验 500 h 未发现断裂现象。

可以估计,采用第三种方案,制造成本提高不多,而寿命大幅度提高,总的经济效果是良好的。

至于具体的每一种热处理工艺的制订,其内容应包括:根据生产批量及工艺要求选择设备,加热方式,确定每次装载量、加热温度、保温时间、冷却方式、冷却介质等。对化学热处理工艺,尚应规定工艺过程各个阶段的炉气化学势(如碳势、氮势等)这些问题已在前面各章中叙述,不再重复,有关工艺数据可查找有关手册及本书附录。

参考文献

[1] 日本钢铁协会. 钢的热处理[M]. 1962.
[2] “钢的热处理裂纹和变形”编写组. 钢的热处理裂纹和变形[M]. 北京:机械工业出版社,1978.
[3] САДОВСКИЙ В Д. МиТОМ,1977,8.
[4] ЗЕЛВДОВИЧ В И,идр. ФММ,1979,8.
[5] 熊剑. 国外热处理新技术[M]. 北京:冶金工业出版社,1990.
[6] 雷廷权,等. 钢的形变热处理[M]. 北京:机械工业出版社,1979.
[7] KOISTINEN D P,et al. Metal progress,1965,88(4).
[8] LEVY S A,et al. Metal progress, 1968,93(6).
[9] 哈尔滨工业大学. 感应热处理[M]. 哈尔滨:黑龙江人民出版社,1975.

附　　录

附录 1　铁、碳钢及合金钢的热导率

序号	成分(质量分数)/%				各温度下的热导率/[kJ·(m·h·℃)$^{-1}$]				
	C	Mn	Ni	Cr	100 ℃	200 ℃	300 ℃	400 ℃	500 ℃
1	电解铁				314	277	237	202	181
2	0.065	0.40			291	249	211	185	164
3	0.29	0.84			271	232	188	158	158
4	0.52	0.63			244	199	164	129	113
5	0.85	0.65			241	184	154	132	105
6	1.10	0.55			235	179	151	121	98
7	1.40	0.53			229	179	145	115	90
8	0.13	0.40	4.5	1.1	206	202	196	143	188
9	0.30	0.60	1.5	0.5	—	110	95	90	88
10	0.35	0.60	4.5	1.3	164	152	136	121	107
11	0.12	—	18.0	27.0	74	75	78	80	81
12	1.12	13.50	—	—	63	67	69	72	—

附录 2　常用钢材加热和冷却时的临界点

℃

钢　号	Ac_1	Ac_3	Ar_1	钢　号	Ac_1	Ac_3	Ar_1
08 沸	725	870	700				
20	725	840	690	38CrMoAlA	760	900	740
45	725	775	690	40CrNi	725	780	680
65	725	750	690	12CrNi3	710	820	660
20Mn	723	830	680	20Cr2Ni4	710	800	640
40Mn	723	785	680	18Cr2Ni4W	700	810	350
65Mn	721	745	670	GCr15	745	900	700
$45Mn_2$	718	765	650	85	725	—	690
20Cr	735	820	700	60Si2A	760	780	690
40Cr	735	780	700	50CrMnVA	740	770	700
20CrV	740	820	700	60SiMnA	755	765	650
20CrMo	740	820	700	Cr	745	900	700
37CrSi	755	820	715	9Cr	745	860	700
20CrMnTi	730	820	690	9SiCr	770	870	730
18CrMnMo	735	820	680	5CrWMn	750	820	710
40CrMnMo	735	785	680	5CrNiMo	720	770	680
35SiMn	745	810	690	5CrMnMo	720	770	680
30CrMnSi	755	850	710	CrMnSi	745	900	700
$3Cr_2W8$	850	—	790	Cr12Mo	810	—	760
CrWMn	750	940	710	CrMn	740	880	700
W18Cr4V	820	—	760	1Cr13	820	—	780
T9	730	—	700	2Cr13	820	950	780
T12	730	820	700	4Cr13	820	1100	780
Cr12	800	—	760	9Cr18	830	—	810

附录3　常用钢淬火后硬度与截面厚度的关系

截面厚度或直径/mm	≤3	4~10	11~20	20~30	30~50	50~80	80~120
材　料	淬火表面硬度 HRC						
15 渗碳淬水	58~65	58~65	58~65	58~65	58~62	50~60	
15 渗碳淬油	58~62	40~60					
35 水淬	45~50	45~50	45~50	35~45	30~40		
45 水淬	54~59	50~58	50~55	48~52	45~50	40~45	25~35
45 油淬	40~45	30~35					
T8 水淬	60~65	60~65	60~65	60~65	56~62	50~55	40~45
T8 油淬	55~62						
20Cr 渗碳油淬	60~65	60~65	60~65	60~65	56~62	45~55	
40Cr 油淬	50~60	50~55	50~55	45~50	40~45	35~40	
35SiMn 油淬	48~53	48~53	48~53	45~50	40~45	35~40	
65SiMn 油淬	58~64	58~64	50~60	48~55	45~50	40~45	35~40
GCr15 油淬	60~64	60~64	60~64	58~63	52~62	48~50	
GrWMn 油淬	60~65	60~65	60~65	60~64	58~63	56~62	56~60
T10 碱浴淬火	61~64	61~64	61~64	60~62			

附录4　常用钢的临界直径

钢　号	半马氏体硬度 HRC	20~48 ℃ 水 D_0/mm	48~80 ℃ 矿物油 D_0/mm	钢　号	半马氏体硬度 HRC	20~48 ℃ 水 D_0/mm	48~80 ℃ 矿物油 D_0/mm
35	38	8~13	4~8	40Mn2B	44	4~52	27~40
40	40	10~15	5~5.9	40MnVB	44	60~67	40~58
45	42	13~16.5	5~9.5	20MnVB	38	55~62	32~64
60	47	11~17	6~12	20MnTiB	38	36~42	22~28
T10	55	10~15	<8	35SiMn	43	40~46	25~34
40Mn	44	12~18	7~12	35CrB	43	31~44	19~31
$40Mn_2$	44	55~62	32~46	35CrMo	43	36~42	20~28
45Mn	45	17~40	9~27	60Si2Mn	52	55~62	32~46
65Mn	53	25~30	17~25	50CrVA	48	55~62	32~40
15Cr	35	10~18	5~11	30CrMnTi	41	40~50	23~40
20Cr	38	12~19	6~12	38CrMoAlA	44	100	80
30Cr	41	14~25	7~14	20CrMnTi	37	22~35	15~24
40Cr	41	30~38	19~28	40CrMnTi	44	55~60	23~40
45Cr	45	30~38	19~28	30CrMnSi	41	40~50	32~40
40MnB	44	50~55	28~40	球墨铸铁		60~70	30~40

附录5 常用钢不同温度回火后的硬度

钢号	淬火温度/℃	冷却剂	回火温度/℃ 150~200	200~300	300~400	400~500	500~600	600~650
			回火后硬度 HRC(或 HB)					
30Mn	840~880	水	54~52					(196)
50Mn	800~840	水	50					
		油					(295~246)	
65Mn	790~815	油	60~58	58~54	54~47	47~39	39~30	
$45Mn_2$	800~840	油			39~34	43~33	(325~262)	
40Cr	825~860	油		54~52	52~45	45~36	36~30	30~27
40CrVA		油				35~42		(255)
40CrSi	900~920	油		52~55			(272~362)	(241~269)
40CrMn	860~880	油		48~53				
30CrMnSi	860~890	油				34~41		
35CrMn	860~870	油	45~53					(≥241)
38CrMoAlA	930~950	油						(≥286)
35CrMoVA	840~860	油	48~53					(282)
40CrNi	800~840	油	45~50				(255~286)	
37CrNi3	810~840	油		45~52			(321~387)	
40CrNiMoA	830~850	油	48~53		44~49 (400 ℃)			(362)
45CrNiMo	860~880	油					35~38	25±35
65	780~815	油		≥52	52~45		37~28	
85	770~800	油			40~49	45~37		
60Si2A	820~870	油或水				40~49 (400~425 ℃)		
50CrMnVA	850~880	油					39~43	
T8MnA	790~840	水油双液淬火	64~60	60~55	55~45	45~35	35~27	
T12	760~790	水油双液淬火	65~62	62~57	57~49	49~38		
7Cr13	850~880	油	60~62	60~58	58~55	55~50	41~45(500~550 ℃)	
Cr	830~860	油	64~61	61~55	55~49	49~41		
Cr12	1 000~1 050	油		64~61	61~58	58~56	56~53	53~43
9SiCr	830~870	油	64~63	63~59	59~54	54~47	43~39	
CrWMn	800~830	油	63~62	72~58	58~52	52~46	46~37	
3Cr2W8	1 075~1 125	油	52~49	49~48	48~46	46~45	45~48	48~40
Cr12Mo	1 000~1 050	油	63~62	62~59	59~57	57~55	55~47	
5CrNiMo	820~860	油	60~58	58~53	53~48	48~43	43~35	
5CrMnMo	820~850	油		57~52	52~46	46~40	40~34	

附录6　感应加热表面淬火频率选择表

频率/Hz	硬化层深/mm						
	1.0	1.5	2.0	3.0	4.0	6.0	10.0
最高频率	250 000	100 000	60 000	30 000	15 000	8 000	2 500
最低频率	15 000	7 000	4 000	15 000	1 000	500	150
最佳频率	60 000	25 000	15 000	7 000	4 000	1 500	500
推荐使用设备	电子管式	电子管式晶闸管式或机式	同左	晶闸管式或机式（8 000 Hz）	晶闸管式或机式（2 500 Hz）	同左	机式

附录7　感应加热时不同工件直径允许使用的最低频率

零件直径/mm	10	15	20	30	40	60	100
感应器效率 $\eta=0.8$ 时允许最佳频率/Hz	250 000	150 000	60 000	30 000	15 000	7 000	250
感应器效率 $\eta=0.7$ 时允许最佳频率/Hz	30 000	20 000	7 000	3 000	2 000	800	300

附录8　感应加热时轴类零件硬化层深度与比功率关系表

频　率/kHz	硬化层深度/mm	设备比功率/（kW·mm^{-2}）		
		低	中	高
500	0.4～1.1	0.011	0.016	0.019
	1.1～2.3	0.005	0.008	0.012
10	1.5～2.3	0.012	0.016	0.025
	2.3～3.0	0.008	0.016	0.023
	3.0～4.0	0.008	0.016	0.022
3	2.3～3.0	0.016	0.023	0.026
	3.0～4.0	0.008	0.022	0.025
	4.0～5.0	0.008	0.016	0.022
1	5.0～7.0	0.008	0.016	0.019
	7.0～9.0	0.008	0.016	0.019

附录9　不同模数齿轮的设备比功率（f=200～3 000 kHz）

模　数　M/mm	1～2	2.5～3.5	3.75～4	5～6
设备比功率/（kW·cm^{-2}）	2～4	1～2	0.5～1	0.3～0.6

附录 10 几种常用钢材表面淬火时推荐的加热温度

钢号	预先热处理	原始组织	下列情况的加热温度/℃			
			炉中加热	Ac_1 以上的加热速度/(℃·s^{-1})		
				Ac_1 以上的持续时间/s		
				30~60	100~200	400~500
				2~4	1.0~1.5	0.5~0.8
35	正火	细片状珠光体+细粒状铁素体	840~860	880~920	910~950	970~1 050
	调质	索氏体	840~860	860~900	890~930	930~1 020
40	正火	细片状珠光体+细粒状铁素体索氏体	820~850	860~910	890~940	950~1 020
	调质	索氏体	820~850	840~890	870~920	920~1 000
45 及 50	正火	细片状珠光体+细粒状铁素体	810~830	850~890	880~920	930~1 000
	调质	索氏体	810~830	830~870	860~900	920~980
45Mn2 50Mn	正火	细片状珠光体+细粒状铁素体	790~810	830~870	860~900	920~980
	调质	索氏体	790~810	810~850	840~800	900~960
40Cr 45Cr	调质	索氏体	830~850	860~900	880~920	940~1 000
	退火	珠光体+铁素体	830~850	920~960	940~980	980~1 050
T8A T10A	退火	粒状珠光体	760~780	820~860	840~880	900~960
	正火或调质	片状珠光体+渗碳体或索氏体	760~780	780~820	800~860	820~900
CrWMn	退火	粒状或粗片状珠光体	800~830	840~880	860~900	900~950
	正火或调质	细片状珠光体或索氏体	800~830	820~860	840~880	870~920

附录 11 零件直径与单匝感应圈高度的关系

零件直径/mm	感应圈高度/mm	备注
≤25	$h \leq D/2$	①若零件淬火部位必须超过表内所列数据时则选用双匝或多匝 ②多匝感应器,其高度(h_i)与直径(D)之比$\frac{h_i}{D} \leq 3 \sim 5$,若超过时两端温度低,中间温度高,温度分布不均匀
25~50	14~20	
50~100	20~25	
100~200	25~30	
>200	>30	

附录 12　感应圈与工件的间隙

感应圈	加热工件		加热淬火方式	间隙/mm
高频	轴		同　时	1 ~ 3
			连　续	1.5 ~ 3.5
	齿　轮	M=1.5 ~ 2	全齿同时	1.5 ~ 2
		M=3 ~ 3.5		2.5 ~ 3
		M=4 ~ 4.5		3 ~ 3.5
		M=5 ~ 5.5		4 ~ 4.5
	零件内孔		同　时	1 ~ 2
			连　续	1 ~ 2
中频	轴		同　时	2 ~ 5
			连　续	2.5 ~ 5
	零件内孔(ϕ>70 mm)		连　续	2 ~ 3

附录 13　结构钢、模具钢渗氮工艺规范

钢　号	处理名称	渗氮工艺规范				渗氮层深度/mm	表面硬度HV	处理工件举例
		阶段	温度/ ℃	时间/h	氨分解率/%			
38CrMoAlA	一段	Ⅰ	500±5	20 ~ 25	18 ~ 25	0.5 ~ 0.6	>1 000	
		Ⅱ		50	30 ~ 45			
	二段	Ⅰ	510±10	26	18 ~ 25	>0.5	>900	活塞杆
		Ⅱ	510±10	40	≤60			
			530±5	2	>70			
	三段	Ⅰ	520±5	10	20 ~ 25	0.4 ~ 0.6	>1 000	
		Ⅱ	570±5	16	40 ~ 60			
		Ⅲ	530±5	18	30 ~ 40			
				2	>80			
40CrNiMoA	一段		520±5	75	25 ~ 35	0.5 ~ 0.7	HRN_{15}>83	
	二段	Ⅰ	520±5	20	25 ~ 35	0.4 ~ 0.7	HRN_{15}≥83	曲轴
		Ⅱ	540±5	40 ~ 50	35 ~ 50			
18Cr2Ni4WA	一段		490±10	30	25 ~ 35	0.2 ~ 0.3	≥600	齿轮
50CrVA	一段		460±10	15 ~ 20	10 ~ 20	0.15 ~ 0.25		
40Cr	二段	Ⅰ	480±10	20	20 ~ 30	0.3 ~ 0.5	≥600	齿轮
		Ⅱ	500±10	15 ~ 20	30 ~ 60			
3Cr2W8	一段		530±5	8	前 4 h 18 ~ 25 后 4 h 30 ~ 45	0.15 ~ 0.25	444 ~ 566	
	二段	Ⅰ	500±10	43	18 ~ 40	0.4 ~ 0.45	739 ~ 819	压铸模
		Ⅱ	540±10	10	>90			
Cr12MoV	二段	Ⅰ	480	18	14 ~ 27	≤0.2	720 ~ 860	
		Ⅱ	530	25	36 ~ 60			

附录 14 不锈、耐热钢渗氮工艺规范

钢 号	渗氮工艺规范			渗氮层深度/mm	表面硬度
	温度/℃	时间/h	氨分解率/%		
4Cr14Ni4W2Mo	560	35	45~55	0.08~0.09	HRN_{15}86~93
	630	40	50~80	0.08~0.14	HRN_{15}≥80
2Cr18Ni8W2	560	40	40~50	0.16~0.20	HV900~950
1Cr18Ni9Ti	570	80	35~55	0.20~0.30	HV900~1 000
1Cr13	Ⅰ	18~22	35~45	≥0.25	HV≥650
2Cr13					
15Cr11MoV	Ⅱ	15~18	50~60		

附录 15 测定渗氮层硬度时荷重的选用

渗氮层深度/mm	<0.35	0.35~0.5	>0.5
维氏硬度计荷重/kg	≤10	≤10	≤30
洛氏表面硬度计荷重/kg	≤15	≤30	60